U0182515

21世纪高等教育土木工程系列教材

建筑结构检测与加固

主　编　王玉良　王旭月
副主编　魏俊亚　李兵兵　徐　巍
参　编　王　玲　王玉泽　童　晶

机械工业出版社

本书根据我国工业建筑及民用建筑可靠性鉴定现行标准，混凝土结构、木结构、钢结构、基础工程等既有结构的检测与加固设计的现行标准、规范、规程，紧密结合工程案例及有关操作视频，对建筑结构检测与加固的概念、原理及主要方法进行了比较详细的介绍。本书共 7 章，内容包括绪论、建筑结构的检测与鉴定、混凝土结构的加固、砌体结构的加固、钢结构的加固、木结构的加固、基础工程的加固。

本书可作为土木工程专业本科生相关课程的教学用书，也可作为土木工程检测及加固从业人员的参考书。

图书在版编目（CIP）数据

建筑结构检测与加固/王玉良，王旭月主编. —北京：机械工业出版社，2024.4

21 世纪高等教育土木工程系列教材

ISBN 978-7-111-74548-8

Ⅰ.①建… Ⅱ.①王… ②王… Ⅲ.①建筑结构-检测-高等学校-教材②建筑结构-加固-高等学校-教材 Ⅳ.①TU3

中国国家版本馆 CIP 数据核字（2024）第 013275 号

机械工业出版社（北京市百万庄大街 22 号 邮政编码 100037）
策划编辑：马军平　　责任编辑：马军平
责任校对：杨　霞　王　延　　封面设计：张　静
责任印制：刘　媛
唐山三艺印务有限公司印刷
2024 年 4 月第 1 版第 1 次印刷
184mm×260mm · 14 印张 · 345 千字
标准书号：ISBN 978-7-111-74548-8
定价：49.00 元

电话服务　　网络服务
客服电话：010-88361066　　机 工 官 网：www.cmpbook.com
010-88379833　　机 工 官 博：weibo.com/cmp1952
010-68326294　　金 书 网：www.golden-book.com
封底无防伪标均为盗版　　机工教育服务网：www.cmpedu.com

前言

近年来，我国经济建设由求快转为求稳，土木工程专业也逐渐由大兴土木快速发展阶段转为成熟稳定期，这将意味着大部分建筑结构将进入维修加固状态。为适应土木工程行业发展的趋势，各高校土木工程、智能建造等土木类专业纷纷开设了结构检测与加固课程。

随着时间的推移，既有建筑物在长期的自然环境和使用环境作用下将逐渐损坏，其功能将衰减甚至丧失，建筑物出现由平衡到不平衡的过程。如果能够科学而又准确地揭示这种损坏的规律和程度，并及时采取有效的处理措施，即建立新的平衡，则可以达到延长建筑物有效使用期的目的。因此，建筑物鉴定、检测与加固是对既有建筑物存在缺损、隐患、可靠度降低或已“老龄化”的问题进行分析、评估，并采取有效的技术措施，使其恢复原有可靠度或提高可靠度，延长使用寿命的过程，也是建筑物由不平衡到再次平衡的过程。通过科学、可靠的鉴定与加固或改造，使一批老建筑能继续发挥其结构功能和使用功能，这对耕地面积缺乏、经济还不发达、住房需求量大的我国来说，其必要性是不言而喻的，更有着极其重要的经济意义和现实意义。

随着科技的发展，国内外涌现出许多建筑结构加固或改造的新技术，2018 年国家层面也出台了许多新规范，编写出版一本建筑结构检测、鉴定、加固技术比较全面的教材是非常必要的。本书由王玉良、王旭月主编，由王旭月统稿。具体编写分工是：第 1~4 章及第 7 章主要由王玉良、王旭月编写，第 5、6 章主要由魏俊亚、王旭月等人编写。中建一局集团徐巍、童晶、王玲、王玉泽和中铁建设集团有限公司李兵兵编写了相关工程案例。

本书内容按照建筑结构检测与鉴定、加固两部分展开。第 1 章简单介绍了建筑结构加固的意义、程序和原则，工业建筑和民用建筑结构可靠性鉴定程序、工作内容及鉴定评级。第 2 章详细介绍了混凝土结构、砌体结构、钢结构、木结构、地基基础的不同检测方法和鉴定评级。第 3 章详细介绍了混凝土结构加固的原因和不同的加固方法，将每种加固技术的概念、适用范围、加固工艺、加固方法计算、构造要求均进行了详细介绍，最后介绍了混凝土屋架的加固原因及方法。第 4 章详细介绍了砌体结构常用的六种加固方法和构造性加固方法。第 5 章介绍了钢结构加固方法的概念、选择原则及加固计算，钢结构连接与节点的加固方法，以及钢结构局部缺陷和损伤的修缮。第 6 章简单介绍了木结构的发展史、特点、连接方式和主要结构形式，详细介绍了木结构加固的原因和基本原则，以及木结构的破坏类型和加固方法。第 7 章介绍了基础工程的托换加固方法、纠倾加固技术、移位加固技术和增层改造加固技术。

在本书的编写过程中，编者参考了大量文献，吸取了其中的一些研究成果，在此对文献作者表示衷心的感谢。由于编者水平有限，对建筑结构检测与加固的研究与应用动态掌握得尚不够全面，书中难免存在不妥之处，恳请广大读者批评指正。

编　者

二维码视频

名　　称	图　　形	名　　称	图　　形
锚栓圆盘抗拉试验		挤塑板压缩强度试验	
胶黏剂抗拉试验		回弹仪测混凝土强度试验	
钢筋拉伸试验		混凝土试块抗压强度试验	
钢筋反向弯曲试验		钢筋扫描仪测钢筋间距试验	

目 录

绪 论 第1章

一个成功的、具有结构功能和使用功能的、符合规范要求可靠度的新建建筑物，在长期使用过程中，可能由于自然因素、环境因素、人为因素、偶然因素、市场因素等不利因素的作用，会逐渐损坏，丧失其原有的质量、功能、承载力、可靠度。如果能够科学、准确地揭示损坏的程度与规律，并及时地采取有效的处理措施，就可以达到延长建筑物有效使用期的目的。

目前，中国建筑业正处于世界建筑业发展趋势中的“大规模新建阶段”和“新建与维修加固并重阶段”。为揭示工程结构的潜在危险，避免事故的发生，需对既有工程结构的作用效应、结构抗力及其可靠性进行检测、鉴定与评价，对不符合国家现行设计相关规范、规程、标准最低要求的结构，给出维修及加固建议，通过结构补强措施，使其达到预期的功能要求。

1.1 建筑结构加固的意义

工程结构检测鉴定与加固课程是一门理论性和实践性都很强的课程，通常是土木工程专业必修或选修的专业课。该课程内容分为检测、鉴定与加固三部分，涉及概率论与数理统计、材料力学、结构力学、混凝土结构、砌体结构、木结构、地基基础工程、土木工程实验和建筑施工等领域，内容庞杂。检测强调实践环节，要求掌握常用仪器、设备的使用方法，学会对检测数据的整理分析和成果的计算；鉴定强调熟练掌握鉴定标准的主要条文，包括评定等级的方法、依据等；加固设计理论及计算很复杂，需要注意的问题主要有：要结合相关规范掌握荷载及其作用的计算方法和组合方法，正确选用结构计算模型，采用可行而简单的计算分析方法。

房屋安全鉴定是房地产业中比较特殊的小众行业。如果将房屋安全鉴定行业比作房屋医院，那么鉴定人就是房屋医生。医生对病人的初步检查一般是通过望、闻、问、切的方式，检查病人的病情。对病情的方向性进行判断，其正确性体现了医生的高超能力。同理，房屋鉴定是通过对房屋现有工作状态的查勘，寻找房屋存在的问题。房屋查勘的准确性，体现了鉴定人的高超技术水平。房屋存在的问题有其明显或不明显的复杂性，查勘中对房屋隐患的精准查找，是房屋安全鉴定结论的最佳途径。所以房屋查勘需要掌握相应的设计、施工、装修、检测、加固、地勘、房屋管理、房地产开发及相关法律法规、规范标准等综合专业知识和技术经验。

20 世纪 80 年代以前，建筑结构加固工作的重点是对旧房进行鉴定和加固。从 90 年代中期以来，旧房和新房都存在着鉴定和加固的问题。由于诸多工程结构逐步进入“老龄化”阶段，耐久性问题日益突出，需解决工程结构超期服役问题。21 世纪以来，随着我国改革开放的发展，业主维权意识和法律意识的增强，因在工程结构质量纠纷、房屋确权、工程结构遭受各种偶然作用（如爆炸、强震、火灾、撞击、氯离子侵蚀等）后，特别是在房地产业大发展、居民购买住房增多的情况下，许多房屋质量纠纷的解决办法之一（技术上），就是对房屋进行鉴定和加固（图 1-1）。有时对房屋质量的检测和鉴定结果，也成为各级政府部门处理房产纠纷的重要依据。

a)

b)

图 1-1　建筑结构加固工程

a）拆改结构　b）改造加固

近代建筑业大致可划分为三个时期。第一个发展时期为大规模新建时期（二战结束后），这一时期建筑的特点是规模大但标准相对较低。第二个发展时期是新建与维修改造并重的时期。一方面为满足社会发展的需求进一步进行基本建设；另一方面进入“老年期”的建筑其功能已逐渐减弱，需要进行维修、加固与现代化改造。第三个时期是现代化改造和维修加固为重点的时期（目前或不久的将来）。

我国正处于从第一个发展时期向第二个发展时期迈进的阶段。建筑加固将成为热点。现阶段，我国 60 年代前建成的建筑物占 50%，按设计基准期 50 年计算，多数已进入“老年期”，大多出现了损伤和局部破坏及老化现象。生产需要和人们生活水平的提高使得既有建筑物的功能不能满足人们新的使用要求。有限的土地资源，昂贵的地价及拆迁费用，逐渐深入人心的环保意识，使得加固改造既有建筑成为如今我国建筑业的热点之一。

建筑结构加固的原因有：

1）由于使用不当、年久失修、结构有损伤破坏、不能满足目前使用要求或安全度不足时，要进行鉴定和加固。使用不当主要表现为：任意变更使用用途导致使用荷载大大超载；为了达到装修效果，随意改变甚至拆除承重结构；在结构任意开孔、挖空，导致结构快速碳化；为了增大建筑使用面积，未经技术部门鉴定设计，对既有建筑进行扩建甚至加层改造；工业建筑的屋面积灰荷载长期没有清理等。

2）因设计或施工造成的结构加固。建筑设计理论的局限性；认知水平受到客观现实条件的限制，只能把设计理论和技术水平发展到有限的水平；设计理论先天缺陷及设计构思和实际情况的客观差异；设计分析时采取的数学模型不能真实反应客观实际情况。施工时，使用劣质建筑材料；养护、脱模不好引起大量收缩裂缝施工管理疏忽和技术设备落后施工程序不合理，均能导致建筑质量低劣，达不到设计要求。

延伸阅读

福建省泉州市欣佳酒店“3·7”坍塌事故

2020 年 3 月 7 日 19 时 14 分，位于福建省泉州市鲤城区的欣佳酒店所在建筑物发生坍塌事故，造成 29 人死亡、42 人受伤，直接经济损失 5794 万元。事故调查报告认定该事故是一起主要因违法违规建设、改建和加固施工导致建筑物坍塌的重大生产安全责任事故。

经调查，事故的直接原因是，事故责任单位泉州市新星机电工贸有限公司将欣佳酒店建筑物由原四层违法增加夹层改建成七层，达到极限承载能力并处于坍塌临界状态，加之事发前对底层支承钢柱违规加固焊接作业引发钢柱失稳破坏，导致建筑物整体坍塌。国务院事故调查组认定，泉州市新星机电工贸有限公司、欣佳酒店及其实际控制人杨金锵无视国家有关城乡规划、建设、安全生产及行政许可等法律法规，违法违规建设施工，弄虚作假骗取行政许可，安全生产责任长期不落实。相关工程质量检测、建筑设计、消防检测、装饰设计等中介服务机构违规承接业务，出具虚假报告，制作虚假材料帮助事故企业通过行政审批。

例如，2009 年 6 月 27 号，上海莲花河畔景苑 7 号楼（图 1-2），一栋在建的 13 层楼整体倾覆，整体向南倾倒，其整体结构基本完好，大楼底部的桩基则完全断裂。事故原因分析：①基坑开挖堆土产生的重压；②基坑开挖在楼的南面形成临空面；③上海地区软土地基承载力偏低；④ PHC 管桩的抗剪强度太差；⑤连日暴雨。

图 1-2 上海莲花河畔景苑 7 号楼整体倾覆

2011 年 11 月 15 日，正在进行外立面墙壁施工的上海静安区公寓高层住宅脚手架忽然起火，火势较大（图 1-3）。事故原因分析：①旧楼改造做外墙保温；②正在进行的施工，外用钢制脚手架围合，外侧挂绿色尼龙安全网遮盖；③地面堆放有易燃材料，包括尼龙安全网、外墙保温 XPS（聚苯乙烯）发泡板材、胶合物质。

图 1-3　上海静安区公寓高层住宅脚手架火灾

2019 年 4 月 15 日，巴黎圣母院傍晚发生大火，其标志性尖顶在烈焰下倒塌。虽然主体建筑骨架和两座钟楼在大火中幸免于难，但圣母院的塔尖坍塌，三分之二的屋顶被毁（图 1-4）。巴黎圣母院的艺术品将被转移到卢浮宫保管。该事故可能与巴黎圣母院的修缮工程有关。

图 1-4　巴黎圣母院火灾

延伸阅读

巴黎圣母院加固维修中标方案

2019 年 4 月 15 日，巴黎圣母院遭遇严重火灾，在巴黎圣母院部分建筑被火灾摧毁后，如何翻新并恢复昔日的辉煌成为当时人们最关心的事。8 月 6 日，巴黎圣母院屋顶线建筑竞赛主办方 GoArchitect 公布结果，来自中国的 ZEYU CAI（蔡泽宇）和 SIBEI LI（李思贝）提出的“巴黎心跳”方案获得冠军。该方案亮点是利用磁悬浮技术在塔楼设计“时间胶囊”装置，时间胶囊上下浮动，每半个世纪打开一次，因此被称为“巴黎心跳”。他们的设计计划包括三个部分：水晶屋顶作为反映历史城市环境的镜子，尖顶作为回顾历史的时间胶囊的尖端，以及作为城市万花筒来庆祝城市景观的主要尖顶。

新的尖顶被解释为基于原始 Viollet-le-Duc 尖顶的经典比例和八角形几何形状的多面

镜，与镜子屋顶一起轻柔地反射背景。每一刻，建筑都将焕然一新，与不断变化的城市环境相匹配。通过戏剧性的反思，建筑、城市和时间之间建立了紧密的联系。

设计为每半个世纪开放的时间胶囊漂浮在尖顶的顶部。磁悬浮高科技装置为过去留下了记忆，为未来的故事留下了空间。尖顶的尖端象征着巴黎的心跳，有节奏地上下呼吸和与城市一起跳动。新的尖顶作为一种宗教象征，为每个人的信仰和希望提供了一个公开的答案，代表着记忆的存在和未来。

设计巴黎圣母院屋顶的竞赛方案胜出者是2个在芝加哥SOM工作的中国人。2位都是美国康奈尔硕士毕业，其中一位本科毕业于清华大学建筑系，另外一位毕业于北京科技大学。成立于1936年的美国SOM建筑设计事务所是世界顶级设计事务所之一，工作领域涉及建筑设计、结构及土木工程、机械及电气工程、工程设计、城市设计和规划、室内设计、环境美术、战略研究、项目管理和古迹维护等方面。

1.2 建筑结构加固的程序

既有建筑结构的加固比新建房屋复杂得多，它不仅受到建筑物原有条件的限制，而且既有房屋长期使用后存在着各种问题。另外，既有房屋所用的材料年代久远，常与现代材料相差甚大。所以，对既有房屋进行鉴定、加固时，应周密考虑各种情况，严格遵循工作程序和加固原则。选择加固方案不仅应安全可靠，也要经济合理。建筑结构的加固程序如图1-5所示。

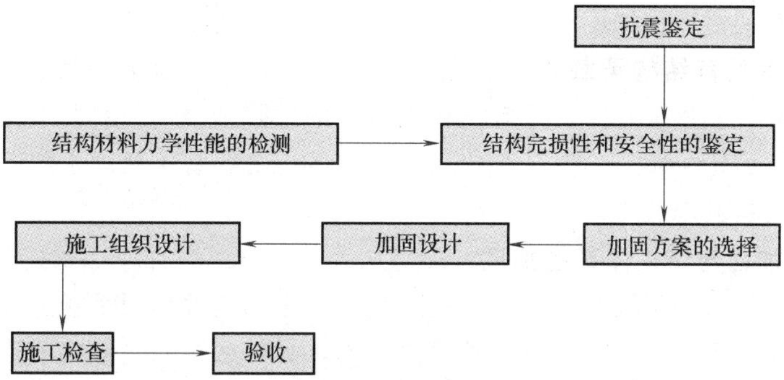

图1-5 建筑结构的加固程序

(1) 结构材料力学性能的检测 对既有工程结构进行检测是加固工作的第一步。结构材料力学性能的检测的内容包括结构形式，截面尺寸，受力状况，计算简图，材料强度，外观情况，裂缝位置和宽度，挠度大小，纵筋、箍筋的配置和构造及钢筋锈蚀，混凝土碳化，地基沉降和墙面开裂等。

(2) 结构完损性和安全性的鉴定 完损性是指结构目前的破损状态。安全性是指结构和构件的安全程度。评定完损性等级，主要为维修和加固提供依据，以外观检查为主。评定安全性等级，主要为构件和结构的加固提供依据，以内力分析和截面验算为主。根据现场检测提供的数据，以可靠性鉴定标准为依据，对既有工程结构的可靠性进行鉴定。

(3) 加固方案的选择 应针对不同情况选用不同的加固方法。加固方案的优劣直接影响资金的投入及加固的效果和质量。合理的加固方案应该达到下列要求：加固效果好，对使用功能影响小，技术可靠，施工简便，经济合理，外观整齐。对于裂缝过大，而承载力已够的构件，若用增加纵筋的加固方法是不可取的。结构构件的承载力足够但刚度不足时，宜优先选用增设支点或增大梁板结构构件的截面尺寸的方法，以提高其刚度和改变其自振频率。

(4) 加固设计 要根据加固方案进行施工图设计，特别注意加强新老结构之间连接的处理，保证协同工作，并注意被加固结构在施工期间的安全。

(5) 施工过程中的检查和施工后的验收 设计人员要常到现场了解施工情况，解决施工过程中的问题，特别是旧结构与图纸不符合时更应及时到现场了解情况。施工后的验收也很重要，要像新建工程一样重视。必要时，在加固施工完成后也可以进行一些现场测试。

1.3 建筑结构加固设计的原则

(1) 先鉴定后加固 结构加固方案确定前，必须对既有结构进行检测和可靠性鉴定分析，全面了解既有结构的材料性能、结构构造和结构体系、结构缺陷和损伤等结构状况，分析结构的受力现状和持力水平，为加固方案的确定奠定基础。因此，必须先鉴定后加固，避免在加固工程中留下隐患甚至发生工程事故。

(2) 注意结构总体受力 尽管加固只需针对承载力不足构件，但同时要考虑加固对整体结构体系的影响。例如，对房屋的某一层柱子或墙体的加固，有时会改变整个结构的动力特性，从而产生薄弱层，给抗震带来很不利的影响。再如，对楼面或屋面进行加固时，会使墙体、柱及地基基础等相关结构承受的荷载增加。因此，在确定加固方案时，应从建筑物总体考虑，不能仅对局部构件加固。

(3) 尽量利用既有结构承载力 需要加固的既有结构，通常仍具有一定的承载能力，在确定加固方案时，应尽量减少对既有结构或构件的拆除和损伤。对既有结构或构件，在经结构检测和可靠性鉴定分析后，对其结构组成和承载能力等有了全面了解的基础上，在加固时尽量利用既有结构的承载力。

(4) 构件的加固与结构体系的加固 毫无疑问，当某些构件不满足安全度要求时必须进行加固，但结构体系的加固往往会被忽视。例如，个别构件加固后会引起刚度和强度分布情况的变化，应从整个结构体系安全的角度来考虑。另外，结构构件之间连接的加固对结构整体性的影响也是很大的。

(5) 局部加固与整体加固 当对个别构件加固后不影响整个结构体系的受力性能时，可以进行局部加固。例如，设备爆炸引起个别梁板的破坏，这时只要将受破坏的梁板加固到原有抗力就可以了。当结构整体不满足要求时，例如，当结构在地震作用下的侧向变形不满足要求时，宜对结构整体进行加固。

(6) 临时加固与永久加固 临时加固的要求可以降低一些，永久加固的要求应高一些。

(7) 与抗震设防相结合 抗震加固设计时需要特别考虑下列问题：

1）结构的刚度和强度分布要均匀，避免出现新的薄弱层。竖向受力构件要连续，保证传力路线明确。加固应考虑结构自振特性的改变可能会引起地震作用的加大。增设构件或加强既有构件，均要考虑减少整个结构扭转效应的可能性。加强薄弱部位的抗震构造。要使结构的受力状态更加合理，防止构件发生脆性破坏，消除不利于抗震的强梁弱柱、强构件弱节点等受力状态。

2）要考虑建设场地的影响，针对建筑的场地条件的具体情况，加固后的结构要选择地震反应较小的结构体系，避免加固后地震作用的增加超过结构抗震能力的提高。这是因为，根据震害经验和抗震分析的基本理论，在坚硬场地上刚度较大结构的地震反应较大，在软弱场地上刚度较小柔性较大的结构地震反应较大。因此在抗震加固设计中要利用这一概念，通过调整结构的刚度来改变结构的地震作用，以达到满足设计要求的目的。

3）采用抗震新技术进行加固。采用比较成熟的抗震加固新技术可以从总体上改善结构的抗震性能，提高结构的抗震能力，故应大力提倡。美国和日本在这方面已进行了大量的工作，国内也有一些工程在进行这方面的探索。目前可以应用的技术和措施有：基础隔震（包括层间隔震），增设抗震耗能支撑或抗震耗能剪力墙，采用主动控制或混合控制技术。采用抗震新技术进行加固时要注意：①要采用经过正式鉴定的技术；②要由专业人员对既有结构进行认真仔细的研究，结合具体情况确定采用哪项新技术；③要便于在工程中实施，满足现场施工的要求。

（8）加固过程中应加强结构检查，随时消除隐患 确定加固方案前，应对既有结构或构件进行全面的结构检测和鉴定，但由于某些客观原因，对既有结构的现状及结构损伤是无法完全掌握的。因此，在加固施工过程中，工程技术人员应加强对既有结构的检查工作，发现与鉴定结论不符或检测鉴定时未发现的结构缺陷和损伤，应及时采取措施消除隐患，最大限度地保证加固的效果和结构的可靠性。

（9）加固方案的优化 一般来说，加固方案不是唯一的。例如，当构件承载力不足时，可以采用增大截面法、增设支点法、体外配筋法等。选用何种方法应权衡多方面因素来确定，优化的原则：结构加固方案应技术可靠、经济合理、方便施工。

1.4 建筑结构的可靠性鉴定与评估

根据鉴定对象、鉴定出发点和目的不同，大致可将建筑结构的可靠性鉴定分为三类：危险房屋鉴定、结构抗震鉴定与结构可靠性鉴定。危险房屋鉴定侧重于判断房屋是否已构成危险房屋，而对构件是否达到危险状态不加以区分和判定。结构抗震鉴定对未抗震设防或设防烈度低于规定的建筑进行抗震性能评价，抗震鉴定更注重依据长期工程经验和试验研究得出的构造要求和概念，结构定量计算来综合评定。结构可靠性鉴定是对已投入使用的建筑，在正常使用条件下对其结构可靠性状态进行评价。

结构可靠性鉴定与结构设计区别在于：结构设计是在结构可靠性与经济之间选择一种合理的平衡，使所建的结构能满足预定的功能；结构鉴定是对已建成或服役多年的结构进行结构上的作用、结构抗力及其相互关系的检查、测定、分析判断并取得结论的过程。

结构设计中的设计基准期为编制规范采用的基准期即 50 年，结构可靠性鉴定的基准期应当要考虑下一个目标使用期，目标使用期是根据国民经济和社会发展状况、工艺更新、服役结构的技术状况等因素确定。当前，我国已有相当多的建筑物、构筑物相继达到或超过其设计基准期，其中除少部分将被拆除，大多数将在维修加固后继续使用。此外，由于各种施工缺陷和自然灾害，也有少量新建建（构）筑物出现了“病害”，这就需要对上述建（构）筑物进行相应的可靠性鉴定与评估。可靠性鉴定包括安全性鉴定和使用性鉴定。

可靠性鉴定是对建筑结构承载能力和整体稳定性等的安全性及适用性和耐久性等所进行的调查、检测、分析、验算和评定等一系列活动。安全性鉴定是对建筑结构的承载力和结构整体稳定性所进行的调查、检测、验算、分析和评定等一系列活动。使用性鉴定是对建筑结构使用功能的适用性和耐久性所进行的调查、检测、分析、验算和评定等一系列活动。专项鉴定是针对建筑物某特定问题或某特定要求所进行的鉴定。

结构设计中可靠性是以满足现行设计规范为准绳，只有满足和不满足两种结果。在鉴定时可靠性是以某个等级指标给出，必须考虑规范的变迁、服役结构的使用效果及对目标使用期的要求等因素。建筑结构的可靠性鉴定可分为工业建筑结构的可靠性鉴定和民用建筑可靠性鉴定。

1. 建筑物可靠性鉴定的基本概念

结构可靠性是指结构在规定的时间内、在规定的条件下完成预定功能的能力，包括安全性、适用性和耐久性。结构在规定的时间内，在规定的条件下，完成预定功能的概率称为结构可靠度。

安全性：结构在正常施工和使用条件下承受可能出现的各种作用的能力，以及在偶然事件发生时和发生后仍保持必要的整体稳定性的能力。

适用性：结构在正常使用条件下满足预定使用功能的能力。

耐久性：结构在正常维护条件下随时间变化而仍满足预定功能的能力。

建筑物可靠性鉴定是指对现有建筑物上的作用、结构抗力及其相互关系进行检测、试验和综合分析，评估其结构的实际可靠性。

2. 建筑物的鉴定方法

1）传统经验法。建筑物可靠性鉴定过去主要采用传统经验法。传统经验法是以个人或少数鉴定人员的经验和知识为主进行鉴定的，也就是依靠有经验的技术人员进行现场检测和必要的复算，然后凭其个人的知识和经验给出评判结果。由于没有统一的标准，有时的鉴定结论会因人而异，尤其是对一些结构较复杂的工程。

2）实用鉴定法。随着科学技术的发展，建筑物的鉴定方法也在不断更新和完善，结构可靠性理论已引入建筑结构的鉴定中，我国在这方面也已取得一定的成绩，经过多年的努力，已编制了一些既有建筑物检测、鉴定及加固方面的现行标准，如《建筑结构可靠性设计统一标准》（GB 50068—2018）、《工业建筑可靠性鉴定标准》（GB 50144—2019）、《民用建筑可靠性鉴定标准》（GB 50292—2015）、《建筑结构检测技术标准》（GB/T 50344—2019）、《建筑结构荷载规范》（GB 50009—2012）、《混凝土结构现场检测技术标准》（GB/T 50784—2013）、《回弹法检测混凝土抗压强度技术规程》（JGJ/T 23—2011）、《混凝土结构设计标准》（GB 50010—2010）、《砌体结构现场检测技术标准》（GB/T 50315—2011）、《砌体结构施工质量验收规范》（GB 50203—2011）、《砌体结构加固设计规范》（GB 50702—2011）、《木结构设计标准》（GB 50005—2017）、《木结构现场检测技术标准》（JGJ/T 488—2020）、《建筑抗震加固技术规程》（JGJ 116—2009）等[㊀]。

1.4.1 工业建筑结构的可靠性鉴定

既有工业建筑的可靠性鉴定包括：以混凝土结构、钢结构、砌体结构为承重结构的单层

㊀ 本书如未做特别说明，引用的相关标准均为现行标准。

和多层厂房等工业建筑物；烟囱、钢筋混凝土冷却塔、贮仓、通廊、管道支架、水池、锅炉钢结构支架、除尘器结构等工业构筑物。

工业建筑在下列情况下，应进行可靠性鉴定：达到设计使用年限拟继续使用时；使用用途或环境改变时；进行结构改造或扩建时；遭受灾害或事故后；存在较严重的质量缺陷或者出现较严重的腐蚀、损伤、变形时。

工业建筑在下列情况下，宜进行可靠性鉴定：使用维护中需要进行常规检测鉴定时；需要进行较大规模维修时；其他需要掌握结构可靠性水平时。

工业建筑在下列情况下，可仅进行安全性鉴定：各种应急鉴定；国家法规规定的安全性鉴定；临时性建筑需延长使用期限。

工业建筑在下列情况下，可进行专项鉴定：结构进行维修改造有专门要求时；结构存在耐久性损伤影响其耐久年限时；结构存在疲劳问题影响其疲劳寿命时；结构存在明显振动影响时；结构需要进行长期监测时。

1. 工业建筑可靠性鉴定程序及其工作内容

工业建筑可靠性鉴定，宜按图1-6中规定的程序进行。

初步调查宜包括下列工作内容：查阅原设计施工资料，包括工程地质勘察报告、设计计算书、设计施工图、设计变更记录、施工及施工洽商记录、竣工资料等；调查工业建筑的历史情况，包括历次检查观测记录、历次维修加固或改造资料，用途变更、使用条件改变、事故处理及遭受灾害等情况；考察现场，应调查工业建筑的现状、使用条件、内外环境、存在的问题。

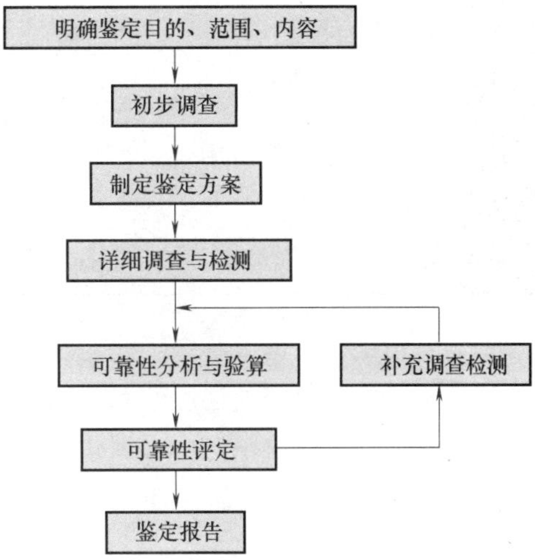

图1-6 工业建筑可靠性鉴定程序

详细调查和检测宜包括下列工作内容：调查结构上的作用和环境中的不利因素；检查结构布置和构造、支撑系统、结构构件及连接情况；检测结构材料的实际性能和构件的几何参数，还可通过荷载试验检验结构或构件的实际性能；调查或测量地基的变形，检查地基变形对上部承重结构、围护结构系统及起重机运行等的影响；可开挖基础检查，补充勘察或进行现场地基承载能力试验；检测上部承重结构或构件、支撑杆件及其连接存在的缺陷和损伤、裂缝、变形或偏差、腐蚀、老化等；检查围护结构系统的安全状况和使用功能；检查构筑物特殊功能结构系统的安全状况和使用功能；上部承重结构整体或局部有明显振动时，应测试结构或构件的动力反应和动力特性。

鉴定方案应根据鉴定目的、范围、内容及初步调查结果制定，应包括鉴定依据、详细调查和检测内容、检测方法、工作进度计划及需委托方完成的准备配合工作等。可靠性分析应根据详细调查和检测结果，对建筑的结构构件、结构系统、鉴定单元进行结构分析与验算、评定。在工业建筑可靠性鉴定过程中发现调查检测资料不足时，应及时进行补充调查、检测。

2. 工业建筑可靠性鉴定评级

《工业建筑可靠性鉴定标准》规定：可靠性鉴定评级宜划分为鉴定单元、结构系统、构件三个层次。安全性分为四级，使用性分为三级，可靠性分为四级。结构系统和构件的鉴定评级应包括安全性和使用性，也可根据需要综合评定其可靠性等级；可根据需要评定鉴定单元的可靠性等级，也可直接评定其安全性或使用性等级。工业厂房可靠性鉴定评级的层次及等级划分见表 1-1。

表 1-1 工业厂房可靠性鉴定评级的层次及等级划分

<table>
<tr><th>层次</th><th>Ⅰ</th><th colspan="3">Ⅱ</th><th>Ⅲ</th></tr>
<tr><td>层名</td><td>鉴定单元</td><td colspan="3">结构系统</td><td>构件</td></tr>
<tr><td rowspan="11">可靠性鉴定</td><td>一、二、三、四</td><td rowspan="6">安全性评定</td><td colspan="2">A、B、C、D</td><td>a、b、c、d</td></tr>
<tr><td rowspan="10">建筑物整体或某一区段</td><td rowspan="2">地基基础</td><td>地基变形、斜坡稳定性</td><td rowspan="5">承载能力
构造和连接</td></tr>
<tr><td>承载功能</td></tr>
<tr><td rowspan="2">上部承重结构</td><td>整体性</td></tr>
<tr><td>承载功能</td></tr>
<tr><td>围护结构</td><td>承载功能、构造连接</td></tr>
<tr><td rowspan="5">使用性评定</td><td colspan="2">A、B、C</td><td>a、b、c</td></tr>
<tr><td>地基基础</td><td>影响上部结构正常使用的地基变形</td><td rowspan="4">变形或偏差
裂缝
缺陷和损伤
腐蚀
老化</td></tr>
<tr><td rowspan="2">上部承重结构</td><td>使用状况、使用功能</td></tr>
<tr><td>位移或变形</td></tr>
<tr><td>围护结构</td><td>使用状况、使用功能</td></tr>
</table>

鉴定单元是指根据被鉴定工业建筑的结构体系、构造特点、工艺布置等不同所划分的可以独立进行可靠性评定的区段，每一区段为一鉴定单元。

结构系统是指鉴定单元中根据建筑结构的不同使用功能所细分的鉴定单位，对工业建筑物一般可按地基基础、上部承重结构、围护结构划分为三个结构系统；对工业构筑物还包括其特殊功能结构系统。

构件是指结构系统中进一步细分的基本鉴定单位，指承受各种作用的单个结构构件，或承重结构的一个组成部分。

（1）工业建筑的构件鉴定评级标准

1）工业建筑构件的安全性评级标准应符合表 1-2 的规定。

表 1-2 工业建筑构件的安全性评级标准

级别	分级标准	是否采取措施
a 级	符合国家现行标准的安全性要求，安全	不必采取措施
b 级	略低于国家现行标准的安全性要求，不影响安全	可不采取措施
c 级	不符合国家现行标准的安全性要求，影响安全	应采取措施
d 级	极不符合国家现行标准的安全性要求，已严重影响安全	必须立即采取措施

2）工业建筑构件的使用性评级标准应符合表 1-3 的规定。

表 1-3 工业建筑构件的使用性评级标准

级别	分级标准	是否采取措施
a 级	符合国家现行标准的正常使用要求，在目标使用年限内能正常使用	不必采取措施
b 级	略低于国家现行标准的正常使用要求，在目标使用年限内尚不明显影响正常使用	可不采取措施
c 级	不符合国家现行标准的正常使用要求，在目标使用年限内明显影响正常使用	应采取措施

3）工业建筑构件的可靠性评级标准应符合表 1-4 的规定。

表 1-4 工业建筑构件的可靠性评级标准

级别	分级标准	是否采取措施
a 级	符合国家现行标准的可靠性要求，安全适用	不必采取措施
b 级	略低于国家现行标准的可靠性要求，能安全适用	可不采取措施
c 级	不符合国家现行标准的可靠性要求，影响安全，或影响正常使用	应采取措施
d 级	极不符合国家现行标准的可靠性要求，已严重影响安全	必须立即采取措施

（2）工业建筑结构系统的可靠性鉴定评级标准

1）工业建筑结构系统的安全性评级标准应符合表 1-5 的规定。

表 1-5 工业建筑结构系统的安全性评级标准

级别	分级标准	是否采取措施
A 级	符合国家现行标准的安全性要求，不影响整体安全	不必采取措施或有个别次要构件宜采取适当措施
B 级	略低于国家现行标准的安全性要求，尚不明显影响整体安全	可不采取措施或有极少数构件应采取措施
C 级	不符合国家现行标准的安全性要求，影响整体安全	应采取措施或有极少数构件应采取措施
D 级	极不符合国家现行标准的安全性要求，已严重影响整体安全	必须立即采取措施

2）工业建筑结构系统的使用性评级标准应符合表 1-6 的规定。

表 1-6 工业建筑结构系统的使用性评级标准

级别	分级标准	是否采取措施
A 级	符合国家现行标准的正常使用要求，在目标使用年限内不影响整体正常使用	不必采取措施或有个别次要构件宜采取适当措施
B 级	略低于国家现行标准的正常使用要求，在目标使用年限内尚不明显影响整体正常使用	可能有少数构件应采取措施
C 级	不符合国家现行标准的正常使用要求，在目标使用年限内明显影响整体正常使用	应采取措施

3）工业建筑结构系统的可靠性评级标准应符合表 1-7 的规定。

表 1-7　工业建筑结构系统的可靠性评级标准

级别	分级标准	是否采取措施
A级	符合国家现行标准的可靠性要求，不影响整体安全，可正常使用	不必采取措施或有个别宜采取适当措施
B级	略低于国家现行标准的可靠性要求，尚不明显影响整体安全，不影响正常使用	可不采取措施
C级	不符合国家现行标准的可靠性要求，或影响整体安全，或影响正常使用	应采取措施
D级	极不符合国家现行标准的可靠性要求，已严重影响整体安全，不能正常使用	必须立即采取措施

(3) 工业建筑鉴定单元的可靠性鉴定评级

1）工业建筑鉴定单元的安全性评级标准应符合表 1-8 的规定。

表 1-8　工业建筑鉴定单元的安全性评级标准

级别	分级标准	是否采取措施
一级	符合国家现行标准的安全性要求，不影响整体安全	不必采取措施或有个别次要构件宜采取适当措施
二级	略低于国家现行标准的安全性要求，尚不明显影响整体安全	可有极少数构件应采取措施
三级	不符合国家现行标准的安全性要求，影响整体安全	应采取措施，可能有极少数构件应采取措施
四级	极不符合国家现行标准的安全性要求，已严重影响整体安全	必须立即采取措施

2）工业建筑鉴定单元的使用性评级标准应符合表 1-9 的规定。

表 1-9　工业建筑鉴定单元的使用性评级标准

级别	分级标准	是否采取措施
一级	符合国家现行标准的正常使用要求，在目标使用年限内不影响整体正常使用	不必采取措施或有极少次要构件宜采取适当措施
二级	略低于国家现行标准的正常使用要求，在目标使用年限内尚不明显影响整体正常使用	可有少数构件应采取措施
三级	不符合国家现行标准的正常使用要求，在目标使用年限内明显影响整体正常使用	应采取措施

3）工业建筑鉴定单元的可靠性评级标准应符合表 1-10 的规定。

表 1-10　工业建筑鉴定单元的可靠性评级标准

级别	分级标准	是否采取措施
一级	符合国家现行标准的可靠性要求，不影响整体安全，可正常使用	可不采取措施或有极少数次要构件宜采取适当措施
二级	略低于国家现行标准的可靠性要求，尚不明显影响整体安全，不影响正常使用	可有极少数应采取措施

（续）

级别	分级标准	是否采取措施
三级	不符合国家现行标准的可靠性要求，影响整体安全，影响正常使用	应采取措施，可能有极少数构件应立即采取措施
四级	极不符合国家现行标准的可靠性要求，已严重影响整体安全，不能正常使用	必须立即采取措施

1.4.2 民用建筑结构的可靠性鉴定

《民用建筑可靠性鉴定标准》适用于以混凝土结构、钢结构、砌体结构、木结构为承重结构的民用建筑及其附属构筑物的可靠性鉴定。鉴定对象可为整幢建筑或所划分的相对独立的鉴定单元，也可为其中某一子单元或某一构件集。

民用建筑在下列情况下，应进行可靠性鉴定：①建筑物大修前；②建筑物改造或增容、改建或扩建前；③建筑物改变用途或使用环境前；④建筑物达到设计使用年限拟继续使用时；⑤遭受灾害或事故时；⑥存在较严重的质量缺陷或出现较严重的腐蚀、损伤、变形时。

民用建筑在下列情况下，可仅进行安全性检查或鉴定：①各种应急鉴定；②国家法规规定的房屋安全性统一检查；③临时性房屋需延长使用期限；④使用性鉴定中发现安全问题。

在下列情况下，可仅进行使用性检查或鉴定：①建筑物使用维护的常规检查；②建筑物有较高舒适度要求。

在下列情况下，应进行专项鉴定：①结构的维修改造有专门要求时；②结构存在耐久性损伤影响其耐久年限时；③结构存在明显的振动影响时；④结构需进行长期监测时。

延伸阅读

关于民用建筑构件的一些其他名词定义

主要构件是指其自身失效将导致相关构件失效，并危及承重结构系统工作的构件。一般构件是指其自身失效不会导致主要构件失效的构件。一种构件指一个鉴定单元中，同类材料、同种结构形式的全部构件的集合。相关构件指与被鉴定构件相连接或以它为承托的构件。

1. 民用建筑可靠性鉴定程序及其工作内容

民用建筑可靠性鉴定程序如图1-7所示。

初步调查宜包括下列基本工作内容：

1）查阅资料，包括岩土工程勘察报告、设计计算书、设计变更记录、施工图、施工及施工变更记录、竣工图、竣工质检及包括隐蔽工程验收记录的验收文件、定点观测记录、事故处理报告、维修记录、历次加固改造图样等。

2）查询建筑物历史，包括原始施工、历次修缮、加固、改造、用途变更、使用条件改变以及受灾等情况。

3）考察现场。按资料核对实物现状，调查建筑物实际使用条件和内外环境，查看已发现的问题，听取有关人员的意见等。

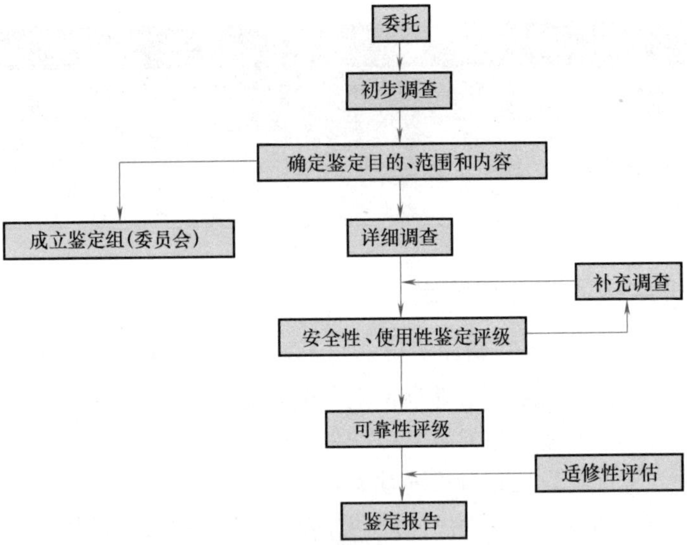

图 1-7　民用建筑可靠性鉴定程序

4）填写初步调查表。

5）制订详细调查计划及检测、试验工作大纲并提出需由委托方完成的准备工作。

详细调查宜根据实际需要选择下列工作内容：

1）结构体系基本情况勘察，包括结构布置及结构形式，圈梁、构造柱、拉结件、支撑或其他抗侧力系统的布置，结构支承或支座构造，构件及其连接构造，结构细部尺寸及其他有关的几何参数。

2）结构使用条件调查核实，包括结构上的作用（荷载），建筑物内外环境，使用史（含荷载史、灾害史）。

3）地基基础，包括：桩基础的调查与检测；场地类别与地基土，包括土层分布及下卧层情况；地基稳定性；地基变形及其在上部结构中的反应；地基承载力的近位测试及室内力学性能试验；基础和桩的工作状态评估，当条件许可时，也可针对开裂、腐蚀或其他损坏等情况进行开挖检查；其他因素，包括地下水抽降、地基浸水、水质恶化、土壤腐蚀等的影响或作用。

4）材料性能检测分析，包括结构构件材料、连接材料及其他材料。

5）承重结构检查，包括构件和连接件的几何参数，构件及其连接的工作情况，结构支承或支座的工作情况，建筑物的裂缝及其他损伤的情况，结构的整体牢固性，建筑物侧向位移（含上部结构倾斜、基础转动和局部变形），结构的动力特性。

6）围护系统的安全状况和使用功能调查。

7）易受结构位移、变形影响的管道系统调查。

2. 民用建筑可靠性鉴定评级

民用建筑的安全性和正常使用性的鉴定评级，应按构件、子单元和鉴定单元各分三个层次。每一层次分为四个安全性等级和三个使用性等级，并应按表 1-11 规定的检查项目和步骤，从第一层构件开始，逐层进行。

表 1-11 民用建筑可靠性鉴定评级的层次、等级划分、工作步骤和内容

<table>
<tr><td colspan="2">层次</td><td>一</td><td colspan="2">二</td><td>三</td></tr>
<tr><td colspan="2">层名</td><td>构件</td><td colspan="2">子单元</td><td>鉴定单元</td></tr>
<tr><td rowspan="8">安全性鉴定</td><td>等级</td><td>a_u、b_u、c_u、d_u</td><td colspan="2">A_u、B_u、C_u、D_u</td><td>A_{su}、B_{su}、C_{su}、D_{su}</td></tr>
<tr><td rowspan="3">地基基础</td><td>—</td><td>地基变形评级</td><td rowspan="3">地基基础评级</td><td rowspan="7">鉴定单元安全性评级</td></tr>
<tr><td rowspan="2">按同类材料构件各检查项目评定单个基础等级</td><td>边坡场地稳定性评级</td></tr>
<tr><td>地基承载力评级</td></tr>
<tr><td rowspan="3">上部承重结构</td><td rowspan="2">按承重能力、构造、不适于承载的位移或损伤等检查项目评定单个构件等级</td><td>每种构件集评级</td><td rowspan="3">上部承重结构评级</td></tr>
<tr><td>结构侧向位移评级</td></tr>
<tr><td>—</td><td>按结构布置、支撑、圈梁、结构间连系等检查项目评定结构整体性等级</td></tr>
<tr><td>围护系统承重部分</td><td colspan="3">按上部承重结构检查项目及步骤评定围护系统承重部分各层次安全性等级</td></tr>
<tr><td rowspan="6">使用性鉴定</td><td>等级</td><td>a_s、b_s、c_s</td><td colspan="2">A_s、B_s、C_s</td><td>A_{ss}、B_{ss}、C_{ss}</td></tr>
<tr><td>地基基础</td><td>—</td><td colspan="2">按上部承重结构和围护系统工作状态评估地基基础等级</td><td rowspan="5">鉴定单元正常使用评级</td></tr>
<tr><td rowspan="2">上部承重结构</td><td rowspan="2">按位移、裂缝、风化、锈蚀等检查项目评定单个构件等级</td><td>每种构件集评级</td><td rowspan="2">上部承重结构评级</td></tr>
<tr><td>结构侧向位移评级</td></tr>
<tr><td rowspan="2">围护系统功能</td><td>—</td><td>按屋面防水、吊顶、墙、门窗、地下防水及其他防护设施等检查项目评定围护系统功能等级</td><td rowspan="2">围护系统评级</td></tr>
<tr><td colspan="2">按上部承重结构检查项目及步骤评定围护系统承重部分</td></tr>
<tr><td rowspan="4">可靠性鉴定</td><td>等级</td><td>a、b、c、d</td><td colspan="2">A、B、C、D</td><td>Ⅰ、Ⅱ、Ⅲ、Ⅳ</td></tr>
<tr><td>地基基础</td><td colspan="3" rowspan="3">以同层次安全性和正常使用性评定结果并列表达，或按标准规定的原则确定其可靠性等级</td><td rowspan="3">鉴定单元可靠评级</td></tr>
<tr><td>上部承重结构</td></tr>
<tr><td>围护系统</td></tr>
</table>

鉴定单元是指根据被鉴定建筑物的构造特点和承重体系的种类，将该建筑物划分成一个或若干个可以独立鉴定的区段，每一区段为一鉴定单元。子单元指鉴定单元中的细分单元，一般可按地基基础、上部承重结构和围护系统划分为三个子单元。构件指子单元中可以进一步细分的基本鉴定单位。它可以是单件、组合件或一个片段。

1）民用建筑安全性鉴定评级。民用建筑安全性鉴定评级的各层次分级标准，应按表 1-12 的规定采用。

表 1-12 民用建筑安全性鉴定评级的各层次分级标准

层次	鉴定对象	等级	分级标准	处理要求
一	单个构件或其检查项目	a_u	安全性符合标准对 a_u 级的规定，具有足够的承载能力	不必采取措施

（续）

层次	鉴定对象	等级	分级标准	处理要求
一	单个构件或其检查项目	b_u	安全性略低于标准对 a_u 级的规定，尚不影响承载能力	可不采取措施
		c_u	安全性不符合标准对 a_u 级的规定，显著影响承载能力	应采取措施
		d_u	安全性不符合标准对 a_u 级的规定，已严重影响承载能力	必须及时或立即采取措施
二	子单元或子单元中的某种构件集	A_u	安全性符合标准对 A_u 级的规定，不影响整体承载	可能有个别一般构件应采取措施
		B_u	安全性略低于标准对 A_u 级的规定，尚不显著影响整体承载	可能有极少数构件应采取措施
		C_u	安全性不符合标准对 A_u 级的规定，显著影响整体承载	应采取措施，且可能有极少数构件必须立即采取措施
		D_u	安全性极不符合标准对 A_u 级的规定，严重影响整体承载	必须立即采取措施
三	鉴定单元	A_{su}	安全性符合标准对 A_{su} 级的规定，不影响整体承载	可能有极少数一般构件应采取措施
		B_{su}	安全性略低于标准对 A_{su} 级的规定，尚不显著影响整体承载	可能有极少数构件应采取措施
		C_{su}	安全性不符合标准对 A_{su} 级的规定，显著影响整体承载	应采取措施，且可能有极少数构件必须及时采取措施
		D_{su}	安全性严重不符合标准对 A_{su} 级的规定，严重影响整体承载	必须立即采取措施

2）民用建筑使用性鉴定评级。民用建筑使用性鉴定评级的各层次分级标准，应按表 1-13 的规定采用。

表 1-13　民用建筑使用性鉴定评级的各层次分级标准

层次	鉴定对象	等级	分级标准	处理要求
一	单个构件或其检查项目	a_s	使用性符合标准对 a_s 级的规定，具有正常的使用功能	不必采取措施
		b_s	使用性略低于标准对 a_s 级的规定，尚不显著影响使用功能	可不采取措施
		c_s	使用性不符合标准对 a_s 级的规定，显著影响使用功能	应采取措施
二	子单元或其中某种构件集	A_s	使用性符合标准对 A_s 级的规定，不影响整体使用功能	可能有极少数一般构件应采取措施
		B_s	使用性略低于标准对 A_s 级的规定，尚不显著影响整体使用功能	可能有极少数构件应采取措施
		C_s	使用性不符合标准对 A_s 级的规定，显著影响整体使用功能	应采取措施

（续）

层次	鉴定对象	等级	分级标准	处理要求
三	鉴定单元	A_{ss}	使用性符合标准对 A_{ss} 级的规定，不影响整体使用功能	可能有极少数一般构件应采取措施
		B_{ss}	使用性略低于标准对 A_{ss} 级的规定，尚不显著影响整体使用功能	可能有极少数构件应采取措施
		C_{ss}	使用性不符合标准对 A_{ss} 级的规定，显著影响整体使用功能	应采取措施

3. 民用建筑可靠性鉴定评级

民用建筑可靠性鉴定评级的各层次分级标准，应按表1-14的规定采用。

表1-14 民用建筑可靠性鉴定评级的各层次分级标准

层次	鉴定对象	等级	分级标准	处理要求
一	单个构件或其检查项目	a	可靠性符合标准对 a 级的规定，具有正常的承载功能和使用功能	不必采取措施
		b	可靠性略低于标准对 a 级的规定，尚不显著影响承载功能和使用功能	可不采取措施
		c	可靠性不符合标准对 a 级的规定，显著影响承载功能和使用功能	应采取措施
		d	可靠性极不符合标准对 a 级的规定，已严重影响安全	必须及时或立即采取措施
二	子单元或其中某种构件集	A	可靠性符合标准对 A 级的规定，不影响整体承载功能和使用功能	可能有个别一般构件应采取措施
		B	可靠性略低于标准对 A 级的规定，但尚不显著影响整体承载功能和使用功能	可能有极少数构件应采取措施
		C	可靠性不符合标准对 A 级的规定，显著影响整体承载功能和使用功能	应采取措施，且可能有极少数构件必须及时采取措施
		D	可靠性不符合标准对 A 级的规定，已严重影响安全	必须及时或立即采取措施
三	鉴定单元	Ⅰ	可靠性符合标准对Ⅰ级的规定，不影响整体承载功能和使用功能	可能有极少数一般构件应在安全性或使用性方面采取措施
		Ⅱ	可靠性略低于标准对Ⅰ级的规定，尚不显著影响整体承载功能和使用功能	可能有极少数构件应在安全性或使用性方面采取措施
		Ⅲ	可靠性不符合标准对Ⅰ级的规定，显著影响整体承载功能和使用功能	应采取措施，且可能有极少数构件必须及时采取措施
		Ⅳ	可靠性不符合标准对Ⅰ级的规定，已严重影响安全	必须及时或立即采取措施

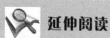

延伸阅读

建筑结构可靠性鉴定评级记忆法“四三四”

工业建筑可靠性鉴定评级：安全性分为四级，使用性分为三级，可靠性分为四级。可靠性鉴定评级按照鉴定单元、结构系统、构件三个层次由大到小为一～四（使用性为一～

三）、$A \sim D$（使用性为 $A \sim C$）、$a \sim d$（使用性为 $a \sim c$）。

民用建筑可靠性鉴定评级：安全性分为四级，使用性分为三级，可靠性分为四级。可靠性鉴定评级按照鉴定单元、子单元、构件三个层次由大到小为Ⅰ～Ⅳ、$A \sim D$、$a \sim d$。民用建筑构件或其检查项目的安全性等级为 a_u、b_u、c_u、d_u，子单元或其中某组成部分的安全性等级为 A_u、B_u、C_u、D_u，鉴定单元安全性等级为 A_{su}、B_{su}、C_{su}、D_{su}；构件或其检查项目的使用性等级为 a_s、b_s、c_s，子单元或其中某组成部分的使用性等级为 A_s、B_s、C_s，鉴定单元使用性等级为 A_{ss}、B_{ss}、C_{ss}。

第2章 建筑结构的检测与鉴定

一般来说，在对既有建筑物进行加固设计前，为避免加固设计的盲目性，同时也为加固设计提供技术依据，需要对既有建筑物进行可靠性鉴定。在鉴定评级之前要对既有建筑物进行检测。

结构性能的检测工作包括的内容比较多，一般包含结构材料的力学性能检测、结构的构造措施检测、结构构件尺寸的检测、钢筋位置及直径的检测、结构及构件的开裂和变形情况检测等内容。

2.1 钢筋混凝土结构的检测与鉴定

2.1.1 检测的内容

《建筑结构检测技术标准》规定：混凝土结构现场检测应分为工程质量检测和结构性能检测。遇有下列情况时，应委托第三方检测机构进行结构工程质量的检测：国家现行有关标准规定的检测；结构工程送样检验的数量不足或有关检验资料缺失；施工质量送样检验或有关方自检的结果未达到设计要求；对施工质量有怀疑或争议；发生质量或安全事故；工程质量保险要求实施的检测；对既有建筑结构的工程质量有怀疑或争议；未按规定进行施工质量验收的结构。

既有建筑需要进行下列评定或鉴定时，应进行既有结构性能的检测：建筑结构可靠性评定；建筑的安全性和抗震鉴定；建筑大修前的评定；建筑改变用途、改造、加层或扩建前的评定；建筑结构达到设计使用年限要继续使用的评定；受到自然灾害、环境侵蚀等影响建筑的评定；发现紧急情况或有特殊问题的评定。

结构工程质量检测应将存在下列问题的检测批确定为重要的检测批：有质量争议的检测批；存在严重施工质量缺陷的检测批；在全数检查或核查中发现存在严重质量问题的检测批。既有结构性能的检测应将存在下列问题的构件确定为重要的检测批或重点检测的对象：存在变形、损伤、裂缝、渗漏的构件；受到较大反复荷载或动力荷载作用的构件和连接；受到侵蚀性环境影响的构件、连接和节点等；容易受到磨损、冲撞损伤的构件；委托方怀疑有隐患的构件等。

根据《建筑结构检测技术标准》对混凝土结构检测内容的规定，混凝土结构可分成下列检测项目：原材料质量及性能；构件材料强度；混凝土的性能；构件缺陷与损伤；构件中的钢筋；装配混凝土结构的预制构件和连接节点等。

材料性能的检测是鉴定的基础。材料性能检测结果的精确度直接影响结构鉴定的可靠程度。材料力学性能可通过查阅建筑物的竣工资料初步得到，但一般应通过现场检测或试验室试验来确定。通过结构材料性能检测，分析结构产生破损或破坏的原因，评定结构的现有承载力，决策与优化结构处理及加固方案，推断结构损坏发展的趋势和结构使用寿命及加固处理后结构的使用寿命。

混凝土结构的专项评定内容包括：使用构件分项系数的构件承载力的评定；悬挑构件、有侧移框架柱等承载力评定时计算模型的调整；多遇地震的适用性评定；混凝土剩余使用年数的推定。

原材料质量及性能的检测包含对混凝土结构工程的钢筋、混凝土原材料、配合比或拌合物等的质量存在异议时进行检测。构件材料强度检测内容包含既有结构钢筋的强度、混凝土抗压强度和劈裂抗拉强度。

混凝土性能检测可分为抗渗性能、抗冻性能、抗氯离子渗透性能、抗硫酸盐侵蚀性能等检测分项。结构工程混凝土的这些性能应按现行《混凝土结构现场检测技术标准》的规定从结构中钻取芯样，并应按现行《普通混凝土长期性能和耐久性能试验方法标准》和《混凝土物理力学性能试验方法标准》等规定的方法进行检验。

混凝土结构现场检测工作程序如图 2-1 所示。

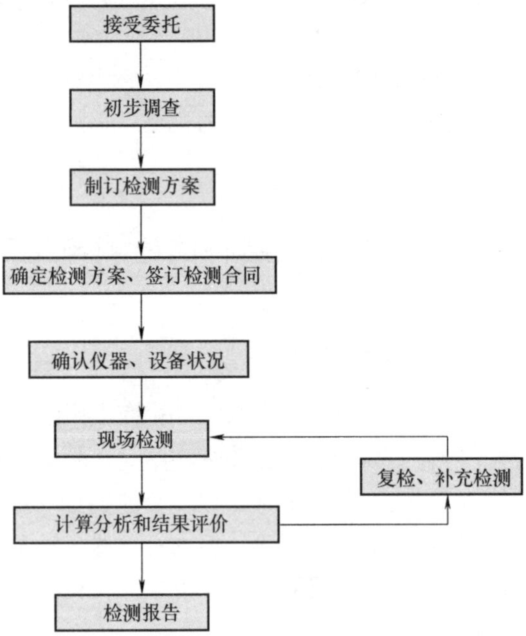

图 2-1　混凝土结构现场检测工作程序

混凝土结构的检测方法分为非破损检测法、微破损检测法（半破损检测）和破损检测法。非破损检测法是指在不破坏混凝土的情况下，利用声、光、电磁和射线等来测定有关混凝土性能的物理量，以推定混凝土的强度及内部缺陷等。常用的有测定混凝土强度的回弹法、超声波法及综合法。微破损检测法也称为半破损检测，包括取芯法（钻芯法）、拉拔法（拔出法）、射钉法等。破损检测法主要用于数量较多的预制构件，随机选取有代表性的构件进行破坏性试验，以测定其极限承载力。

2.1.2　混凝土结构的缺陷和变形检测

混凝土缺陷是指破坏混凝土的连续性和完整性，并在一定程度上降低混凝土的强度和耐久性的不密实区、空洞、裂缝或夹杂泥砂、杂物等。

对于设计图已丢失或不全的建筑，应对主要的结构图进行测绘，其内容有柱网的轴线尺寸，主要受力构件的截面尺寸（梁柱的截面、墙体的厚度、板的厚度），各层建筑的标高。这些几何量的检测应采用钢直尺。测量完成以后及时绘制实测图，绘图时发现有未测量的数据应及时补测。

混凝土构件的缺陷可分为外观缺陷、内部缺陷和裂缝（图 2-2）。混凝土构件的外观缺陷可采用现行《混凝土结构工程施工质量验收规范》（GB 50204—2015）规定的适用方法进行检测。不同的混凝土结构构件与部位采用的检验方法不同。在检测柱截面尺寸时，选取柱的一边量测柱中部、下部及其他部位，取 3 点平均值进行检测。在检测柱垂直度时沿两个方向分别量测，取较大值。在检测墙厚时，墙身中部量测 3 点，取平均值，测点间距不应小于 1m。在检测梁高时，量测一侧边跨中及两个距离支座 0.1m 处，取 3 点平均值，量测值可取腹板高度加上此处楼板的实测厚度。在检测板厚时，悬挑板取距离支座 0.1m 处，沿宽度方向取包括中心位置在内的随机 3 点的平均值；其他楼板，在同一对角线上量测中间及距离两端各 0.1m 处，取 3 点平均值。在检测层高时，与板厚测点相同，量测板顶至上层楼板板底净高，层高量测值为净高与板厚之和，取 3 点平均值。

图 2-2　混凝土构件的缺陷和裂缝

混凝土构件的内部缺陷可采用超声波综合因子判定法或现行《混凝土结构现场检测技术标准》和《冲击回波法检测混凝土缺陷技术规程》（JGJ/T 411—2017）规定的超声波法、电磁波反射法或冲击回波法进行探测。混凝土内部缺陷探测结果应进行局部钻孔、开凿等方法验证。

结构构件的裂缝可按下列规定进行检测：①检测应包括裂缝的位置、长度、宽度、深度、形态和数量；②裂缝深度可采用超声波法或钻取芯样方法进行检测；③记录可采用表格或图形的形式。

延伸阅读

混凝土结构耐久性

混凝土结构耐久性可以定义为混凝土结构受工作环境的外部因素和材料本身内部因素的影响作用，在预定服役期内可有效抵御外界环境因素和内部因素影响而不需花费大量的费用对其进行维修加固，仍能保持应有的适用性和安全性的功能状态。

针对混凝土耐久性影响因素主要有三种：

1）外部环境：结构本身受使用环境和自然环境侵蚀影响。

2）使用功能：对于混凝土结构耐久性功能因素是关于功能与年限相关联的多维函数。

3）经济适用性：混凝土结构本身在正常使用年限内（设计时规定的环境因素）不需要大范围的修复。

服役环境及材料内因的影响是指受物理或化学因素影响，根据混凝土结构服役环境、受损机理、形态特征及现有传统经验积累，将混凝土结构服役环境分为以下六个类别：大气、土壤、海洋、环境水影响、化学离子侵蚀和特殊服役环境。然而混凝土结构的耐久性是综合性能的体现，同时包含结构本身承载能力和正常使用及期间的维修，不能简单地认为混凝土结构耐久性只有承载能力极限和正常使用极限的两个状态，经研究发现：混凝土结构受外界环境影响较大，随着环境变化而发生耐久性的变化，这是一个渐变的过程。如果条件允许，可以对混凝土结构进行长期的监测，这样才能对混凝土结构耐久性有更加深刻的认识，通过一系列的研究进而相应地减少维修费用，达到更加经济和节能的目的。

2.1.3 混凝土强度的检测

在对建筑物进行可靠性鉴定时必然要使用建筑结构材料的力学性能参数，这些参数可以通过查阅建筑物的竣工资料得到，但大多数情况下应通过现场检测来确定。对既有建筑物进行现场检测通常可以为解决下列问题提供基本的依据：分析结构产生破损或破坏的原因；评定结构的现有承载能力；决策与优化结构处理及加固方案；推断结构损坏发展的趋势和结构使用寿命；推断加固处理后结构的使用寿命。

一般情况下，完成混凝土强度的测量后，随即进行混凝土碳化深度的测量，这两个测量内容准备阶段相同，这样操作方便省时。

混凝土抗压强度可采用回弹法、超声-回弹综合法、后装拔出法、后锚固法等间接法进行现场检测。当具备钻芯法检测条件时，宜采用钻芯法对间接法检测结果进行修正或验证。

1. 回弹法检测混凝土强度

《回弹法检测混凝土抗压强度技术规程》规定的回弹法适用于普通混凝土抗压强度（以下简称混凝土强度）的检测，不适用于表层与内部质量有明显差异或内部存在缺陷的混凝土强度检测。

对于强度等级为 C50 ~ C100 的混凝土，宜按现行《高强混凝土强度检测技术规程》（JGJ/T 294—2013）的相关规定进行检测。回弹法检测混凝土的强度采用回弹仪检测。回弹仪的基本原理是用弹簧驱动重锤，重锤以恒定的动能撞击与混凝土表面垂直接触的弹击杆，使局部混凝土发生变形并吸收一部分能量，另一部分能量转化为重锤的反弹动能，当反弹动能全部转化成势能时，重锤反弹达到最大距离，仪器将重锤的最大反弹距离以回弹值（最大反弹距离与弹簧初始长度之比）的名义显示出来。回弹仪在检测前后，均应在钢砧上做率定试验。回弹仪及内部构造如图 2-3 所示。

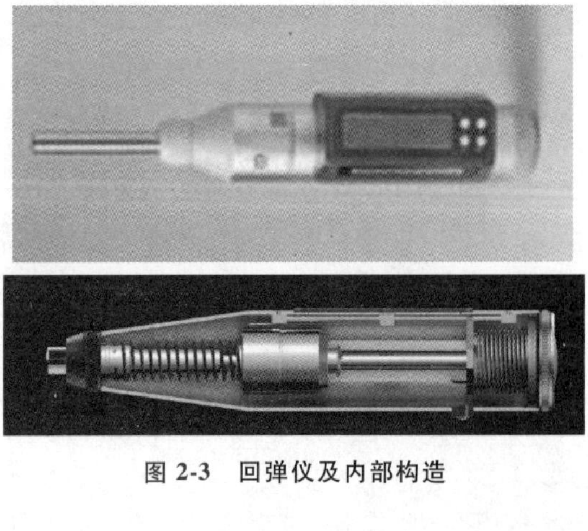

图 2-3 回弹仪及内部构造

结构性能的检测是可靠性鉴定工作中的重要环节。检测工作包含的内容比较多，技术人员应正确使用技术规程，现将有关检测过程说明如下。

(1) 检测准备　需要用回弹法检测的混凝土结构或构件往往是缺少同样条件下的试块或标准试块数量不足、试块的质量缺乏代表性、试块的试压结果不符合现行技术标准所规定的要求，并对该结果持有怀疑态度。所以检测应全面、准确地了解被测结构或构件的情况。

1）检测前一般需要了解工程名称，设计、施工和建设单位名称，结构或构件名称，外形尺寸、数量及混凝土设计强度等级，水泥品种、安定性、强度等级、厂名，砂、石种类、粒径，外加剂或掺合料品种、掺量，混凝土配合比、施工时材料计量情况等，模板、浇筑及养护情况等，成型日期，配筋及预应力情况，结构或构件所处环境条件及存在的问题，了解必要的设计图和施工记录与检测原因。其中以了解水泥的安定性合格与否最为重要，若水泥的安定性不合格则不能采用回弹法检测。

2）混凝土强度可按单个构件或按批量进行检测。一般检测混凝土结构或构件有两种方法。一种是逐个检测被测结构或构件，另一种是抽样检测。应根据具体的要求来选择方法。逐个检测方法主要用于对混凝土质量和强度有怀疑的独立结构（如现浇整体的壳体、烟囱、水塔、隧道、连续墙等）、单独构件（如结构物中的柱、梁、屋架、板、基础等）和有明显质量问题的某些结构或构件。抽样检测主要用于在相同的生产工艺条件下强度等级相同、原材料和配合比基本一致且龄期相近的混凝土结构或构件。按批量进行检测时，应随机抽取构件，抽检数量不宜少于同批构件总数的 30%且不宜少于 10 件。当检验批构件数量大于 30 件时，抽样构件数量可适当调整，并不得少于现行有关标准规定的最少抽样数量。

(2) 选择及布置测区　当了解了被检测的混凝土结构或构件情况后，需要在构件上选择及布置测区。测区指检测构件混凝土强度时的一个检测单元，也指每一试样的测试区域。每一测区相当于该试样同条件混凝土的一组试块。

1）现行《回弹法检测混凝土抗压强度技术规程》规定，取一个结构或构件混凝土作为评定混凝土强度的最小单元，至少取 10 个测区（图 2-4）。当受检构件数量大于 30 个且不需提供单个构件推定强度或受检构件某一方向尺寸不大于 4.5m 且另一方向尺寸不大于 0.3m 时，每个构件的测区数量可适当减少，但不应少于 5 个。

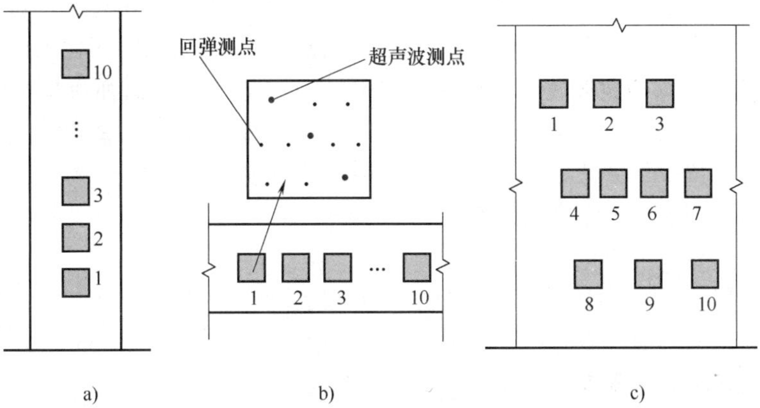

图 2-4　回弹法 10 个测区布置方法

a）柱　b）梁　c）墙

2）测区的大小以能容纳16个回弹测点为宜。

3）测区表面应为混凝土原浆面，并应清洁、平整，不应有疏松层、浮浆、油垢、涂层及蜂窝、麻面。必要时可采用砂轮清除表面杂物和不平整处。

4）测区宜均匀布置在构件或结构的检测面上，相邻测区间距不宜过大，当混凝土浇筑质量比较均匀时可根据实际情况适当增大间距，但不宜大于2m。构件或结构的受力部位及易产生缺陷部位（如梁与柱相接的节点处）需布置测区；测区离构件端部或施工缝边缘的距离不宜大于0.5m，且不宜小于0.2m。测区宜选在能使回弹仪处于水平方向的混凝土浇筑侧面，当不能满足这一要求时，也可选在使回弹仪处于非水平方向的混凝土浇筑表面或底面。测区须避开位于混凝土内保护层附近设置的钢筋和预埋件。

5）对体积小、刚度差及测试部位的厚度小于100mm的构件，应设置支撑加以固定，以防止构件在回弹时产生开裂。

（3）测回弹值 按上述方法选取试样和布置测区后，先测量回弹值。测量回弹值时，回弹仪的轴线应始终垂直于混凝土检测面，并应缓慢施压、准确读数、快速复位。每一测区应读取16个回弹值，每一测点的回弹值读数应精确至1。测点是指测区内的一个回弹检测点。测点宜在测区范围内均匀分布，相邻两测点的净距离不宜小于20mm；测点距外露钢筋、预埋件的距离不宜小于30mm；测点不应在气孔或外露石子上，同一测点应只弹击一次。

（4）测碳化深度 回弹完后立即测此混凝土构件的碳化深度。用合适的工具在测区表面形成直径为15mm的孔洞，清除洞中的粉末和碎屑后（注意不能用液体冲洗孔洞），立即用1%的酚酞酒精溶液滴在混凝土孔洞内壁的边缘处，用碳化深度测量仪或其他工具测量自测面表面至深部不变色边缘处与测面相垂直的距离1~2次，该距离即该测区的碳化深度值，精确至0.5mm。

一般一个测区选择1~3处测量混凝土的碳化深度值，当相邻测区的混凝土质量或回弹值与它基本相同时，那么该测区的碳化深度值也可代表相邻测区的碳化深度值。一般应选不少于构件的30%测区数测量碳化深度值。

（5）处理回弹数据 当回弹仪在水平方向测试混凝土浇筑侧面时，应从每一测区的16个回弹值中剔除其中3个最大值和3个最小值，取余下的10个回弹值的平均值作为该测区的平均回弹值，取一位小数。由于回弹法测强曲线是根据回弹仪水平方向测试混凝土试件侧面的试验数据计算得出的，因此当测试中无法满足以上条件时需对测得的回弹值进行修正。

（6）根据回弹数据确定混凝土的强度 一般情况下从现行《回弹法检测混凝土抗压强度技术规程》中给出的测区混凝土强度换算表，根据回弹值和碳化深度值查出测区混凝土的强度换算值，再按《回弹法检测混凝土抗压强度技术规程》中的公式算出混凝土强度推定值。但应注意，当混凝土强度高于50MPa或低于10MPa时，《回弹法检测混凝土抗压强度技术规程》给出的测强表就不适用了。

特别注意，回弹法适用于普通混凝土抗压强度的检测，不适用于表层与内部质量有明显差异或内部存在缺陷的混凝土强度的检测。

2. 超声法检测混凝土强度

混凝土超声检测是混凝土非破损检测技术中的一个重要方法。

超声脉冲波（以下简称超声波）是频率较高的机械波。声波分为次声波（频率为

0~20Hz)、可听声波（频率为 $20\sim2\times10^4$Hz）和超声波（频率$>2\times10^4$Hz）。由于超声波的波长很短、穿透力很强，在固体介质中传播，遇界面会发生反射、折射、绕射和波形转换，所以超声波被广泛用于混凝土、岩石的强度和缺陷检测及钢材探伤等。常用的声学参数有波速、振幅、频率、波形及衰减系数。

(1) 采用超声波检测结构混凝土缺陷的基本依据　利用超声波在混凝土的原材料、配合比、龄期和测试距离一致等技术条件相同的混凝土中传播的速度、接收波的振幅和频率等声学参数的相对变化来判定混凝土的缺陷。

1）超声波传播速度的快慢与混凝土的密实程度有直接关系。对于原材料、配合比、龄期及测试距离一定的混凝土来说，声速高则混凝土密实，声速低则混凝土不密实。混凝土的弹性越强，密度越大，则声速越高。如果混凝土内部有缺陷，如孔洞、裂缝等，超声波只能经反射、绕射传播到接受探头，传播路径加长，测得的声时增大，计算的声速降低。

2）超声波的振幅参数是指接收到的首波前半周的幅值，它表示接收到的波的强弱，反映超声波在混凝土中的衰减情况，超声波的衰减反映混凝土的黏塑性能，在一定程度上反映混凝土的强度。当混凝土内部有缺陷或裂缝时，超声波会产生反射或绕射，振幅降低，频率明显减小或者频率谱中高频成分明显减少。

3）经缺陷反射或绕过缺陷传播的超声波信号与直达波信号之间存在声程和相位差，叠加后互相干扰，致使接收信号的波形发生畸变。根据上述原理，可以利用混凝土声学参数的测量值和相对变化综合分析，判别混凝土缺陷的位置和范围，并估算缺陷的尺寸。

(2) 超声波检测混凝土缺陷的测试方法　一般根据被测结构或构件的形状、尺寸及所处环境确定具体测试方法。常用的测试方法分为以下几种：

1）平面测试（用厚度振动式换能器）。

① 对测法（图 2-5a）。一对发射（T）和接收（R）换能器分别放置在被测结构相互平行的两个表面，且两个换能器的轴线位于同一直线上。

② 斜测法（图 2-5b）。一对发射和接收换能器分别置于被测结构的两个表面，但两个换能器的轴线不在同一直线上。

超声波检测混凝土构件的强度时，仍然需要对构件划分测区，测区的划分原则与回弹法基本相同。但超声波法的每个测区必须包含两个测试面，每个测区内布置三对超声波测点。

③ 单面平测法（图 2-5c）。一对发射和接收换能器置于被测结构同表面上进行测试。

2）钻孔测试（采用径向振动式换能器）。

① 孔中对测。一对换能器分别置于两个对应钻孔中，位于同一高度进行测试。

② 孔中斜测。一对换能器分别置于两个对应钻孔中，不在同高度而是在保持一定高程差的条件下进行测试。

③ 孔中平测。一对换能器置于同一钻孔中，以一定的高度差同步移动进行测试。

厚度振动式换能器常置于结构表面进行各种方式的测试，而径向振动式换能器则在钻孔中进行对测和斜测。

(3) 超声波检测的应用范围　超声波检测时需要专门的仪器和有经验、懂技术的检测人员，此方法可以检测混凝土中的裂缝分布和深度，可以检测混凝土的不密实区和孔洞，可以检测两次浇筑的混凝土之间结合面的质量，可以检测混凝土表面损伤层的情况，可以检测大体积混凝土的均质性。一定的条件下，可以检测混凝土钻孔灌注桩的质量。

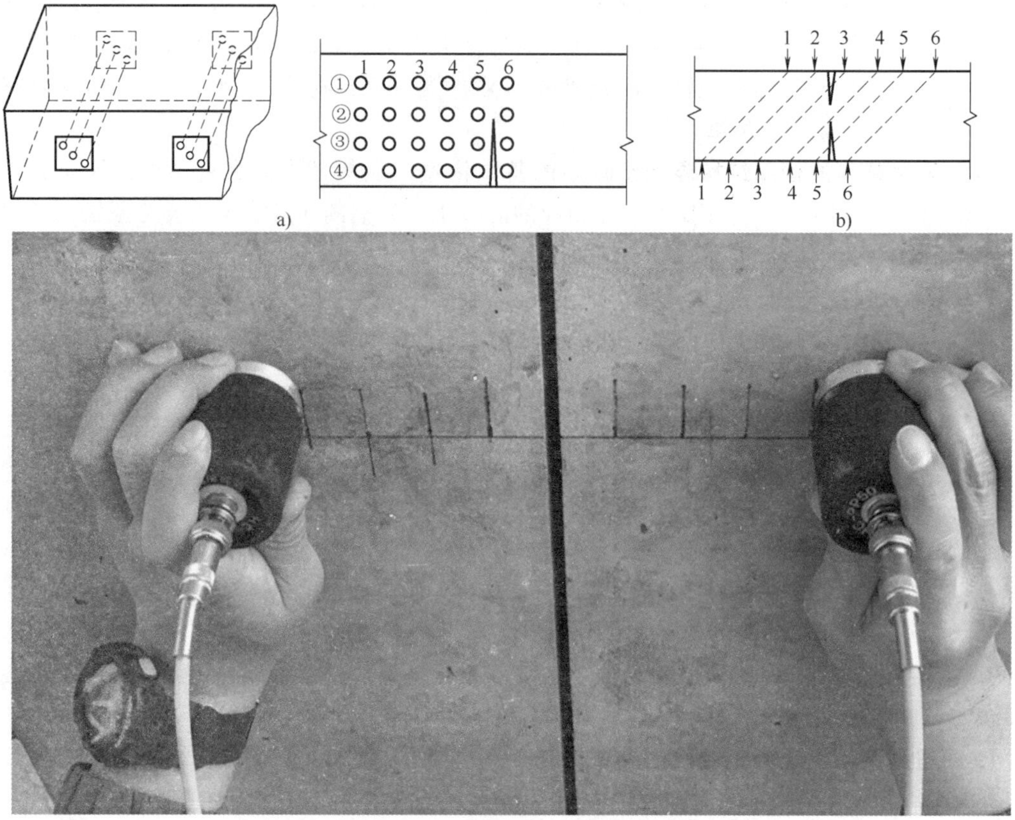

a)　　b)

c)

图 2-5　超声波检测混凝土缺陷

a）对测法　b）斜测法　c）单面平测法

混凝土结合面质量检测可采用对测法和斜测法。布置测点时应注意下列几点：使测试范围覆盖全部结合面或有怀疑的部位；各对 T—R_1（声波传播不经过结合面）和 T—R_2（声波传播经过结合面）换能器连线的倾斜角测距应相等；测点的间距视构件尺寸和结合面外观质量情况而定，宜为 100~300mm 。按布置好的测点分别测出各点的声时、波幅和主频值。

《超声波检测混凝土缺陷技术规程》（CECS 21：2000）规定了混凝土裂缝深度、不密实区和空洞的检测、混凝土结合面质量检测、表面损伤层的检测等。此外，《雷达法检测混凝土结构技术标准》（JGJ/T 456—2019）还给出了使用雷达法检测混凝土层厚及内部缺陷的检测。

3. 超声回弹综合法检测混凝土强度

结构混凝土强度的综合法检测，就是采用两种或两种以上的单一方法或参数综合测试混凝土强度的方法。由于综合法比单一测试法适用范围广，因此在混凝土的质量控制与检测中的应用越来越多，一般来说，在合理选择各种单一方法组合的前提下，采用的非破损测试方法越多，混凝土强度的测试精度将越高。

超声回弹综合法测量混凝土强度，是指采用超声仪和回弹仪在结构混凝土同一测区分别测量超声时值和回弹值，然后利用已建立起来的测强公式推算该测区混凝土强度的一种方法。与单一超声法和回弹法相比，综合法具有以下特点：

（1）减少龄期和含水率的影响　混凝土的声速值除受粗骨料的影响，还受混凝土的龄期和含水率等因素的影响。混凝土的回弹值除受表面状态的影响，也受混凝土的龄期和含水率的影响。然而，混凝土的龄期和含水率对其声速和回弹值的影响有着本质的不同。混凝土含水率大，超声的声速偏高，回弹值则偏低；混凝土的龄期长，超声声速的增率下降，回弹值则因混凝土硬化（或碳化）程度增大而提高。因此，二者综合起来测定混凝土强度就可以部分减少龄期和含水率的影响。

（2）相互弥补两种方法的不足　一个物理参数只能从某一方面在一定范围内反映混凝土的力学性能，超过一定范围，它可能不很敏感或者不起作用。如回弹值主要以表层砂浆的弹性性能来反映混凝土的强度，当混凝土强度较低、塑性变形较大时这种反映就不太敏感，当构件截面尺寸较大或内外质量有较大差异时，它就很难反映结构的实际强度。超声声速是以整个截面的动弹性来反映混凝土强度，而强度较高的混凝土，弹性指标变化幅度小，其相互声速随强度变化的幅度也不大，其微小变化往往被测试误差所掩盖。所以，对于强度高于35MPa 的混凝土，其超声波的声速与被测混凝土强度的相关性较差。采用超声法和回弹法综合测定混凝土强度，既可以内外结合，又能在较低或较高的强度区间相互弥补各自的不足，能够较全面地反映混凝土的实际质量。

（3）提高测试精度　由于综合法能减小一些因素的影响程度，较全面地反映整体混凝土的质量，所以对于提高非破损检测混凝土强度的精度，具有明显的效果。

超声回弹综合法测定混凝土强度是 1966 年罗马尼亚建筑及建筑经济科学研究院首次提出的，并编制了相关技术规程，受到各国科技研究者的重视。1976 年我国引进了这一方法，在结合我国具体情况的基础上，许多科研单位进行了大量的试验，完成了多项科研成果，在结构混凝土工程的质量检测中已获得了广泛的推广应用。1988 年中国工程建设标准委员会批准了我国第一本《超声回弹综合法检测混凝土强度技术规程》（CECS 02：1988），为进一步推广应用这一方法提供了重要依据。

《超声回弹综合法检测混凝土抗压强度技术规程》（T/CECS 02—2020）适用于以中型回弹仪、低频超声仪综合法检测建筑结构和构筑物中的普通混凝土抗压强度值。该规程中对回弹仪提出了技术要求以及检验、操作和维护方法；对超声波检测仪和换能器提出技术要求，对超声仪器检验、操作和维护做出了具体规定；对测区回弹值及声速值的测量与计算也做了详细的规定；对被检测混凝土强度的推定方法也做出了具体规定。在该规程的附录中还给出了建立专用或地区混凝土强度曲线的基本要求、测区混凝土强度与声速和回弹值的换算表等。同前述的其他检测方法相同，超声回弹综合法检测混凝土强度时需要专门的技术人员操作仪器和提供检测报告，但结构鉴定和加固设计人员应对检测过程和数据的来源有准确的了解，以便正确地使用这些数据。

综合法检测混凝土强度技术，实质上就是超声法和回弹法两种单一测强方法的综合运用，因此，有关检测方法及规定与前述的单一方法相同。如在检测前应做好资料准备和对被测结构或构件进行详细的了解，对测区的分布应进行详细规划，在测区的测试与计算方面与前述的单一测试方法基本相同。在推算混凝土强度时，应根据所获得的超声声速值和回弹值等参数，按已确定的综合法相关曲线，进行测区混凝土强度的计算或查表确定测区混凝土的强度。与前述的其他非破损检测方法相同，综合法既可用于检测施工过程中的结构混凝土强度，也可用于检测既有结构混凝土的强度值。

4. 钻芯法检测混凝土强度

钻芯法（图 2-6）是利用专用钻机从结构混凝土中钻取芯样并用专门的设备对芯样进行加工，在试验机上对芯样进行破损试验以检验混凝土强度，或者直接根据芯样的外观情况来观察混凝土内部质量的方法。由于它对结构混凝土仅造成局部损伤，因此是一种半破损的现场检测方法。利用钻芯法检测混凝土抗压强度，无须进行某种物理量与强度之间的换算，普遍认为它是一种直观、可靠和准确的方法，但由于在检测时总会对结构混凝土造成局部损伤，而且成本较高，因此大量取芯往往受到一定的限制。因而，近年来国内外都主张把钻芯法与其他非破损检测法综合使用，利用非破损法可以大量测试而不损伤结构的特点，另一方面又可利用局部破损的钻芯法提高非破损法测量混凝土强度的精度，使两者相辅相成。

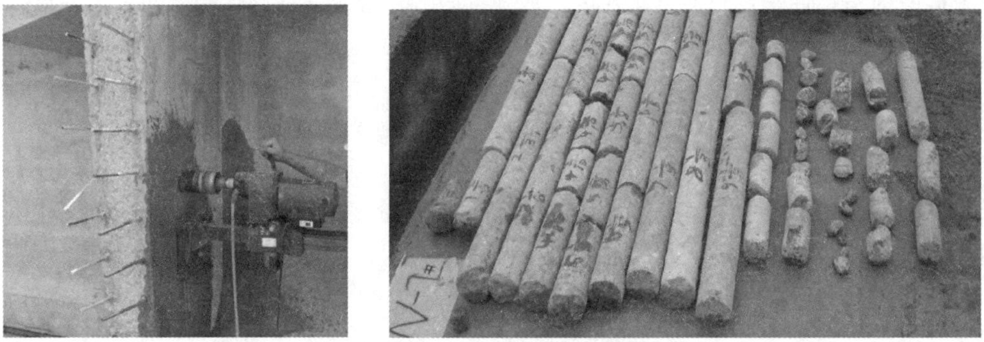

图 2-6　钻芯法检测混凝土强度

用钻芯法检测混凝土的强度、裂缝、接缝、分层、孔洞或离析等缺陷，具有直观、精度高的优点。《钻芯法检测混凝土强度技术规程》（JGJ/T 384—2016）规定，采用钻芯法检测结构或构件混凝土强度前，宜具备下列资料信息：工程名称及设计、施工、监理和建设单位名称；结构或构件种类、外形尺寸及数量；设计混凝土强度等级；浇筑日期、配合比通知单和强度试验报告；结构或构件质量状况和施工记录；有关的结构设计施工图等。

芯样宜在结构或构件的下列部位钻取：结构或构件受力较小的部位；混凝土强度具有代表性的部位；便于钻芯机安放与操作的部位；宜采用钢筋探测仪测试或局部剔凿的方法避开主筋、预埋件和管线。在构件上钻取多个芯样时，芯样宜取自不同部位。

钻芯法确定单个构件混凝土抗压强度推定值时，芯样试件的数量不应少于 3 个；钻芯对构件工作性能影响较大的小尺寸构件，芯样试件的数量不得少于 2 个。单个构件的混凝土抗压强度推定值不再进行数据的舍弃，而应按芯样试件混凝土抗压强度值中的最小值确定。钻芯法确定构件混凝土抗压强度代表值时，芯样试件的数量宜为 3 个，应取芯样试件抗压强度值的算术平均值作为构件混凝土抗压强度代表值。

5. 拔出法检测混凝土强度

拔出法分为后装拔出法和预埋拔出法。后装拔出法是在已硬化的混凝土构件表面钻孔、磨槽，嵌入弹簧，安装拔出仪，测定极限拔出力，并根据预先建立的极限拔出力与混凝土强度之间的相关关系来推定混凝土强度。预埋拔出法则是在浇筑混凝土前预埋锚固件。

当混凝土表层与内部的质量有明显差异时，应将表层混凝土清除干净后方可进行检测。

极限拔出力与锚固深度、反力支承尺寸等参数密切相关。不同的拔出设备和操作方法得出的拔出力和混凝土强度的相关关系是完全不相同的。目前使用的拔出仪概括起来可以分为两大类：一类是圆环反力支承，另一类是三点反力支承（图 2-7）。三点支承方式的拔出设备制造简单、价格便宜。同一强度的混凝土三点支承的拔出力比圆环支承的小，因而可以扩大拔出装置的检测范围。和圆环支承方式的拔出仪一样，它也是一种很受欢迎的拔出仪。《拔出法检测混凝土强度技术规程》（CECS 69：2011）规定，拔出试验装置可采用圆环式或三点式。

图 2-7 拔出法使用仪器

拔出试验时，混凝土中粗骨料的粒径对拔出力的影响最大。混凝土的拔出力变异系数随着粗骨料最大粒径的增大而增大。因此，一般规定锚固件的锚固深度为 25mm 时被检测混凝土粗骨料的最大粒径不大于 40mm，粗骨料粒径大于该尺寸时便要求更深的锚固件锚固深度，以保证检测结果的精度。不同的粗骨料粒径对后装拔出法试验的影响十分明显，往往有些锚固件就安设在骨料中。另一个原因是不同的粗骨料粒径要求被拔出的混凝土圆锥体的体积大小也不同，这与混凝土粗骨料粒径与标准试块尺寸比例的规定是相似的。在我国，虽然大部分建筑工程中所用混凝土最大粒径不大于 40mm，但大于 40mm 的情况也经常遇到，特别是在新中国成立前建成的老旧房屋中有不少结构混凝土骨料的粒径较大，这就要求锚固件有较深的锚固深度。为满足这一使用要求，我国研制了锚固件深度为 35mm 的拔出试验装置，能满足粗骨料最大粒径尺寸不大于 60mm 时的使用要求，使拔出试验具有更广泛的适用范围。

在《拔出法检测混凝土强度技术规程》中，对拔出试验装置提出了具体的技术要求，对拔出试验的测点布置、试验程序和操作步骤做了明确的规定，对混凝土的强度换算和推定给出了具体的计算公式和使用方法，还对建立拔出法测强曲线提出了基本要求。采用后装拔出法检测混凝土强度时，与其他检测方法同样也需要专门从事拔出法检测、拔出仪标定等工作的技术人员，这些人员应有相应的上岗证书。结构工程师也应了解检测的全过程，并对检测数据进行分析与合理使用。

6. 检测方法的比较

回弹法、超声法、超声回弹综合法、拔出法和钻芯法是检测结构混凝土质量的常用方法，在我国应用已比较普遍。各种测试方法的测定内容、适用范围及优缺点见表 2-1，具体应用需根据现有设备及现场情况等因素来综合确定。

表 2-1 无损检测方法的比较

序号	种类	测定内容	适用范围	特点	缺点	备注
1	回弹法	测定混凝土表面硬度值	混凝土抗压强度、匀质性	测试简单、快速、被测物的形状尺寸一般不受限制	测定部位仅限于混凝土表面,同一处不能再次使用	应用较多
2	超声法	超声波传播速度、波幅、频率	混凝土抗压强度及内部缺陷	被测构件形状与尺寸不限,同一处可反复测试	探头频率较高时声波衰减大,测定精度稍差	应用较多
3	超声回弹综合法	混凝土表面硬度值和超声波传播速度	混凝土抗压强度	测试比较简单,精度比单一法高	比单一法费事	应用较多
4	拔出法	预埋或后装于混凝土中锚固件,测定拔出力	混凝土抗压强度	测强精度较高	对混凝土有一定损伤,检测后需进行修补	应用较多
5	钻芯法	从混凝土中钻取一定尺寸的芯样	混凝土抗压强度,劈裂强度,内部缺陷	对混凝土有一定损伤,检测后需进行修补	设备重,成本较高,对混凝土有损伤,需修补	应用较多

2.1.4 混凝土耐久性的检测

建筑结构混凝土耐久性包括抗渗性能、抗冻性能、抗氯离子渗透性能和抗硫酸盐侵蚀性能等。结构混凝土抗渗性能、抗冻性能、抗氯离子渗透性能和抗硫酸盐侵蚀性能等长期耐久性能应采用取样法进行检测。混凝土耐久性的检测内容包括：混凝土碳化深度的测定；钢筋位置（保护层厚度）及钢筋锈蚀程度的测定；特殊腐蚀物侵入深度及含量的测定；混凝土蚀层深度的测定。

混凝土的碳化是混凝土受到的一种化学腐蚀。空气中 CO_2 渗透到混凝土内，与其碱性物质起化学反应后生成碳酸盐和水，使混凝土强度降低的过程称为混凝土碳化，又称中性化，其化学反应为：$Ca(OH)_2+CO_2=CaCO_3+H_2O$。

一般情况下，回弹值测量完毕后，应在有代表性的测区上测量碳化深度值，测点数不应少于构件测区数的 30%，并应取其平均值作为该构件每个测区的碳化深度值。当碳化深度值极差大于 2.0mm 时，应在每一测区分别测量碳化深度值。碳化深度值的测量应符合下列规定：

1）可采用工具在测区表面形成直径约 15mm、深度不小于 6mm 的孔洞，其深度应大于混凝土的碳化深度。

2）应清除孔洞中的粉末和碎屑，且不得用水擦洗。

3）应采用浓度为 1%～2%的酚酞酒精溶液滴在孔洞内壁的边缘处，当已碳化与未碳化界线清晰时，应采用游标卡尺或碳化深度测量仪测量已碳化与未碳化混凝土交界面到混凝土表面的垂直距离（碳化深度，图 2-8），并应测量 3 次，每次读数应精确至 0.25mm。

图 2-8 混凝土碳化深度检测

4）应取三次测量的平均值作为检测结果，并应精确至 0.5mm。

延伸阅读

混凝土结构耐久性检测技术

1. 保护层厚度和钢筋位置检测技术

现阶段针对混凝土结构的保护层厚度和钢筋位置检测主要分为有损和无损检测。有损检测常以开凿法为主，对钢筋位置和保护层厚度进行直接测量，优点是比较直观，准确率较高，但对结构和构件造成一定的损伤，不宜在结构受力不利处进行检测，检测数目也不宜过多。相较于有损检测，无损检测是当下最便捷的检测手段，主要检测原理是基于电磁法，使用最广泛的是钢筋保护层厚度测定仪。无损检测的优点是方便快捷，对结构主体几乎实现无损伤。

2. 碳化深度检测技术

对正在服役的混凝土结构进行强度检测时，通常采用回弹法，评价混凝土结构耐久性时，混凝土碳化深度可作为一项重要参数对其进行评价，对混凝土碳化深度检测方法主要有指示剂法、化学分析法和X射线衍射法。由于指示剂方法简单，操作方便，故常被采用。在现场进行检测试验时，可采用电钻对被测构件或结构进行钻孔，使用气囊对钻孔点的粉末进行清理，立即将1%的酚酞试剂用小型喷雾器喷洒在孔壁内，当混凝土表面变红后，采用游标卡尺或碳化深度测量仪测量不变色的深度，一般不少于三次，最终取平均值。在室内可采用压力试验机将被测试件劈开，喷洒酚酞试剂测量碳化深度，根据混凝土颜色判断混凝土结构pH值的变化，$pH \leqslant 7$为完全碳化区，$7 \leqslant pH \leqslant 12.5$为部分碳化区，$pH \geqslant 12.5$为未碳化区。

2.1.5　钢筋的检测

《建筑结构检测技术标准》规定：混凝土中钢筋检测可分为钢筋位置、钢筋间距或数量、钢筋直径、混凝土保护层厚度和钢筋锈蚀状况等检测分项。

混凝土中的钢筋宜采用原位实测法检测。采用间接法检测时，宜通过原位实测法或取样实测法进行验证，并根据验证结果进行适当的修正。常用检测方法分为破损、非破损两类。对重要的检测分项应按下列规定进行直接法的修正或验证：钢筋直径的无损测试结果应采取剔凿量测或取样称重的方法修正或验证；梁、柱加密区的箍筋间距可采取打孔的方法修正或验证；保护层厚度可采取打孔直接量测的方法修正或验证。当有检测要求时，可对钢筋的锚固与搭接和混凝土柱与墙体间的拉结筋等进行检测。钢筋的搭接检测应采取剔凿或打孔的方法进行修正或验证。

混凝土中钢筋数量和间距可采用钢筋探测仪或雷达仪进行检测。当遇到下列情况时，应采取剔凿验证的措施：相邻钢筋过密，钢筋间最小净距小于钢筋保护层厚度；混凝土（包括饰面层）含有或存在可能造成误判的金属组分或金属件；钢筋数量或间距的测试结果与设计要求有较大偏差；缺少相关验收资料。

混凝土中钢筋可按《建筑结构检测技术标准》或现行《混凝土中钢筋检测技术标准》（JGJ/T 152—2019）规定的方法进行锈蚀状况的无损检测。钢筋的锈蚀量宜采用直接量测的方法确定。可量测的项目包括锈蚀后钢筋的直径、锈蚀深度和长度、锈蚀物的厚度等。当钢筋锈蚀量较大时，宜取样测试钢筋强度的损失情况。新建结构工程出现钢筋严重锈蚀现象时，应对混凝土中氯离子的含量进行测定。当发现钢筋出现锈蚀现象时，应检测封闭混凝土中预应力锚夹具和钢筋连接器的锈蚀情况。既有结构性能评定时，应考虑钢筋锈蚀的实际影响。混凝土中钢筋直径宜采用原位实测法检测；当需要取得钢筋截面积精确值时，应采取取样称量法进行检测或采取取样称量法对原位实测法进行验证。混凝土中钢筋锈蚀状况应在对使用环境和结构现状进行调查并分类的基础上，按约定抽样原则进行检测。混凝土中钢筋锈蚀状况宜采用原位检测、取样检测等直接法进行检测。

在对既有建筑物鉴定和加固时，对钢材或钢筋强度要进行检测，特别是对钢筋的材料性能有怀疑或房屋遭受灾害（如火灾）后使钢筋材料性能发生变化时，钢材的检测是必不可少的。钢筋混凝土结构中钢材或钢筋的力学性能检测，目前一般都先在现场截取钢筋试样，然后在试验室由拉伸实验等方法来确定钢筋的屈服强度、抗拉强度、伸长率和冷弯性能。

（1）现场取样　现场钢筋取样是对房屋结构有损伤性的检测方法，现场钢筋取样应考虑试件的代表性，也要尽可能地使取样对房屋结构的损伤最小。检测时尽可能在非重要构件或构件的次要部位取样，如对梁的受拉钢筋可取梁反弯点处的受拉钢筋。在对改建、加层等房屋进行检测时，由于房屋局部本身就需要拆建，所以钢筋试件可直接从房屋的拆建部分截取。现场钢筋取样的数量，一般每种类型钢筋各取 3 根，如果对钢筋有怀疑时（分批进场的同类型钢筋）取样数及取样点应根据实际情况增加。

（2）钢筋性能测试　对钢筋混凝土中的钢筋有强度、塑性、冷弯性能、焊接性能等要求。

强度是指钢筋的屈服强度、抗拉强度和屈强比。钢筋的屈服强度是加固设计计算时的主要依据，钢筋的屈强比宜控制在 0.60~0.75，以保证结构具有一定的可靠性潜力，钢筋混凝土构件有一定的延性。

塑性一般指钢筋在外力作用下产生永久变形而不断裂的能力，以标距长度为 $5d$ 或 $10d$ 时钢筋试件拉断时的伸长率表示。

冷弯性能指钢筋在常温下能承受弯曲的程度，以冷弯角度和钢筋直径表示，要求弯曲角度为 90°~180°时，在弯曲部位的外侧无裂纹、起层、断裂现象。

焊接性能是指在一定的工艺条件下要求钢筋焊接后不产生裂纹及过大的变形，保证焊接接头性能良好。钢筋的焊接性能受其化学成分含量的影响。

延伸阅读

钢筋锈蚀检测技术

钢筋锈蚀的检测主要分为物理检测和化学检测两大种类，物理检测分别包括声发射、雷达波反射、X 射线照射、磁通量、电涡流、红外热谱、膨胀应变探头及比较简单的现场取样称量；电化学检测方法主要包括恒流脉冲、直流线性极化电阻法、交流阻抗谱、电阻率法、腐蚀电流密度、电化学噪声法和电池电位法。目前常用电化学方法检测钢筋锈蚀。

1. 氯离子检测技术

对于混凝土抗氯离子渗透的检测，主要的检测方法包括自然扩散法、NEL 法、RCM、电通量法。国内一般采用硝酸银溶液对氯离子的侵入深度和氯离子含量进行检测。在使用取芯法对检测部位取芯检测时，为使检测更加准确且具有代表性，要求不得低于 3 个试样。取样前应对氯离子侵入深度进行预估，取样深度应参照相应的规定，分别按照 5mm 或 10mm 进行取样。侵入结果采用同层平均值作为氯离子在该层的代表值。

2. 抗冻性检测技术

混凝土抗冻性检测目前主要有快速冻融法和慢速冻融法，针对盐冻还可采用单面冻融，但这类试验仅可在室内进行并且试验周期较长，对既有结构并不适用。影响混凝土结构抗冻性的主要因素包括气泡间距、有效气泡含量和气泡平均半径，对于既有混凝土结构可采用气泡间隔系数对抗冻性进行科学的评价，该方法的主要优势是比较快捷，试验周期短。

3. 碱骨料反应检测技术

碱骨料反应是混凝土内部因素，通常表现为混凝土表面有较大范围的裂缝，裂缝的形状主要表现为“龙纹状”或者“地图状”，根据骨料中不同的活性成分，又可以将碱骨料反应分为碱碳酸盐反应（ACR）和碱硅酸盐反应（ASR）。主要通过裂缝特征、骨料的活性成分和种类、混凝土结构中的碱含量、碱性反应物的形态和成分进行检测项目的判断。

2.1.6　装配式混凝土结构的检测

装配式混凝土结构的检测可分成预制混凝土构件、局部现浇混凝土和连接节点等检测专项。预制混凝土构件的检测可分成构件质量、构件性能和安装质量等检测分项。局部现浇混凝土的检测可分成现浇混凝土质量和结合面质量等检测分项。

装配式结构节点局部现浇混凝土内部的缺陷可采用超声波综合因子判定法、超声波法、电磁波反射法或冲击回波法结合局部打孔开凿的方法进行检测。

对于梁、板等叠合构件的混凝土结合面，结合面的缺陷可采用雷达法和冲击回波法进行检测；结合面混凝土黏结强度可采用下列方法进行检测：①采用拉脱法检测结合面混凝土的抗拉强度；②采用钻芯法检测结合面混凝土的劈裂抗拉强度。

套筒灌浆连接节点灌浆料强度、灌浆饱满度、连接钢筋埋置深度和接缝处防水性能等的检测应符合下列规定：灌浆料强度可在注浆口和出浆口取出圆柱体试样进行劈裂抗拉强度或抗压强度的测试；灌浆饱满度可在套筒出浆口采用内窥法或预埋阻尼振动传感器方法进行检测；连接钢筋埋置深度可在套筒出浆口进行钻孔检测；接缝处防水性能可采用原位淋水试验法进行检测。

浆锚搭接节点灌浆料强度、灌浆内部缺陷和接缝处防水性能等的检测应符合下列规定：

1）灌浆料强度的检测应符合下列规定：对灌浆口等部位应进行回弹测试，并用同条件试块抗压强度检测结果对回弹结果进行修正；可在注浆口和出浆口等部位钻取小直径芯样，进行劈裂抗拉强度或抗压强度测试。

2）灌浆内部缺陷可采用冲击回波法或超声波综合因子判定法等无损方法进行检测，内部缺陷的无损检测结果应进行打孔验证或钻芯验证。

3）接缝处防水性能可采用原位淋水试验方法进行检测。

2.1.7 混凝土结构鉴定评级

建筑结构鉴定方法目前采用的是实用鉴定法，其中可靠性鉴定评级有两种方法：建筑结构可靠性鉴定评级法和建筑物完损鉴定评级法。

混凝土结构可靠性鉴定评级依据是《工业建筑可靠性鉴定标准》和《民用建筑可靠性鉴定标准》。混凝土结构鉴定评级分为工业建筑混凝土结构和民用建筑混凝土结构评级。工业建筑混凝土构件评定包括安全性等级评定和使用性等级评定；工业建筑混凝土构件的安全性等级应按承载能力、构造和连接两个项目评定，并取其中较低等级作为构件的安全性等级（鉴定评级见表2-2、表2-3）；工业建筑混凝土构件的使用性等级应按裂缝、变形、缺陷和损伤、腐蚀四个项目评定，并取其中的最低等级作为构件的使用性等级（鉴定评级见表2-4~表2-9）。

表2-2 工业建筑混凝土构件安全性等级的承载能力项目评定

构件种类	评定标准			
	a	*b*	*c*	*d*
重要构件	≥1.0	<1.0，≥0.90	<0.90，≥0.83	<0.83
次要构件	≥1.0	<1.0，≥0.87	<0.87，≥0.80	<0.80

表2-3 工业建筑混凝土构件安全性等级的构造和连接项目评定

检查项目	*a* 级或 *b* 级	*c* 级或 *d* 级
构件构造	结构构件的构造合理，符合或基本符合国家现行标准规定；无缺陷或仅有局部表面缺陷；工作无异常	结构构件的构造不合理，不符合国家现行标准规定；存在明显缺陷，已影响或显著影响正常工作
黏结锚固或预埋件	黏结锚固或预埋件的锚板和锚筋构造合理、受力可靠，符合或基本符合国家现行标准规定；经检查无变形或位移等异常情况	黏结锚固或预埋件的构造有缺陷，构造不合理，不符合国家现行标准规定；锚板有变形或锚板、锚筋与混凝土之间有滑移、拔脱现象，已影响或显著影响正常工作
连接节点的焊缝或螺栓	连接节点的焊缝或螺栓连接方式正确，构造符合或基本符合国家现行标准规定和使用要求；无缺陷或仅有局部表面缺陷；工作无异常	节点焊缝或螺栓连接方式不当，不符合国家现行标准要求；有局部拉脱、剪断、破损或滑移现象，已影响或显著影响正常工作

表2-4 工业建筑混凝土构件的受力裂缝项目评定等级

环境类别与作用等级	构件种类与工作条件		裂缝宽度/mm		
			a	*b*	*c*
Ⅰ-A	室内正常环境	次要构件	≤0.3	>0.3，≤0.4	>0.4
		重要构件	≤0.2	>0.2，≤0.3	>0.3
Ⅰ-B，Ⅰ-C，Ⅱ-C	露天或室内高湿度环境，干湿交替环境		≤0.2	>0.2，≤0.3	>0.3
Ⅱ-D，Ⅱ-E，Ⅲ，Ⅳ，Ⅴ	使用除冰盐环境，滨海室外环境		≤0.1	>0.1，≤0.2	>0.2

表2-5 采用热轧钢筋配筋的预应力混凝土构件受力裂缝宽度评定等级

环境类别与作用等级	构件种类与工作条件		裂缝宽度/mm		
			a	*b*	*c*
Ⅰ-A	室内正常环境	次要构件	≤0.20	>0.20，≤0.35	>0.35
		重要构件	≤0.05	>0.05，≤0.10	>0.10

（续）

环境类别与作用等级	构件种类与工作条件	裂缝宽度/mm		
		a	*b*	*c*
Ⅰ-B，Ⅰ-C，Ⅱ-C	露天或室内高湿度环境，干湿交替环境	无裂缝	≤0.05	>0.05
Ⅱ-D，Ⅱ-E，Ⅲ，Ⅳ，Ⅴ	使用除冰盐环境，滨海室外环境	无裂缝	≤0.02	>0.02

表 2-6 采用钢绞线、热处理钢筋、预应力钢丝配筋的预应力混凝土构件受力裂缝宽度评定等级

环境类别与作用等级	构件种类与工作条件		裂缝宽度/mm		
			a	*b*	*c*
Ⅰ-A	室内正常环境	次要构件	≤0.02	>0.02，≤0.10	>0.10
		重要构件	无裂缝	≤0.05	>0.05
Ⅰ-B，Ⅰ-C，Ⅱ-C	露天或室内高湿度环境，干湿交替环境		无裂缝	>0.02	>0.02
Ⅱ-D，Ⅱ-E，Ⅲ，Ⅳ，Ⅴ	使用除冰盐环境，滨海室外环境		无裂缝	—	有裂缝

表 2-7 工业建筑混凝土构件变形评定等级

构件类别		*a*	*b*	*c*
单层厂房托架、屋架		$\leq l_0/500$	$>l_0/500, \leq l_0/450$	$>l_0/450$
多层框架主梁		$\leq l_0/400$	$>l_0/400, \leq l_0/350$	$>l_0/350$
屋盖、楼盖及楼梯构件	$l_0>9$m	$\leq l_0/300$	$>l_0/300, \leq l_0/250$	$>l_0/250$
	7m$\leq l_0 \leq$9m	$\leq l_0/250$	$>l_0/250, \leq l_0/200$	$>l_0/200$
	$l_0<7$m	$\leq l_0/200$	$>l_0/200, \leq l_0/175$	$>l_0/175$
吊车梁	电动起重机	$\leq l_0/600$	$>l_0/600, \leq l_0/500$	$>l_0/500$
	手动起重机	$\leq l_0/500$	$>l_0/500, \leq l_0/450$	$>l_0/450$

注：l_0 为构件跨度实测值，后同。

表 2-8 混凝土构件缺陷和损伤评定等级

评定等级	*a*	*b*	*c*
缺陷和损伤	完好	局部有缺陷和损伤，缺损深度小于保护层厚度	有较大范围的缺陷和损伤，或者局部有严重的缺陷和损伤，缺损深度大于保护层厚度

表 2-9 工业建筑混凝土构件腐蚀评定等级

评定等级	*a*	*b*	*c*
钢筋锈蚀	无锈蚀现象	有锈蚀可能和轻微锈蚀现象	外观有沿筋裂缝或明显锈迹
混凝土腐蚀	无腐蚀损伤	表面有轻度腐蚀损伤	表面有明显锈蚀损伤

民用建筑混凝土结构构件的安全性鉴定，应按承载能力、构造及不适于承载的位移（或变形）和裂缝（或其他损伤）四个检查项目，分别评定每一受检构件的等级，并取其中最低一级作为该构件安全性等级。民用建筑混凝土构件按承载能力和构造评定安全性等级见表 2-10 和表 2-11。

表 2-10　民用建筑混凝土构件按承载能力评定的混凝土结构构件安全性等级

构件类别	安全性等级			
	a_u 级	b_u 级	c_u 级	d_u 级
主要构件及节点、连接	$R/(\gamma_0 S)\geqslant 1.00$	$R/(\gamma_0 S)\geqslant 0.95$	$R/(\gamma_0 S)\geqslant 0.90$	$R/(\gamma_0 S)\geqslant 0.90$
一般构件	$R/(\gamma_0 S)\geqslant 1.00$	$R/(\gamma_0 S)\geqslant 0.90$	$R/(\gamma_0 S)\geqslant 0.85$	$R/(\gamma_0 S)\geqslant 0.85$

注：R 为结构构件的抗力，γ_0 为结构重要性系数，S 为结构构件的作用效应，后同。

表 2-11　民用建筑按构造评定的混凝土结构构件安全性等级

检查项目	a_u 级或 b_u 级	c_u 级或 d_u 级
结构构造	结构、构件的构造合理，符合国家现行相关规范要求	结构、构件的构造不当，或有明显缺陷，不符合国家现行相关规范要求
连接或节点构造	连接方式正确，构造符合国家现行相关规范要求，无缺陷，或仅有局部的表面缺陷，工作无异常	连接方式不当，构造有明显缺陷，已导致焊缝或螺栓等发生变形、滑移、局部拉脱、剪坏或裂缝
受力预埋件	构造合理，受力可靠，无变形、滑移、松动或其他损坏	构造有明显缺陷，已导致预埋件发生变形、滑移、松动或其他损坏

当混凝土结构构件的安全性按不适于承载的位移或变形评定时，应符合下列规定：对桁架的挠度，当其实测值大于其计算跨度的 1/400 时，应按表 2-10 验算其承载能力。验算时，应考虑由位移产生的附加应力的影响，并应按下列规定评级：

1）当验算结果不低于 b_u 级时，仍可定为 b_u 级。

2）当验算结果低于 b_u 级时，应根据其实际严重程度定为 c_u 级或 d_u 级。

除桁架外其他混凝土受弯构件不适于承载的变形的评定见表 2-12，民用建筑混凝土构件的安全性按不适于承载的裂缝评定见表 2-13。

表 2-12　除桁架外其他混凝土受弯构件不适于承载的变形的评定

检查项目	构件类型		c_u 级或 d_u 级
挠度	主要受弯构件——主梁、托梁等		$>l_0/200$
	一般受弯构件	$l_0\leqslant 7$m	$>l_0/120$，或>47mm
		7m$<l_0\leqslant 9$m	$>l_0/150$，或>50mm
		$l_0>9$m	$>l_0/180$
侧向弯曲的矢高	预制屋面梁或深梁		$>l_0/400$

表 2-13　民用建筑混凝土构件的安全性按不适于承载的裂缝评定

检查项目	环境	构件类别		c_u 级或 d_u 级
受力主筋处的弯曲裂缝、一般弯剪裂缝和受拉裂缝宽度/mm	室内正常环境	钢筋混凝土	主要构件	>0.50
			一般构件	>0.70
		预应力混凝土	主要构件	>0.20(0.30)
			一般构件	>0.30(0.50)
	高湿度环境	钢筋混凝土	任何构件	>0.40
		预应力混凝土		>0.10(0.20)
剪切裂缝和受压裂缝/mm	任何环境	钢筋混凝土或预应力混凝土		出现裂缝

延伸阅读

某钢筋混凝土框架结构的安全性鉴定及加固

混凝土框架结构作为高层建筑及大型场馆的主要结构体系，是鉴定加固比较具有代表性的结构。某体育馆，东西总长 46.5m，南北宽 28.0m，建筑总面积 1326.82m^2，主体结构形式为钢筋混凝土框架结构，墙体采用加气混凝土砌块填充，主体高度 12.0m，结构平面布置呈矩形，抗震设防烈度为 7 度；屋面采用网架结构，网架支承下部为钢筋混凝土框架柱，基础采用柱下钢筋混凝土独立基础。

该体育馆于 2015 年出现西北角地基基础下沉，最终导致出现上部填充墙体开裂、门窗扭曲变形、柱顶网架支座脱离、基础开裂、室内外地面开裂下沉等现象，因此要对该体育馆进行结构检测及安全性鉴定，以评估既有结构的安全现状和性能，并为后续加固改造工作提供依据和指导。

该建筑既有结构构件存在裂缝，主要表现在主体结构填充墙开裂、散水开裂、门窗变形导致玻璃开裂、室内地面下沉等。现场采用回弹法对该结构柱类、梁类构件混凝土抗压强度进行检测，根据原结构设计图，对该结构梁类、柱类构件的实际尺寸进行复核，截面尺寸检测方法为钢直尺测量、记录。每个构件选 3 处截面进行测量，并进行平均值统计。检测结果为抽检的梁类、柱类混凝土构件实际截面尺寸与原设计图基本相符。采用钢筋扫描仪对该结构梁、柱类构件配筋状况（钢筋位置与钢筋数量）进行了抽检。经检测，本次抽检构件配筋情况与原设计图基本相符。根据原设计要求，梁、柱类构件主筋保护层厚度为 30mm，箍筋保护层厚度为 25mm，经检测，本次抽检构件混凝土保护层厚度情况与原设计基本相符。

根据民用建筑可靠性鉴定标准的规定将该建筑整体结构安全性等级综合评为 D_{su} 级，即结构存在明显的安全隐患，必须立即采取措施。

1）该结构地基基础已经发生了严重的不均匀沉降，引起的网架及框架结构应力重分布已经危及地基基础及上部结构安全，可先对建筑物地面回填土层注浆加固，将不稳定的土层填充密实，使地基承载力提高，起到稳固地基的作用，待地基稳定之后再对基础、上部开裂墙体及网架结构进行合理加固。

2）经现场检测，该结构室外散水及部分室内地面已出现不同程度的沉降裂缝或塌陷，建议对上述散水及地面进行拆除重做，并要求事先对松散回填土进行夯实或采用灰土进行换填。

3）针对开裂填充墙体，建议在地基基础沉降趋于稳定后，通过压力注浆、环氧树脂灌缝，表面界面剂处理，焊接金属网等方法进行加固修复，以恢复结构的整体性能；对于梁、柱等构件的裂缝，可根据裂缝大小及现场施工的环境等，采取如增大截面法、支点法、粘钢法、碳纤维布法等加固方法提高构件承载力，从而满足建筑物安全性要求；对于柱顶网架支座脱离现象，采取有效的连接方式进行连接，构件漏焊部分进行补焊，并对相关构件进行全数检查。

4）建筑物加固工作专业性较强，且难度较大，结构及地基基础加固设计应由具备相关经验和资质的专业设计单位进行专业设计，加固施工应由专业加固施工单位进行专业施工，并在加固施工期间及竣工后对结构沉降进行监测，直到结构沉降稳定为止。

2.2 砌体结构的检测与鉴定

2.2.1 砌体结构检测的程序及工作内容

砌体结构检测程序如图 2-9 所示。

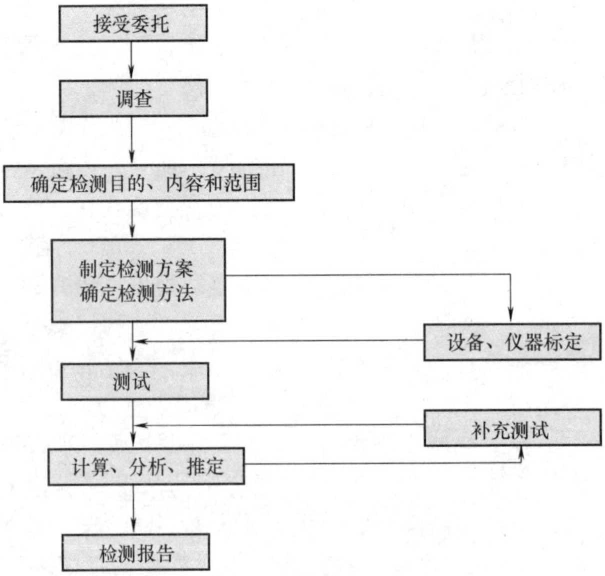

图 2-9 砌体结构现场检测程序

对既有砌体工程，在进行下列鉴定时，应按《砌体工程现场检测技术标准》检测和推定砂浆强度、砖的强度或砌体的工作应力、弹性模量和强度：安全鉴定，危房鉴定及其他应急鉴定；抗震鉴定；大修前的可靠性鉴定；房屋改变用途、改建、加层或扩建前的专门鉴定。

调查阶段应包括下列工作内容：

1）收集被检测工程的设计图、施工验收资料、砖与砂浆的品种及有关原材料的测试资料。

2）现场调查工程的结构形式、环境条件、砌体质量及其存在问题，对既有砌体工程，尚应调查使用期间的变更情况。

3）工程建设时间。

4）进一步明确检测原因和委托方的具体要求。

5）以往工程质量检测情况。

检测方案应根据调查结果和检测目的、内容和范围制定，应选择一种或数种检测方法，必要时应征求委托方意见并获认可。对被检测工程，应划分检测单元，并确定测区和测点数。

2.2.2 砌体结构检测单元、测区和测点的布置

当检测对象为整栋建筑物或建筑物的一部分时，应将其划分为一个或若干个可以独立进

行分析的结构单元，每一结构单元应划分为若干个检测单元。

每一检测单元内，不宜少于 6 个测区，应将单个构件（单片墙体、柱）作为一个测区。当一个检测单元不足 6 个构件时，应将每个构件作为一个测区。

对既有建筑物或应委托方要求仅对建筑物的部分或个别部位检测时，测区和测点数可减少，但一个检测单元的测区数不宜少于 3 个。

采用原位轴压法、扁顶法、切制抗压试件法检测，当选择 6 个测区确有困难时，可选取不少于 3 个测区测试，但宜结合其他非破损检测方法综合进行强度推定。

每一测区应随机布置若干测点。各种检测方法的测点数，应符合下列要求：原位轴压法、扁顶法、切制抗压试件法、原位单剪法、筒压法，测点数不应少于 1 个；原位双剪法、推出法，测点数不应少于 3 个；砂浆片剪切法、砂浆回弹法、点荷法、砂浆片局压法、烧结砖回弹法，测点数不应少于 5 个。

2.2.3　砌体结构检测方法分类及选用原则

1. 砌体裂缝的检测

砌体上出现裂缝（图 2-10）的原因很多，有沉降裂缝、温度裂缝、荷载裂缝及火灾、地震等自然灾害引起的裂缝。这些裂缝对砌体结构的承载力、使用性能及耐久性有很大影响，对砌体的裂缝应全面检测。检测内容包括裂缝的位置、数量，裂缝的宽度、长度，裂缝的走向、形态，裂缝是否稳定等。

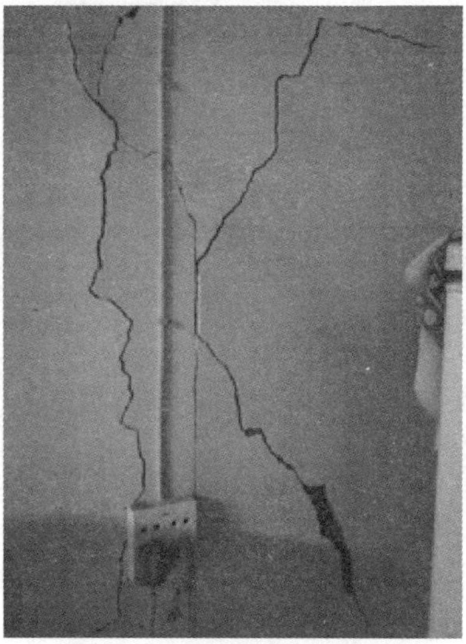

图 2-10　砌体结构的裂缝

裂缝长度检测比较简单，用直尺、钢卷尺等长度测量工具即可。裂缝宽度可用裂缝对比卡、刻度放大镜或专用裂缝宽度测量仪。

裂缝的位置、数量、走向及形态可目测观察，然后详细地标在墙体立面图上，也可用照相、摄影的方法记录。

对于活动裂缝，应进行定期观测，最简单的方法（目前检测中常常采用）是在裂缝处贴石膏饼，观察石膏饼的开裂情况，进而判断裂缝是否稳定。观测活动裂缝时，应在裂缝位置标出裂缝在不同时间的最大宽度和长度变化，采用在裂缝的端头按时定期做记号的观察方法。

2. 砌体工程的现场检测方法

砌体工程的现场检测方法，可按对砌体结构的损伤程度，分为非破损检测和局部破损检测两类。非破损检测法在检测过程中对砌体结构的既有力学性能没有影响。局部破损检测方法在检测过程中对砌体结构的既有力学性能有局部的、暂时的影响，但可修复。

砌体工程的现场检测方法，可按测试内容分为下列 5 类：

1）检测砌体抗压强度，可采用原位轴压法（图 2-11）、扁顶法、切制抗压试件法。

2）检测砌体工作应力、弹性模量，可采用扁顶法。

3）检测砌体抗剪强度，可采用原位单剪法、原位双剪法。

4）检测砌筑砂浆强度，可采用推出法、筒压法、砂浆片剪切法、砂浆回弹法、点荷法、砂浆片局压法、射钉法（或叫贯入法）。

5）检测砌筑块体抗压强度，可采用烧结砖回弹法、取样法。

不同检测方法的特点、用途与限制条件见表 2-14。

图 2-11　原位轴压法检测砌体的抗压强度

表 2-14　不同检测方法的特点、用途与限制条件

序号	检测方法	特点	用途	限制条件
1	原位轴压法	1. 属原位检测，直接在墙体上测试，检测结果综合反映了材料质量和施工质量； 2. 直观性、可比性较强； 3. 设备较重； 4. 检测部位有较大局部破损	1. 检测普通砖和多孔砖砌体的抗压强度； 2. 火灾、环境侵蚀后的砌体剩余抗压强度	1. 槽间砌体每侧的墙体宽度不应小于 1.5m；测点宜选在墙体长度方向的中部； 2. 限用于 240mm 厚砖墙
2	扁顶法	1. 属原位检测，直接在墙体上测试，检测结果综合反映了材料质量和施工质量； 2. 直观性、可比性较强； 3. 扁顶重复使用率较低； 4. 砌体强度较高或轴向变形较大时，难以测出抗压强度； 5. 设备较轻； 6. 检测部位有较大局部破损	1. 检测普通砖和多孔砖砌体的抗压强度； 2. 检测古建筑和重要建筑的受压工作应力； 3. 检测砌体弹性模量； 4. 火灾、环境侵蚀后的砌体剩余抗压强度	1. 槽间砌体每侧的墙体宽度不应小于 1.5m；测点宜选在墙体长度方向的中部； 2. 不适用于测试墙体破坏荷载大于 400kN 的墙体
3	原位单剪法	1. 属原位检测，直接在墙体上测试，检测结果综合反映了材料质量和施工质量； 2. 直观性强； 3. 检测部位有较大局部破损	检测各种砖砌体的抗剪强度	测点选在窗下墙部位，且承受反作用力的墙体应有足够长度

（续）

序号	检测方法	特点	用途	限制条件
4	原位双剪法	1. 属原位检测，直接在墙体上测试，检测结果综合反映了材料质量和施工质量； 2. 直观性强； 3. 设备较轻便； 4. 检测部位局部破损	检测烧结普通砖和烧结多孔砖砌体的抗剪强度	
5	推出法	1. 属原位检测，直接在墙体上测试，检测结果综合反映了材料质量和施工质量； 2. 设备较轻便； 3. 检测部位局部破损	检测烧结普通砖、烧结多孔砖、蒸压灰砂砖或蒸压粉煤灰砖墙体的砂浆强度	当水平灰缝的砂浆饱满度低于65%时，不宜选用
6	筒压法	1. 属取样检测； 2. 仅需利用一般混凝土实验室的常用设备； 3. 取样部位局部损伤	检测烧结普通砖和烧结多孔砖墙体的砂浆强度	
7	砂浆片剪切法	1. 属取样检测； 2. 专用的砂浆测强仪及其标定仪，较为轻便； 3. 测试工作较简便； 4. 取样部位局部损伤	检测烧结普通砖和烧结多孔砖墙体的砂浆强度	
8	砂浆回弹法	1. 属原位无损检测，测区选择不受限制； 2. 回弹仪有定型产品，性能较稳定，操作简便； 3. 检测部位的装修面层仅局部损伤	1. 检测烧结普通砖和烧结多孔砖墙体的砂浆强度； 2. 主要用于砂浆强度均质性检查	1. 不适用于砂浆强度小于2MPa的墙体； 2. 水平灰缝表面粗糙且难以磨平时，不得采用
9	点荷法	1. 属取样检测； 2. 测试工作较简便； 3. 取样部位局部损伤	检测烧结普通砖和烧结多孔砖墙体的砂浆强度	不适用于砂浆强度小于2MPa的墙体
10	射钉法	1. 属原位无损检测，测区选择不受限制； 2. 射钉枪、子弹、射钉有配套定型产品，设备较轻便； 3. 墙体装修面层仅局部损伤	烧结普通砖和多孔砖砌体中，砂浆强度均质性普查	1. 定量推定砂浆强度，宜与其他检测方法配合使用； 2. 砂浆强度不应小于2MPa； 3. 检测前，需要用标准靶检校

延伸阅读

某受撞击砖混结构房屋的检测及加固

某受损检测房屋建于20世纪90年代，建成后一直作为住宅使用。该房屋为二层砖混结构，基础采用砖条基础，墙体采用空斗墙砌筑，楼面结构采用预应力多孔板，屋面结构为三角形木屋架。2021年2月该房屋受车辆撞击影响，一层4/B～(1/C)轴区域墙体出现严重损坏。

经现场检测及查看，被测建筑物平面基本呈长方形。一层层高约3.6m，二层层高约

3.0m。一层、二层房屋开间为3.8m，最大进深为6.0m。该房屋为纵横墙承重体系，建筑物四角及纵横墙交接处均未设置构造柱，一层顶设置圈梁。承重内墙体采用普通黏土砖空斗砌筑，砌筑材料为三合土，承重墙体厚度为240mm。楼面结构采用预应力多孔板，屋面结构为三角形木屋架。

砌体结构中的材料强度现场检测，包括烧结普通砖的强度和砌筑砂浆的强度检测。烧结普通砖的材料强度检测采用的为ZC4型砖回弹仪进行现场检测，砌筑砂浆的材料强度采用的为ZC5型回弹仪进行现场检测。回弹法检测砂浆强度，从每侧位12个回弹值中剔除最大最小值，求剩余10个回弹值的算术平均值，再根据每测区平均碳化深度求出各侧位砂浆抗压强度换算值，然后由砂浆抗压强度换算值确定砂浆等强度换算值，最后由砂浆抗压强度换算值确定砂浆等级。

随机抽取2片墙体，采用回弹法检测墙体砌筑砂浆强度，回弹法检测墙体砌筑砂浆强度代表值为5.6MPa、5.3MPa。墙体砌筑用砖强度检测随机抽取2片墙体，采用回弹法检测墙体砌筑黏土砖抗压强度，回弹法检测砌筑黏土砖强度换算值为10.71MPa、9.66MPa。

现场对受损房屋的部分承重墙体的倾斜值进行测量与基础不均匀沉降情况进行检测，抽检的建筑物墙体倾斜值最大为5mm，未超出《危险房屋鉴定标准》（JGJ 125—2016）规定的限值。对照《危险房屋鉴定标准》对被测建筑物进行查勘，发现该楼存在以下危险点或危险情况。

1）一层4/B~(1/C）轴墙体为直接受损区域，墙体中部因撞击造成约3m^{2}缺损，该墙体损毁严重；一层（1/3)~4/B轴墙体存在斜向贯穿裂缝且裂缝已延伸至4/A~B轴墙体，最大裂缝宽度约0.25mm；一层顶3~4/B~(1/C）轴预制板与被撞墙体支承处存在明显错动、局部损伤。

2）一层3/B~(1/C）轴墙体跨中部位存在超过层高1/2的竖向裂缝，最大裂缝宽度约0.2mm；大部分门窗洞口角部存在竖向及斜向裂缝；一层2/B~(1/C）轴墙体跨中部位存在超过层高1/2的竖向裂缝，最大裂缝宽度约0.12mm。

3）二层4/A~(1/B）轴墙体（距地面约1.6m）存在水平向裂缝，裂缝长约1.2m，最大裂缝宽度约0.12mm。

4）屋面三角形木屋架直接搁置在空斗墙上方，木屋架端部与墙体缺乏可靠连接。

因受场地条件限制，检测过程中未对基础采取开挖检测。主体结构未见因地基不均匀沉降造成的裂缝、变形等异常；抽检的建筑物墙体倾斜率未超出《危险房屋鉴定标准》规定的限值，因此地基基础评定为安全状态。

依据《危险房屋鉴定标准》，该房屋危险性评级为C级，构成局部危房。

针对墙体中部受车辆撞击损伤严重，建议处理方案：①相邻楼板采取可靠支撑措施后，墙体缺陷部位重新砌筑（MU10烧结承重墙+M7.5混合砂浆）；②该墙面整面采用高性能混凝土面层双面加固；③高性能混凝土面层加固墙体完成后按原墙粉刷做法进行恢复。

针对墙体存在多处贯穿裂缝，根据墙体裂缝宽度大小，出具不同的处理方案：①裂缝宽度≤3mm时，采用砌体裂缝修补剂（注射剂）对裂缝进行注浆处理，裂缝宽度>3mm

时，采用改性环氧类注浆料对裂缝进行修复处理；②该墙面整面采用高性能混凝土面层双面加固；③高性能混凝土面层加固墙体完成后按原墙粉刷做法进行恢复。

针对预制板与被撞击墙体支承处存在明显错动、局部损伤，建议处理方案：拆除存在局部损伤及明显错动位置的预制板，按原状更换恢复。针对三角形木屋架直接搁置在空斗墙上方，木屋架端部与墙体缺乏可靠连接，建议处理方案：屋面三角形木屋架采用可靠加强措施，加强木屋架与墙体连接。针对建筑物四角及纵横墙交接部位均未设置构造柱且承重墙体采用空斗砌筑方式，属于抗震不利体系，建议处理方案：①采用高延性混凝土-砌体组合构造柱做法增设构造柱；②所有承重墙体整面采用高延性混凝土面层双面加固的方式进行处理。

铲除原墙抹灰层，采用高延性混凝土加强墙体，将灰缝剔除至深5~10mm，用钢丝刷刷净残灰，吹净表面灰粉，洒水湿润，刷水泥素浆一道。墙体存在裂缝时，应先对裂缝进行压力灌浆处理，原墙面碱蚀严重或有局部松散时，应先清除松散部分，已松动的勾缝砂浆应剔除。高延性混凝土面层采用手工分层压抹方式进行施工，应分层抹制，每层厚度不应大15mm。高延性混凝土面层在转角处应连续施工，不得在转角处留施工冷缝。施工环境在20℃以上的情况下，高延性混凝土面层在压抹收光后的2h内即开始喷水养护，实施湿润养护至少7d，在此期间应防止加固部位受到硬物冲击，当施工环境温度低于20℃时，应适当推迟喷水养护时间，冬期施工应有可靠的保温措施。

铲除裂缝两侧（100~200mm）及灌注部位的抹灰层，若有油污也应清除干净。然后用钢丝刷、毛刷等工具，清除裂缝表面的灰土、浮渣及松软层等污物；用压缩空气清除缝隙中的颗粒和灰尘。间距100~300mm标定注胶/浆嘴位置，在裂缝的起讫点、交叉点及裂缝较大部位均应布置注胶/浆嘴（裂缝贯通墙体时应双面设置），每条裂缝上还必须设置排气嘴，注胶/浆嘴采用环氧胶泥骑缝固定在标定位置，注胶/浆嘴之间的裂缝表面应采用封缝胶封闭。封缝胶固化后应进行压气试验，检查密封效果。注胶/浆应按照从下到上的顺序进行，在注胶/浆压力下，上部注胶/浆嘴有胶/浆液流出时，即可转入下一个注胶/浆嘴进行注胶/浆，直至注完整条裂缝。待缝内胶/浆液初凝时，应立即拆除注胶/浆嘴和排气嘴。并用环氧胶泥将嘴口部位抹平封闭。

2.2.4 砌体结构的鉴定评级

1. 砌体结构安全性鉴定评级

《民用建筑可靠性鉴定标准》规定：砌体结构构件的安全性鉴定，应按承载能力、构造、不适于承载的位移和裂缝或其他损伤四个检查项目，分别评定每一受检构件等级，并取其中最低一级作为该构件的安全性等级。

当按承载能力评定砌体结构构件的安全性等级时，应按表2-15的规定分别评定每一验算项目的等级，并取其中最低等级作为该构件承载能力的安全性等级。砌体结构倾覆、滑移、漂浮的验算，应按国家现行有关规范的规定进行。

当按连接及构造评定砌体结构构件的安全性等级时，应按表2-16的规定分别评定每个检查项目的等级，并取其中最低等级作为该构件的安全性等级。

表 2-15　按承载能力评定的砌体构件安全性等级

构件类别	安全性等级			
	a_u 级	b_u 级	c_u 级	d_u 级
主要构件及连接	$R/(\gamma_0 S) \geq 1.00$	$R/(\gamma_0 S) \geq 0.95$	$R/(\gamma_0 S) \geq 0.90$	$R/(\gamma_0 S) < 0.90$
一般构件	$R/(\gamma_0 S) \geq 1.00$	$R/(\gamma_0 S) \geq 0.90$	$R/(\gamma_0 S) \geq 0.85$	$R/(\gamma_0 S) < 0.85$

表 2-16　民用建筑按连接及构造评定砌体结构构件安全性等级

检查项目	安全性等级	
	a_u 级或 b_u 级	c_u 级或 d_u 级
墙、柱的高厚比	符合国家现行相关规范的规定	不符合国家现行相关规范的规定，且已超过现行《砌体结构设计规范》(GB 50003)规定限值的 10%
连接及构造	连接及砌筑方式正确，构造符合国家现行相关规范规定，无缺陷或仅有局部的表面缺陷，工作无异常	连接及砌筑方式不当，构造有严重缺陷，已导致构件或连接部位开裂、变形、位移、松动，或已造成其他损坏

当砌体结构构件安全性按不适于承载的位移或变形评定时，应符合下列规定：

1）对墙、柱的水平位移或倾斜，当其实测值大于表 2-17 所列的限值时，应按下列规定评级：当该位移与整个结构有关时，应根据评定结果，取与上部承重结构相同的级别作为该墙、柱的水平位移等级；当该位移只是孤立事件时，则应在其承载能力验算中考虑此附加位移的影响；当验算结果不低于 b_u 级时，仍可定为 b_u 级；当验算结果低于 b_u 级时，应根据其实际严重程度定为 c_u 级或 d_u 级；当该位移尚在发展时，应直接定为 d_u 级。

2）除带壁柱墙，对偏差或使用原因造成的其他柱的弯曲，当其矢高实测值大于柱的自由长度的 1/300 时，应在其承载能力验算中计入附加弯矩的影响，并根据验算结果按上述的原则评级。

3）对拱或壳体结构构件出现的下列位移或变形，可根据其实际严重程度定为 c_u 级或 d_u 级：拱脚或壳的边梁出现水平位移；拱轴线或筒拱、扁壳的曲面发生变形。

表 2-17　各类结构不适于承载的侧向位移等级的评定

<table>
<tr><th rowspan="2">检查项目</th><th rowspan="2" colspan="4">结构类别</th><th>顶点位移</th><th>层间位移</th></tr>
<tr><th>C_u 级或 D_u 级</th><th>C_u 级或 D_u 级</th></tr>
<tr><td rowspan="11">结构平面内的侧向位移</td><td rowspan="4">混凝土结构或钢结构</td><td colspan="3">单层建筑</td><td>$>H/150$</td><td>—</td></tr>
<tr><td colspan="3">多层建筑</td><td>$>H/200$</td><td>$>H_i/150$</td></tr>
<tr><td rowspan="2">高层建筑</td><td colspan="2">框架</td><td>$>H/250$ 或 >300mm</td><td>$>H_i/150$</td></tr>
<tr><td colspan="2">框架剪力墙框架筒体</td><td>$>H/300$ 或 >400mm</td><td>$>H_i/250$</td></tr>
<tr><td rowspan="7">砌体结构</td><td rowspan="4">单层建筑</td><td rowspan="2">墙</td><td>$H \leq 7$m</td><td>$>H/250$</td><td>—</td></tr>
<tr><td>$H>7$m</td><td>$>H/300$</td><td>—</td></tr>
<tr><td rowspan="2">柱</td><td>$H \leq 7$m</td><td>$>H/300$</td><td>—</td></tr>
<tr><td>$H>7$m</td><td>$>H/330$</td><td>—</td></tr>
<tr><td rowspan="3">多层建筑</td><td rowspan="2">墙</td><td>$H \leq 10$m</td><td>$>H/300$</td><td>—</td></tr>
<tr><td>$H>10$m</td><td>$>H/330$</td><td>$>H_i/300$</td></tr>
<tr><td>柱</td><td>$H \leq 10$m</td><td>$>H/330$</td><td>$>H_i/330$</td></tr>
<tr><td colspan="5">单层排架平面外侧</td><td>$>H/350$</td><td>—</td></tr>
</table>

注：1. 表中 H 为结构顶点高度，H_i 为第 i 层层间高度。

2. 墙包括带壁柱墙。

当砌体结构的承重构件出现下列受力裂缝时，应视为不适于承载的裂缝，并根据其严重程度评为 c_u 级或 d_u 级：桁架、主梁支座下的墙、柱的端部或中部，出现沿块材断裂或贯通的竖向裂缝或斜裂缝；空旷房屋承重外墙的变截面处，出现水平裂缝或沿块材断裂的斜向裂缝；砖砌过梁的跨中或支座出现裂缝，或虽未出现肉眼可见的裂缝，但发现其跨度范围内有集中荷载；筒拱、双曲筒拱、扁壳等的拱面、壳面，出现沿拱顶母线或对角线的裂缝；拱、壳支座附近或支承的墙体上出现沿块材断裂的斜裂缝；其他明显的受压、受弯或受剪裂缝。

当砌体结构、构件出现下列非受力裂缝时，应视为不适于承载的裂缝，并应根据其实际严重程度评为 c_u 级或 d_u 级：纵横墙连接处出现通长的竖向裂缝；承重墙体墙身裂缝严重，且最大裂缝宽度已大于 5mm；独立柱已出现宽度大于 1.5mm 的裂缝，或有断裂、错位迹象；其他显著影响结构整体性的裂缝。当砌体结构、构件存在可能影响结构安全的损伤时，应根据其严重程度直接定为 c_u 级或 d_u 级。

《工业建筑可靠性鉴定标准》规定：砌体构件的安全性等级应按承载能力、构造和连接两个项目评定，并取其中的较低等级作为构件的安全性等级。

砌体构件的承载能力项目应按表 2-18 的规定评定等级。当砌体构件出现受压、受弯、受剪、受拉等受力裂缝时，承载能力项目评定等级不应高于 b 级。当构件截面严重削弱时，承载能力项目评定等级不应高于 c 级。砌体构件构造与连接项目应按表 2-19 的规定评定等级。

表 2-18　砌体构件承载能力评定等级

构件种类		评定标准			
		a	b	c	d
重要构件	$R/(\gamma_0 S)$	≥1.0	<1.0，≥0.90	<0.90，≥0.83	<0.83
次要构件	$R/(\gamma_0 S)$	≥1.0	<1.0，≥0.87	<0.87，≥0.80	<0.80

表 2-19　砌体构件构造与连接项目评定等级

评定等级	评定标准
a	墙、柱高厚比不大于国家现行标准允许值，构造和连接符合国家现行标准的规定
b	墙、柱高厚比大于国家现行标准允许值，但超过 10%；或构造和连接局部不符合国家现行标准的规定，但不影响构件的安全使用
c	墙、柱高厚比大于国家现行标准允许值，但超过 20%；或构造和连接不符合国家现行标准的规定，已影响构件的安全使用
d	墙、柱高厚比大于国家现行标准允许值，且超过 20%；或构造和连接严重不符合国家现行标准的规定，已危及构件的安全

2. 砌体结构使用性鉴定评级

《民用建筑可靠性鉴定标准》规定：砌体结构构件的使用性鉴定，应按位移、非受力裂缝、腐蚀三个检查项目，分别评定每一受检构件等级，见表 2-20、表 2-21，并取其中最低一级作为该构件的使用性等级。

表 2-20　民用建筑砌体结构构件的使用性按非受力裂缝检测结果评定

检查项目	构件类别	a_s 级	b_s 级	c_s 级
非受力裂缝宽度/mm	墙及带壁柱墙	无肉眼可见裂缝	≤1.5	>1.5
	柱	无肉眼可见裂缝	无肉眼可见裂缝	出现肉眼裂缝

表 2-21　民用建筑砌体结构构件腐蚀等级的评定

检查部位		a_s 级	b_s 级	c_s 级
块材	实心砖	无腐蚀现象	小范围出现腐蚀现象，最大腐蚀深度不大于 6mm，且无发展趋势	较大范围出现腐蚀现象或最大腐蚀深度大于 6mm，或腐蚀有发展趋势
	多孔砖空心砖小砌块		小范围出现腐蚀现象，最大腐蚀深度不大于 3mm，且无发展趋势	较大范围出现腐蚀现象或最大腐蚀深度大于 3mm，或腐蚀有发展趋势
砂浆层		无腐蚀现象	小范围出现腐蚀现象，最大腐蚀深度不大于 10mm，且无发展趋势	较大范围出现腐蚀现象或最大腐蚀深度大于 10mm，或腐蚀有发展趋势
砌体内部钢筋		无锈蚀现象	有锈蚀可能或有轻微锈蚀现象	明显锈蚀或锈蚀有发展趋势

《工业建筑可靠性鉴定标准》规定：砌体构件的使用性等级应按裂缝、缺陷和损伤、老化三个项目评定，并取其中的最低等级作为构件的使用性等级。砌体构件的裂缝项目应按表 2-22 的规定评定等级。裂缝项目的等级应取各类裂缝评定结果中的最低等级。

表 2-22　工业建筑砌体构件裂缝评定等级

类型		*a*	*b*	*c*
变形裂缝、温度裂缝	独立柱	无裂缝	—	有裂缝
	墙	无裂缝	小范围开裂，最大裂缝宽度不大于 1.5mm，且无发展趋势	较大范围开裂，或最大裂缝宽度大于 1.5mm，或裂缝有继续发展的趋势
受力裂缝		无裂缝	—	有裂缝

砌体构件的缺陷和损伤项目应按表 2-23 规定评定等级。缺陷和损伤项目的等级应取各种缺陷、损伤评定结果中的较低等级。

表 2-23　砌体构件缺陷和损伤评定等级

类型	*a*	*b*	*c*
缺陷	无缺陷	有较小缺陷，尚不明显影响正常使用	缺陷对正常使用有明显影响
损伤	无损伤	有轻微损伤，尚不明显影响正常使用	损伤对正常使用有明显影响

砌体构件的老化项目应根据砌体构件的材料类型，按表 2-24 的规定评定等级。老化项目的等级应取各材料评定结果中的最低等级。

表 2-24　砌体构件老化评定等级

类型	*a*	*b*	*c*
块材	无风化现象	小范围出现风化现象，最大风化深度不大于 5mm，且无发展趋势，不明显影响使用功能	较大范围出现风化现象，或最大腐蚀深度大于 5mm，或风化有发展趋势，或明显影响使用功能

（续）

类型	*a*	*b*	*c*
砂浆	无粉化现象	小范围出现粉化现象，最大粉化深度不大于10mm，且无发展趋势，不明显影响使用功能	非小范围出现粉化现象，或最大腐蚀深度大于10mm，或粉化有发展趋势，或明显影响使用功能
钢筋	无锈蚀现象	出现锈蚀现象，但锈蚀钢筋的截面损失率不大于5%，尚不明显影响使用功能	锈蚀钢筋的截面损失率大于5%，或锈蚀有发展趋势，或明显影响使用功能

2.3 钢结构的检测与鉴定

2.3.1 钢结构的检测内容

钢结构引起损伤的原因，可以归纳为以下三个方面：①力作用引起的损伤或破坏，如断裂、裂缝、失稳弯曲和局部挠曲、连接破坏、磨损等；②温度作用引起的损伤和破坏，如高温作用引起的构件翘曲、变形，负温作用引起的脆性破坏等；③化学作用引起的损伤和破坏，如金属腐蚀及防护层的损伤和破坏等。

1. 力作用引起的损伤和破坏

力作用引起的损伤和破坏的原因是多种多样的，主要有以下几个方面：

1）结构实际工作条件与设计依据条件不符，主要是荷载确定不准或严重超载，导致内力分析、截面选择、构造处理和节点设计错误；整体结构、结构构件或节点，实际作用的计算图形，不可避免地做了简化和理想化，而对结构实际作用的条件和特征又研究得不够，从而造成实际工作应力状态与理论分析应力状态的差异，致使设计计算控制出现较大差异。

2）母材和焊接连接中，熔融金属中有导致应力集中并加速疲劳缺陷或疲劳破坏的因素，从而降低了结构材料强度的特征值，设计中忽略了这一特征。

3）制造、安装时，构件截面、焊接尺寸、螺栓和铆钉数目及排列等产生偏差，超过设计规定，严重不符合设计要求。

4）安装和使用过程中，造成结构构件的相对位置变化，如檩条移位，使用中构件截面意外变形，或者在杆件上随意加焊和切割，起重机轨道接头的偏心和落差等，导致结构损伤，而设计中又没有考虑这种附加荷载作用和动力作用的影响。

5）使用中，结构使用荷载超载或者违反使用规定，如管线安装时，任意在结构上焊接、悬挂。对构件冲孔、切槽，或者去掉某些构件等，从而造成结构的损伤和破坏。

钢结构因力作用产生的损伤和破坏，与结构方案、节点连接和构造设计及处理有直接关系。如单层工业厂房排架结构，计算简图中屋架与柱的连接为铰接，安装施工中将屋架与柱的连接刚度加大，将导致柱支座处产生附加弯矩，由拉力变为压力。因设计时没有考虑这一作用，将使屋架端节间下弦压曲失稳，有时还可能使柱子上端弯曲。又如工字形主梁在腹板处用双垫板支承两侧的两个简支梁的腹板支座，用以支承次梁，产生部分嵌固作用，但由此产生附加力的作用可导致螺栓破坏或梁的腹板出现裂缝。这种力的重分配产生的附加应力，在设计中是没有考虑的。

应力集中作用、焊接应力的影响、连接焊接区金属组织的变化及其他各种因素使结构实际工作状态复杂化，故这些结构的工作应力强度计算控制，特别是结构的疲劳强度的现有计算方法总是不能控制和防止疲劳裂缝的出现。一般来说，疲劳破坏是以母材、焊缝、焊缝附近金属区域产生裂缝，或螺栓及铆钉连接处破坏的形式出现的。这些都与结构设计、结构连接和构造方案有关。再有就是违反建筑物和构筑物技术维护和使用规定所造成的损伤和破坏等。

2. 温度作用引起的损伤和破坏

安装在热源附近的结构构件，会因温度作用受到损伤，严重时将会引起破坏。钢结构构件受到150℃以上的温度作用，或受骤冷冲击时，为保证使用要求的可靠性，应采用取样试验模拟环境条件来确定结构材料的物理性能指标。因为这时结构材料的强度会降低，物理性能会发生变化。

在常规设计中规定，当构件表面温度超过150℃时，在结构防护工艺处理中就要采用隔热措施。当构件表面温度不低于200℃时，就要按实际材料确定的物理性能进行设计，同时要采取相应的隔热措施。

一般钢结构构件表面温度达到200~250℃时，油漆涂层破坏；达到300~400℃时，构件会因温度作用发生扭曲变形；超过400℃时，钢材的强度特征和结构的承载能力急剧下降。

在构件温度变化大时，会出现相当大的温度膨胀变形而形成的温度位移，将使结构的实际位置与设计位置出现偏差。当有阻碍自由变形的约束（如支撑、嵌固等）作用时，在结构构件内将产生有周期特征的附加应力。在一定条件下，这些应力的作用会导致构件的扭曲或出现裂缝。

在负温作用下，特别是在有严重应力集中现象的钢结构构件中，可产生冷脆裂缝。实际工程事故也证明，这种冷脆裂缝可以在工作应力不变的条件下发生和发展，导致构件破坏。值得注意的是，钢结构的脆性断裂常发生在应力集中处；而钢材在冶炼和轧制过程中存在的缺陷，特别是构件上存在的缺口和裂纹，常是发生脆性断裂的主要部位。

3. 化学作用引起的损伤和破坏

钢结构及其他金属结构在使用过程中经受环境的作用而能保持其使用性能的能力，称为耐久性。所以，讨论耐久性时，应以腐蚀机理及其防护方法为重点。钢结构及其他金属构件的腐蚀，将使建（构）筑物的使用期限缩短，并也因此导致其功能失效而引起工程事故。

金属的腐蚀主要是电化学作用的结果，在某些条件下，化学及机械、微生物等因素也能促进腐蚀的发生和发展。对于电化学腐蚀，在电化学反应中，电介质液中的阴极处于较低电位，发生氧化反应。金属离子进入电介质液中，产生腐蚀。电子则由导线或导体流向阴极，阳极处于较高电位，发生还原反应。

（1）建筑用金属腐蚀的主要形态

1）均匀腐蚀，金属表面的腐蚀使断面均匀变薄，常用年平均厚度减损值作为耐蚀性的指标。钢材在大气中一般呈均匀腐蚀。

2）孔蚀，金属腐蚀呈点状并形成深坑。孔蚀的产生与金属的本性及其所处介质状况有关。金属在含有氯盐的介质中容易发生孔蚀。孔蚀常用最大孔深作为评价指标。在管道工程中的金属管道，应充分考虑孔蚀的产生和防护问题。

3）电偶腐蚀，不同金属的接触处，因具有不同电位而产生腐蚀。

4）缝隙腐蚀，金属表面在缝隙或其他隐蔽区域，常发生由于不同部位间介质的练成和浓度的差异所引起的局部腐蚀。

5）应力腐蚀，在腐蚀介质和较高拉应力共同作用或交变应力作用下，金属表面产生腐蚀并向内扩展成微裂缝。

（2）建筑用金属在不同环境中的腐蚀 建筑工程中，金属结构的应用越来越广，如钢结构厂房，海洋结构工程中的石油钻井平台，电视塔、输变电塔及各种管道等。由于所处环境不同、工作条件不同而有着不同的腐蚀和防护特点。

1）钢和铸铁制作的结构或构件，大多数是在大气环境中使用，水汽和雨水会在金属表面形成液膜，同时溶解 O_2 和 CO_2 而成为电解质液，导致电化学腐蚀。工业大气中含有各种气体，特别是 SO_2 的含量较高，还有微粒等，都会加剧电化学腐蚀的作用。在近海地区，海盐微粒可在金属表面形成氯盐液膜，这种液膜也有很强的腐蚀作用。

2）混凝土结构的高碱度环境有助于强化钢筋的耐蚀性，此时混凝土的 pH 值不小于 11.5。如果混凝土存在高渗透性、裂缝、保护层过薄等缺陷，则 CO_2 的侵入可使钢筋周围介质的碱度降低，当 pH 值降至 10 以下时，则混凝土的保护作用将失效。

3）当混凝土中渗有氯盐时，如近海地区用海砂、海水拌制混凝土，或冬期施工中为防止冰冻作用，降低冻点温度、掺加氯盐等，都会使氯离子增多，即使在高碱度的介质中，也能导致钢筋的腐蚀。

铝合金是优良的建筑用材。铝在初期受到腐蚀时，会形成致密而牢固附着的膜层，从而能有效地阻止腐蚀的发展。

2.3.2 钢结构构件的鉴定评级

1. 民用建筑钢结构构件的安全性鉴定评级

钢结构构件的安全性鉴定，应按承载能力、构造及不适于承载的位移或变形三个检查项目，分别评定每一受检构件等级，然后取其中最低一级作为该构件的安全性等级；钢结构节点、连接域的安全性鉴定，应按承载能力和构造两个检查项目，分别评定每一节点、连接域等级，然后取其中最低一级作为该构件的安全性等级；对冷弯薄壁型钢结构、轻钢结构、钢桩及地处有腐蚀性介质的工业区，或高湿、临海地区的钢结构，尚应以不适于承载的锈蚀作为检查项目评定其等级。

当按承载能力评定钢结构构件的安全性等级时，应按表 2-25 的规定分别评定每一验算项目的等级，并应取其中最低等级作为该构件承载能力的安全性等级。钢结构倾覆、滑移、疲劳、脆断的验算，应按国家现行相关规范的规定进行；节点、连接域的验算应包括其板件和连接的验算。

表 2-25 按承载能力评定的钢结构构件安全性等级

构件类别	安全性等级			
	a_u 级	b_u 级	c_u 级	d_u 级
主要构件及节点、连接域	$R/(\gamma_0 S) \geq 1.00$	$R/(\gamma_0 S) \geq 0.95$	$R/(\gamma_0 S) \geq 0.90$	$R/(\gamma_0 S) < 0.90$ 或当构件或连接出现脆性断裂、疲劳开裂或局部失稳变形迹象时
一般构件	$R/(\gamma_0 S) \geq 1.00$	$R/(\gamma_0 S) \geq 0.90$	$R/(\gamma_0 S) \geq 0.85$	$R/(\gamma_0 S) < 0.85$ 或当构件或连接出现脆性断裂、疲劳开裂或局部失稳变形迹象时

当按构造评定钢结构构件的安全性等级时，应按表 2-26 的规定分别评定每个检查项目的等级，并取其中最低等级作为该构件构造的安全性等级。

表 2-26　按构造评定的钢结构构件安全性等级

检查项目	安全性等级	
	a_u 级或 b_u 级	c_u 级或 d_u 级
构件构造	构件组成形式、长细比或高跨比、宽厚比或高厚比等符合国家现行相关规范规定：无缺陷，或仅有局部表面缺陷；工作无异常	构件组成形式、长细比或高跨比、宽厚比或高厚比等不符合国家现行相关规范规定；存在明显缺陷，已影响或显著影响正常工作
节点、连接构造	节点构造、连接方式正确，符合国家现行相关规范规定；构造无缺陷或仅有局部的表面缺陷，工作无异常	节点构造、连接方式不当，不符合国家现行相关规范规定；构造有明显缺陷，已影响或显著影响正常工作

当钢结构构件的安全性按不适于承载的位移或变形评定时，应符合下列规定：

1）对桁架、屋架或托架的挠度，当其实测值大于桁架计算跨度的 1/400 时，应验算其承载能力。验算时，应考虑由于位移产生的附加应力的影响，并按下列原则评级：当验算结果不低于 b_u 级时，仍定为 b_u 级，但宜附加观察使用一段时间的限制；当验算结果低于 b_u 级时，应根据其实际严重程度定为 c_u 级或 d_u 级。

2）对桁架顶点的侧向位移，当其实测值大于桁架高度的 1/200，且有可能发展时，应定为 c_u 级或 d_u 级。

3）对其他钢结构受弯构件不适于承载的变形评定，应按表 2-27 的规定评级。

表 2-27　其他钢结构受弯构件不适于承载的变形的评定

检查项目	构件类别			c_u 级或 d_u 级
挠度	主要构件	网架	屋盖的短向	$>l_s/250$，且可能发展
			楼盖的短向	$>l_s/200$，且可能发展
		主梁、托梁		$>l_s/200$
	一般构件	其他梁		$>l_s/150$
		檩条梁		$>l_s/100$
侧向弯曲的矢高	深梁			$>l_s/400$
	一般实腹梁			$>l_s/350$

注：l_s 为构件计算跨度实测值。

对柱顶的水平位移或倾斜，当其实测值大于规范的限值时，应按下列规定评级：

1）当该位移与整个结构有关时，应根据评定结果，取与上部承重结构相同的级别作为该柱的水平位移等级。

2）当该位移只是孤立事件时，则应在柱的承载能力验算中考虑此附加位移的影响，并按规范规定评级。

3）当该位移尚在发展时，应直接定为 d_u 级。

对偏差超限或其他使用原因引起的柱、桁架受压弦杆的弯曲，当弯曲矢高实测值大于柱的自由长度的 1/660 时，应在承载能力的验算中考虑其所引起的附加弯矩的影响，并按规范规定评级。

对钢桁架中有整体弯曲变形，但无明显局部缺陷的双角钢受压腹杆，其整体弯曲变形不大于表 2-28 规定的限值时，其安全性可根据实际完好程度评为 a_u 级或 b_u 级；当整体弯曲变形已大于表 2-28 规定的限值时，应根据实际严重程度评为 c_u 级或 d_u 级。

表 2-28　钢桁架双角钢受压腹杆整体弯曲变形限值

$\sigma=N/\varphi A$	对 a_u 级和 b_u 级压杆的双向弯曲限值				
	方向	弯曲矢高与杆件长度之比			
f	平面外	1/550	1/750	≤1/850	—
	平面内	1/1000	1/900	1/800	—
$0.9f$	平面外	1/350	1/450	1/550	≤1/850
	平面内	1/1000	1/750	1/650	1/500
$0.8f$	平面外	1/250	1/350	1/550	≤1/850
	平面内	1/1000	1/500	1/400	1/350
$0.7f$	平面外	1/200	1/250	≤1/300	—
	平面内	1/750	1/450	1/350	—
$\leqslant 0.6f$	平面外	1/150	≤1/200	—	—
	平面内	1/400	1/350	—	—

当钢结构构件的安全性按不适于承载的锈蚀评定时，应按剩余的完好截面验算其承载能力，同时兼顾锈蚀产生的受力偏心效应，再按表 2-29 的规定评级。

表 2-29　钢结构构件不适于承载的锈蚀的评定

等级	评定标准
c_u	在结构的主要受力部位，构件截面平均锈蚀深度 $\Delta t \geqslant 0.1t$，但 $\leqslant 0.15t$
d_u	在结构的主要受力部位，构件截面平均锈蚀深度 $\Delta t > 0.15t$

注：表中 t 为构件厚度。

2. 民用建筑钢结构构件的使用性鉴定评级

钢结构构件的使用性鉴定，应按位移或变形、缺陷和锈蚀或腐蚀三个检查项目，分别评定每一受检构件等级，并以其中最低一级作为该构件的使用性等级。

当钢桁架和其他受弯构件的使用性按其挠度检测结果评定时，应按下列规定评级：

1）当检测值小于计算值及国家现行设计规范限值时，可评为 a_s 级。

2）当检测值大于或等于计算值，但不大于国家现行设计规范限值时，可评为 b_s 级。

3）当检测值大于国家现行设计规范限值时，可评为 c_s 级。

4）在一般构件的鉴定中，对检测值小于国家现行设计规范限值的情况，可直接根据其完好程度定为 a_s 级或 b_s 级。

当钢柱的使用性按其柱顶水平位移（或倾斜）检测结果评定时，应按下列原则评级：

1）当该位移的出现与整个结构有关时，应根据评定结果，取与上部承重结构相同的级别作为该柱的水平位移等级。

2）当该位移的出现只是孤立事件时，可根据其检测结果直接评级，评级所需的位移限值，可按层间位移限值确定。

当钢结构构件的使用性按缺陷和损伤的检测结果评定时，应按表 2-30 的规定评级。

表 2-30 钢结构构件的使用性按缺陷和损伤的检测结果评定

检查项目	a_s 级	b_s 级	c_s 级
桁架、屋架不垂直度	不大于桁架高度的 1/250，且不大于 15mm	略大于 a_s 级允许值，尚不影响使用	大于 a_s 级允许值，已影响使用
受压构件平面内的弯曲矢高	不大于构件自由长度的 1/1000，且不大于 10mm	不大于构件自由长度的 1/660	大于构件自由长度的 1/660
实腹梁侧向弯曲矢高	不大于构件计算跨度的 1/660	不大于构件跨度的 1/500	不大于构件跨度的 1/500
其他缺陷或损伤	无明显缺陷或损伤	局部有表面缺陷或损伤，尚不影响正常使用	有较大范围缺陷或损伤，且已影响正常使用

对钢索构件，当索的外包裹防护层有损伤性缺陷时，应根据其影响正常使用的程度评为 b_s 级或 c_s 级。

当钢结构受拉构件的使用性按长细比的检测结果评定时，应按表 2-31 的规定评级。

表 2-31 钢结构受拉构件的使用性按长细比的检测结果评定

构件类别		a_s 级或 b_s 级	c_s 级
重要受拉构件	桁架拉杆	≤350	>350
	网架支座附近外拉杆	≤300	>300
一般受拉构件		≤400	>400

3. 工业建筑钢构件鉴定评级

钢构件的安全性等级应按承载能力、构造两个项目评定，并取其中较低等级作为构件的安全性等级。钢构件的承载能力项目应按表 2-32 的规定评定等级。构件抗力应结合实际的材料性能、缺陷损伤、腐蚀、过大变形和偏差等因素对承载能力进行分析论证后确定。

表 2-32 钢构件承载能力评定等级

构件种类		评定标准			
		a	b	c	d
构件种类、连接	$R/(\gamma_0 S)$	≥1.0	<1.0 ≥0.95	<0.95 ≥0.88	<0.88
次要构件	$R/(\gamma_0 S)$	≥1.0	<1.0 ≥0.92	<0.92 ≥0.85	<0.85

注：吊车梁的疲劳性能的评定不受表中数值限制，应按现行《工业建筑可靠性鉴定标准》规定的方法进行评定。

承重构件的钢材应符合原设计标准的规定，构件的使用条件发生改变时，则宜符合国家现行标准的规定；仅材料强度不满足要求时，可按拉伸试验结果确定的设计强度计算承载能力；其他性能指标不满足要求时，不得评为 a 级；材料性能特别恶劣时，应评为 d 级。

钢结构构件的构造项目包括构件构造和节点、连接构造，应根据对构件安全使用的影响按表 2-33 的规定评定等级，然后取其中较低等级作为该构件构造项目的评定等级。

表 2-33　钢结构构件构造的评定等级

检查项目	*a* 级或 *b* 级	*c* 级或 *d* 级
构件构造	构件组成形式、长细比或高跨比、宽厚比或高厚比等符合或基本符合国家现行标准规定；无缺陷或仅有局部表面缺陷；工作无异常	构件组成形式、长细比或高跨比、宽厚比或高厚比等不符合国家或现行设计标准要求；存在明显缺陷，已影响或显著影响正常工作
节点、连接构造	节点、连接方式正确，符合或基本符合国家现行标准规定；无缺陷或仅有局部的表面缺陷，如焊缝表面质量稍差、焊缝尺寸稍有不足、连接板位置稍有偏差等；工作无异常	节点、连接方式不当，不符合国家现行标准规定；构造有明显缺陷，如焊接部位有裂纹；部分螺栓或铆钉有松动、变形、断裂、脱落或节点板、连接板、铸件有裂纹或显著变形；已影响或显著影响正常工作

注：1. 评定结果取 *a* 级或 *b* 级，可根据实际完好程度确定；评定结果取 *c* 级或 *d* 级，可根据其实际严重程度确定。
2. 构造缺陷还包括施工遗留的缺陷：对焊缝是指夹渣、气泡、咬边、烧穿、漏焊、少焊、未焊透及焊脚尺寸不足等；对铆钉或螺栓是指漏铆、漏栓、错位、错排及掉头等；其他施工遗留的缺陷应根据实际情况确定。
3. 当国家有关标准有构造连接的承载能力计算方法时，应按表 2-32 进行承载能力的评级。

钢结构构件及其连接存在明显的缺陷损伤时，应评为 *c* 级或 *d* 级。

腐蚀钢构件按上述评定其承载能力安全等级时，应按下列规定考虑腐蚀对钢材性能和截面损失的影响：

1）对于普通钢结构，当腐蚀损伤量不超过初始厚度的 10%且剩余厚度大于 5mm 时，可不考虑腐蚀对钢材强度的影响；当腐蚀损伤量超过初始厚度的 10%或剩余厚度不大于 5mm 时，钢材强度应乘以 0.8 的折减系数。对于冷弯薄壁钢结构，当截面腐蚀大于 5%时，钢材强度应乘以 0.8 的折减系数。

2）强度和整体稳定性验算时，钢构件截面积和截面模量的取值应考虑腐蚀对截面的削弱。

钢桁架中有整体弯曲缺陷但无明显局部缺陷的双角钢受压腹杆，其整体弯曲不超过表 2-34 中的限值时，其承载能力可评为 *a* 级或 *b* 级；当整体弯曲严重已超过表中限值时，可根据其对承载能力影响的严重程度，评为 *c* 级或 *d* 级。

表 2-34　双角钢受压腹杆双向弯曲缺陷的限值

所受轴压力设计值与无缺陷时的抗压承载能力之比	双向弯曲的限值							
	方向	弯曲矢高与杆件长度之比						
1.0	平面内	1/400	1/500	1/700	1/800	—	—	—
	平面外	0	1/1000	1/900	1/800	—	—	—
0.9	平面内	1/250	1/300	1/400	1/500	1/600	1/700	1/800
	平面外	0	1/1000	1/750	1/650	1/600	1/550	1/500
0.8	平面内	1/150	1/200	1/250	1/300	1/400	1/500	1/800
	平面外	0	1/1000	1/600	1/550	1/450	1/400	1/350
0.7	平面内	1/100	1/150	1/200	1/250	1/300	1/400	1/800
	平面外	0	1/750	1/450	1/350	1/300	1/250	1/250
0.6	平面内	1/100	1/150	1/200	1/300	1/500	1/700	1/800
	平面外	0	1/300	1/250	1/200	1/180	1/170	1/170

钢构件的使用性等级应按变形、偏差、一般构造和腐蚀等项目进行评定，并取其中最低等级作为构件的使用性等级。

钢构件变形项目应按表 2-35 的规定评定等级。

表 2-35　钢构件变形评定等级

评定等级	评定标准
a	满足国家现行相关标准规定和设计要求
b	超过 a 级要求，尚不影响正常使用
c	超过 a 级要求，对正常使用有明显影响

钢构件的偏差包括施工过程中产生的偏差和使用过程中出现的永久性变形，应按表 2-36 的规定评定等级。

表 2-36　钢构件偏差评定等级

评定等级	评定标准
a	满足国家现行相关标准的规定
b	超过 a 级要求，尚不明显影响正常使用
c	超过 a 级要求，对正常使用有明显影响

钢构件的腐蚀和防腐项目应按表 2-37 的规定评定等级。与钢构件正常使用性有关的一般构造要求，符合现行标准规定应评为 a 级，不符合现行标准规定时应根据对正常使用的影响程度评为 b 或 c 级。

表 2-37　钢构件腐蚀和防腐评定等级

评定等级	评定标准
a	防腐措施完备且无腐蚀
b	轻微腐蚀，或防腐措施不完备
c	大面积腐蚀，或防腐措施已失效

2.4　木结构的检测与鉴定

2.4.1　木结构检测程序与方法分类

木材是有机材料，木材的天然缺陷（木节、裂缝、翘曲等）在木结构房屋的使用过程中仍可能发展；设计、施工过程中可能产生的各种缺陷，菌、虫害，化学性侵蚀，使用管理不善，自然灾害（如火灾和地震）等外界因素，也可能引起木结构房屋不同程度的损伤，这时就需要对木梁、木屋架、木柱和其他木构件进行加固。加固前应首先对木结构房屋进行检测和鉴定。

2.4.1.1　木结构检测程序

现行《木结构现场检测技术标准》规定：木结构现场检测分为在建木结构工程的质量检测和既有木结构工程的结构性能检测。

应进行木结构工程质量检测的情况有：结构工程送样检验的数量不足或有关检验资料缺失；施工质量送样检验或有关方自检的结果未达到设计要求；对施工质量有怀疑或争议；发生质量或安全事故；工程质量保险要求实施的检测；对既有结构的工程质量有怀疑或争议；未按规定进行施工质量验收的结构。

当既有木结构建筑需要进行下述评定或鉴定时，应进行结构性能检测：

1）建筑结构可靠性评定。

2）建筑的安全性和抗震鉴定。

3）建筑大修前的评定。

4）建筑改变用途、改造、加层或扩建前的评定。

5）建筑结构达到设计使用年限要继续使用的评定。

6）受到自然灾害、环境侵蚀等影响建筑的评定。

7）发现紧急情况或有特殊问题的评定。

木结构检测时，检测工作宜按接受委托、初步调查、制定并确定检测方案、现场检测、数据处理和提交检测报告等步骤进行，如图 2-12 所示。

初步调查宜包括下列工作内容：

1）进一步明确委托方检测目的和具体要求。

2）收集被检测木结构的设计资料、施工资料和工程地质勘察报告等资料。

3）调查被检测木结构现状、环境条件、使用期间是否已进行过检测或维修加固，是否进行过用途与荷载变更等情况。

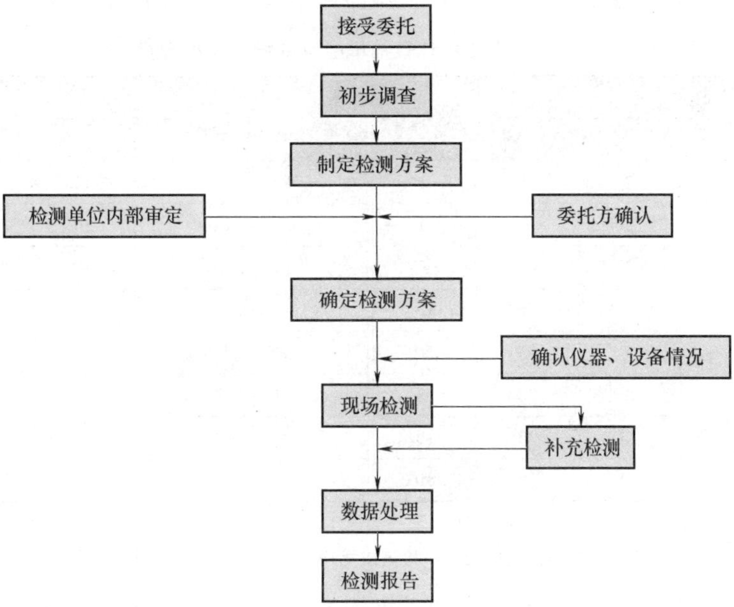

图 2-12　木结构现场检测工作流程

检测项目应根据现场调查情况确定，并应制定相应的检测方案。检测方案宜包括下列内容：

1）概况，包括设计依据、结构形式、建筑面积、总层数，设计、施工及监理单位、建造年代等。

2）检测目的或委托方的检测要求。

3）检测依据，包括检测依据的标准及有关的技术资料等。

4）检测项目和选用的检测方法及检测的数量。

5）检测人员和仪器设备情况。

6）检测工作进度计划。

7）需委托方与检测单位配合的工作。

8）检测中的安全措施。

9）检测中的环保措施。

当发现检测数据数量不足或检测数据出现异常情况时，应进行补充检测。

2.4.1.2 木结构的检测方法分类

木结构现场检测可采取全数检测或抽样检测的方式。抽样检测时，宜采用随机抽样或约定抽样方法。

当遇到下列情况之一时，宜采用全数检测方式：

1）外观缺陷或表面损伤的检查。

2）受检范围较小或构件数量较少。

3）构件质量状况差异较大。

4）灾害发生后对结构受损情况的识别。

5）委托方要求进行全数检测。

木结构计数抽样检测时，其每批抽样检测的样本最小容量不应小于表2-38的限定值。

表2-38 木结构计数抽样检测的样本最小容量

检测批的容量	检测类别和样本最小容量			检测批的容量	检测类别和样本最小容量		
	A	B	C		A	B	C
2~8	2	2	2	501~1200	32	80	125
9~15	2	3	5	1201~3200	50	125	200
16~25	3	5	8	3201~10000	80	200	315
26~50	5	8	13	10001~35000	125	315	500
51~90	5	13	20	35001~150000	200	500	800
91~150	8	20	32	150001~500000	315	800	1250
151~280	13	32	13	>500000	500	1250	2000
281~500	20	50	80	—	—	—	—

注：表中A、B、C为检测类别，检测类别A适用于一般施工质量的检测，检测类别B适用于结构质量或性能的检测，检测类别C适用于结构质量或性能的严格检测或复检。无特别说明时，样本为构件。

木结构的批量检测应采取随机抽样的方法，遇有下列情况时可采用约定抽样的方法：委托方限定了抽样范围；避免检测过程中出现安全事故或结构的破坏，选择易于实施检测的部位或构件；结构功能性检测且现场条件受到限制。

木材物理性能检测包含木结构含水率、密度的检测，采用烘干法检测木结构的含水率和密度时，取样方法应符合下列规定：

1）每栋建筑为一个检验批、每个检验批中每一树种的构件取样数量不应少于 5 根，每一树种的构件数量在 5 根以下时，全部取样。

2）每根构件应沿截面均匀截取 5 个尺寸为 20mm×20mm×20mm 的试样，以每根构件 5 个试件含水率的平均值作为木材含水率的代表值。

3）现场取样时应避免承重构件受损，宜在相同材质的非承重木构件或附属木构件上取样。

采用电测法测定含水率时，应从检验批的同一树种、同一规格材、同一批木构件随机抽取 5 根为试样，应在每根试样距两端 200mm 处及中部设置测试部位。对于规格材或其他木构件，应在每个测试部位的四个面中部测定含水率；对于胶合木构件，应在构件两侧测定每层层板的含水率。

现场检测木材密度可采用阻力仪检测法，宜采用现场取样试验进行修正。此外木材的抗弯强度、抗弯弹性模量可现场采用阻力仪检测法和应力波检测法。

木构件尺寸偏差与变形检测可分为构件尺寸及偏差、倾斜、挠度等检测项目。木结构构件制作偏差可采用塞尺、靠尺、钢尺等进行检测，圆度测量时，钢尺量程应大于所测构件直径；用于木构件制作偏差时检测量具精度不应小于 1mm。对于难以直接测量截面尺寸的木构件，检测其尺寸及其偏差时，可采用三维激光扫描仪或全站仪等仪器测量。测量木构件的挠度，宜采用全站仪或拉线法检测，木构件挠度观测点应沿构件的轴线或边线布设，分别在支座及跨中位置布置测点，每一构件不得少于 3 点。当采用激光扫描测量方法进行木结构建筑位移观测时，基准点应设置在变形区域外，数量不少于 4 个且应分布均匀，基准点的坐标应采用全站仪，基准点和监测点应设置标靶，并采用与激光扫描仪配套的标靶，标靶布设应牢固可靠，宜采用遮光防水膜保护，每次测量后应及时遮盖。

木构件缺陷检测分裂缝、腐朽、虫蛀（图 2-13）等项目。当木构件裂缝处在外表面部位时，表面裂缝宽度可直接采用塞尺或直尺进行测量；当裂缝处在隐蔽或不利于操作检查的部位时，裂缝宽度宜采用阻力仪检测法或 X 射线检测法进行检测。采用超声波法测裂缝深度时，被测裂缝不得有积水和泥浆等；采用 X 射线检测法检测裂缝深度时，射线透照方向宜与裂缝深度方向垂直。裂缝长度宜采用钢尺或卷尺量测。

图 2-13　木结构的开裂和虫蛀

木构件表面腐朽可通过目测法判断腐朽程度，目测法可采用肉眼观察或尺规测量。内部腐朽检测宜采用探针检测法、阻力仪检测法、应力波检测法及 X 射线检测法等非破坏性检测方法。探针检测法可用于表层0~40mm范围的木材内部腐朽检测，同一木构件在腐朽和未腐朽部位应分别进行探针检测，且检测方向应相同，同一部位应设置不少于3个检测点。

虫蛀检测包括木构件内部虫蛀孔洞检测及白蚁活体检测。木构件内部虫蛀孔洞的检测方法及分类等级按表面腐朽检测方法执行，白蚁活体检测宜采用温度检测法、湿度检测法和雷达检测法。白蚁活体检测可通过目测判断白蚁侵害程度，应拍照、记录取证。对接触地面的木构件，应对近地端长度1000mm内的部位进行白蚁活体检测。对非接触地面的木构件，应对屋架上下弦两端长度1000mm、楼板贴墙长度500mm部位及檩、椽、梁的支座部位进行白蚁活体检测。当采用温度检测法检测白蚁时，温度传感器显示温差有变化，变化幅度大于3℃时，可判断有白蚁。当采用湿度检测法检测白蚁时，湿度传感器显示湿度有变化，湿度差大于30%时，可判断有白蚁。当采用雷达检测法检测白蚁时，应将雷达传感器静止放置或固定，可用加速度计来校核有无人为振动。

此外，木构件防护性能的现场检测包括药剂有效成分的载药量和透入度两项指标，连接节点质量检测包括榫卯连接、螺栓连接、植筋连接及金属连接件的检测，详细规定见现行《木结构现场检测技术标准》。

2.4.1.3 木结构检测的主要内容

木结构检测的主要内容有材料性能检测、尺寸偏差与变形检测、缺陷检测、防护性能检测、连接节点质量检测、结构性能检测等。

1. 材料性能检测

材料性能检测包括木材物理性能检测和木材力学性能检测，物理性能检测主要检测木材含水率和木材密度。力学性能检测主要检测木材抗弯强度和抗弯弹性模量。

2. 尺寸偏差检测

尺寸偏差检测可分为构件尺寸及偏差等检测项目。

木结构构件制作偏差可采用塞尺、靠尺、钢尺等进行检测，圆度测量时，钢尺量程应大于所测构件直径；用于木构件制作偏差检测的量具精度不应小于1mm。

对于难以直接测量截面尺寸的木构件，检测其尺寸及偏差时，可采用三维激光扫描仪或全站仪等仪器测量；对于设计、施工阶段采用建筑信息化模型技术的木结构建筑，在检测其尺寸及偏差时，可采用三维激光扫描仪结合建筑信息化模型进行测量。

3. 变形检测

变形检测可分为结构整体垂直度、构件垂直度、弯曲变形、跨中挠度等项目；在对木结构或构件变形检测前，宜局部清除饰面层。当构件各测试点饰面层厚度接近，且不影响评定结果时，可不清除饰面层。

木结构或构件变形检测主要设备可采用水准仪、经纬仪、全站仪等仪器；木结构或构件倾斜可采用投点法、测水平角法、吊垂球法、激光扫描法等。测量木结构整体或构件倾斜宜采用全站仪。

测量木构件的挠度，宜采用全站仪或拉线法，木构件挠度观测点应沿构件的轴线或边线布设，分别在支座及跨中位置布置测点，每一构件不得少于3点；当使用全站仪检测时，应在现场光线具备观测条件下进行；应避免在测试结构或测试场地存在振动时进行全站仪检测。

4. 缺陷检测

缺陷检测应分为裂缝、腐朽、虫蛀等项目。木构件缺陷程度的分级应按表 2-39 的规定执行。

表 2-39　木构件缺陷程度分级

缺陷分级	状态
0	材质完好
1	轻微腐朽或虫蛀
2	明显腐朽或虫蛀
3	严重腐朽或虫蛀
4	轻微腐朽或虫蛀至损毁程度

（1）裂缝检测

1）木构件裂缝宽度检测。当木构件裂缝处在外表面部位时，表面裂缝宽度可直接采用塞尺或直尺进行测量；当木构件裂缝处在隐蔽或不利于操作检查的部位时，裂缝宽度宜采用阻力仪检测法或 X 射线检测法进行检测。

2）裂缝深度检测。采用超声波法测裂缝深度时，被测裂缝不得有积水和泥浆等；采用 X 射线检测法检测裂缝深度时，射线透照方向宜与裂缝深度方向垂直。

3）构件裂缝长度宜采用钢直尺或卷尺量测。

（2）腐朽检测　木构件表面腐朽可通过目测法判断腐朽程度，目测法可采用肉眼观察或尺规测量。内部腐朽检测宜采用探针检测法、阻力仪检测法、应力波检测法及 X 射线检测法等非破坏性检测方法。

1）对接触地面或长期处于潮湿环境下的木构件，应全数检测。对单根构件，检测宜从柱底开始，在距柱底 1000mm 范围内，检测部位间隔宜取 200mm；距柱底 1000mm 以上部位，检测部位间隔宜取 500mm。每个部位应至少从 2 个方向检测，直至检测到无腐朽为止。

2）对非接触地面的木构件，检测数量不宜少于 3 个构件，目视判断或疑似有腐朽的情况下，应从有腐朽的部位开始，向长度方向的两侧延伸，延伸间隔宜取 200mm。每个部位应至少从 2 个方向检测，至检测到无腐朽为止。

（3）虫蛀检测　虫蛀检测应包括木构件内部虫蛀孔洞检测及白蚁活体检测。木构件内部虫蛀孔洞的检测方法及分类等级宜按腐朽检测方法执行，白蚁活体检测宜采用温度检测法、湿度检测法和雷达检测法。

1）对白蚁活体进行检测时，白蚁活体检测可通过目测判断白蚁侵害程度，应拍照、记录取证。对接触地面的木构件，应对近地端长度 1000mm 内的部位进行白蚁活体检测。对非接触地面的木构件，应对屋架上下弦两端长度 1000mm、楼板贴墙长度 500mm 部位及檩、椽、梁的支座部位进行白蚁活体检测。

2）当采用温度检测法检测白蚁时，温度传感器显示温差有变化，变化幅度大于 3℃时，可判断有白蚁。

3）当采用湿度检测法检测白蚁时，湿度传感器显示湿度有变化，湿度差大于 30%时，可判断有白蚁。

4）当采用雷达检测法检测白蚁时，应将雷达传感器静止放置或固定，可用加速度计来校核有无人为振动。

5. 防护性能检测

木构件所使用的防腐、防虫药剂应符合设计文件标明的构件使用环境类别。木结构的使用环境应按表 2-40 的规定进行分类。

表 2-40 木结构的使用环境

使用环境分类	适用条件	应用环境
C1	户内,且不接触土壤	在室内干燥环境中使用,能避免气候和水分的影响
C2	户内,且不接触土壤	在室内环境中使用,有时受潮湿和水分的影响,但能避免气候影响
C3	户内,且不接触土壤	在室外环境中使用,暴露在各种气候中,包括淋湿,但不长期浸泡在水中
C4	户内,且不接触土壤	在室外环境中使用,暴露在各种气候中,且不地面接触或长期浸泡在淡水中

防护性能检测应包括药剂有效成分的载药量和透入度两项指标。

6. 连接节点质量检测

连接节点质量检测包括卯榫连接检测、螺栓连接检测、植筋连接检测、金属连接件检测。当榫卯连接、螺栓连接及植筋连接在现场不便直接测量时，宜采用 X 射线检测法进行节点性能检测。

(1) 卯榫连接检测

1) 榫卯完整性检查。应对外观进行检查并记录是否存在下列现象：①腐朽、虫蛀；②榫头可见部位裂缝、折断、残缺；③卯口周边劈裂，节点松动。

2) 榫卯拔榫量测量应符合下列规定：采用钢直尺或者卷尺测量榫卯脱开距离作为拔榫量，当榫头各部位拔榫量不一致时，应取大值；柱与梁、枋之间拔榫量应符合现行《古建筑木结构维护与加固技术标准》(GB/T 50165—2020) 的有关规定。

3) 榫卯连接紧密度测量应符合下列规定：应采用楔形塞尺测量榫头与卯口之间各边的空隙尺寸，斗拱构件的榫卯间隙允许偏差应为 1mm，其他榫卯结构节点的间隙允许偏差应符合表 2-41 的规定；木构架构件之间榫卯缝隙不得大于 5mm。斗拱构件之间榫卯缝隙不得大于 1mm。

表 2-41 榫卯结构节点的间隙允许偏差

柱直径 D/mm	$D\leqslant200$	$200<D\leqslant300$	$300<D\leqslant500$	$D>500$
允许偏差/mm	3	4	6	8

(2) 螺栓连接的检测 螺栓连接的检查数量应为连接节点数量的 10%，且不应少于 10 个。螺栓连接检测应符合下列规定：

1) 螺母拧紧后螺栓外露长度不应小于螺杆直径的 80%，且外露丝扣不应少于 2 扣。螺纹段剩留在木构件内的长度不应大于螺杆直径的 1.0 倍。

2) 螺栓连接采用钢垫圈时，垫圈的厚度不应小于直径或者边长的 1/10，且不应小于螺栓直径的 30%。方形垫板的边长不应小于螺杆直径的 3.5 倍，圆形垫圈的直径不应小于螺杆直径的 4.0 倍。

3) 螺栓的端距、间距、边距和行距除应符合设计文件要求，尚应符合现行《木结构设计标准》的有关规定。

4）螺栓孔直径不应大于螺杆直径 1mm。

（3）植筋连接的检测　对于新建木结构工程，木结构植筋连接施工质量宜进行抗拔承载力的现场检验。木结构植筋抗拔承载力现场检验可分为非破坏性检验和破坏性检验。对于一般结构及非结构构件，宜采用非破坏性检验；对于重要结构构件及生命线工程非结构构件，宜在受力较小的次要连接部位，采用破坏性检验。

1）现场检测试样应符合下列规定：①植筋抗拔承载力现场非破坏性检验可采用随机抽样方法取样；②同规格、同型号、基本相同部位的锚栓可组成一个检验批。抽取数量应按每批植筋总数的 1%计算，且不应少于 3 根。

2）现场检测仪器设备仪器、设备，如拉拔仪、荷载传感器、位移计等，应定期检定。

（4）金属连接的检测

1）各种金属连接件的类别、规格、数量等进行全面检测，可采用目测法。

2）金属连接件的安装位置和方式、安装偏差、变形、松动及金属齿板的板齿拔出等进行全面检测，可采用目测法或用卡尺进行检测；连接处木构件之间的缝隙、木构件受压抵承面之间的局部间隙及木构件的开裂情况进行全面检测，可用卡尺或塞尺进行检测；对金属齿板连接，尚应对连接处木材的表面缺陷面积、板齿倒伏面积及木材的劈裂情况等按检验批全数的 20%进行抽样检测，可采用目测法或用卡尺测量；应对金属连接件的锈蚀情况进行全面检测。

3）金属连接件的厚度应用游标卡尺检测。当无法用游标卡尺检测时，可按现行《钢结构现场检测技术标准》（GB/T 50621—2010）的规定，采用超声测厚仪进行检测。检测时，应取连接件的 3 个不同部位进行检测，并取 3 个测试值的平均值作为连接件厚度的代表值。金属连接件的焊缝质量应按现行《木结构工程施工质量验收规范》（GB 50206—2012）的规定进行检测。

7. 结构性能检测

结构性能检测分为结构静力性能检测、结构动力性能检测两部分。结构静力性能检测，应根据材料力学性能、尺寸偏差、变形、损伤及内部缺陷等情况，确定木结构的静力计算参数。结构动力性能检测，应通过测点处采集的速度或加速度的信号进行处理，获得结构的振型、自振频率、阻尼比等结构模态参数。

2.4.2　木结构的鉴定评级

1. 鉴定对象

《古建筑木构件安全性鉴定技术规范》（LY/T 3141—2019）规定了鉴定对象，在下列情况下，应对古建筑木构件进行安全性鉴定：

1）重点维修工程中的主要木构件。

2）定期监测的木构件。

3）改变用途或使用条件的木构件。

4）使用过程中发现安全问题的木构件。

5）遭受地震、风灾、水灾、火灾、雷击等较大灾害作用的木构件。

6）有特殊使用要求的木构件。

2. 鉴定程序

古建筑木结构安全性鉴定应按下列程序进行：

1）受理委托。根据委托人要求，确定木构件安全性鉴定的目的、内容和范围。

2）初步调查。收集分析古建筑原始资料，包括图纸资料、建筑物历史、以往修缮资料，并进行现场检查。

3）检测验算。对古建筑木构件状态进行现场检测，包括构件测量、变形测量、残损检查、树种鉴定、材料性能测试等，必要时，采用仪器测试和结构验算。

4）等级判定。对调查和检测验算的数据资料进行全面分析，综合其安全性等级。

5）处理建议。对被鉴定的古建筑木构件提出原则性的处理建议。

6）出具报告。

3. 鉴定评级

古建筑木构件安全性鉴定分两个层次，每个层次的等级划分及评级标准见表 2-42。

表 2-42　木构件安全性鉴定评级的层次、等级及标准

层次	鉴定对象	等级	评级标准
一	勘查项目	a'	未见残损点，或原有残损点已得到修复
		b'	仅发现有轻度残损点或疑似残损点，但尚不影响安全
		c'	有中度残损点，已影响该项目的安全
		d'	有重度残损点，将危及该项目的安全
二	单个构件	a	安全性符合标准 a 级的要求，具有足够的承载能力
		b	安全性略低于标准 a 级的要求，尚不显著影响承载能力
		c	安全性不符合标准 a 级的要求，显著影响承载能力
		d	安全性极不符合标准 a 级的要求，已严重影响承载能力

当木构件的安全性按残损勘查项目的评级结果进行评定时，应按表 2-43 确定该构件的残损等级。

表 2-43　承重构件残损等级评定标准

等级	分级标准
a	构件应勘查项目中全为 a'级；或者无 c'级和 d'级，仅个别为 b'级
b	构件应勘查项目中无 c'级和 d'级，且 b'级多于 a'级
c	构件应勘查项目中最低等级为 c'级
d	构件应勘查项目中最低等级为 d'级；或者无 d'级，但 c'级多于 50%

当承重木构件及其连接的安全性按承载能力判定时，应按表 2-44 规定，分别判定每一验算项目的等级，并取其中最低一级作为构件承载能力的安全性等级。

表 2-44　按承载能力评定承重构件及其连接安全性等级

构件类别	$R/\gamma_0 S$			
	a 级	b 级	c 级	d 级
主要构件及连接	≥1.0	≥0.95	≥0.90	<0.90
一般构件	≥1.0	≥0.90	≥0.85	<0.85

注：表中 R 和 S 分别为结构构件的抗力和作用效应，按照 GB 50009—2012 和 GB 50292—2015 确定；γ_0 为结构重要性系数，世界文化遗产地及全国重点文物保护单位的建筑取 1.1，其他建筑取 1.0。

按残损勘查项目和承载能力验算项目，分别评定木构件的残损等级和承载能力等级，并取其中较低一级作为木构件最终的安全性等级。

木构件的安全性等级，应作为该构件维修加固处理的判定依据。不同等级构件的处理要求见表 2-45。

表 2-45 木构件基于安全性等级的处理要求

安全性等级	处理要求	安全性等级	处理要求
a	不必采取措施	*c*	可采取措施
b	可不采取措施	*d*	必须立即采取措施

古建筑木构件勘查项目的残损点，应按其对结构、构件安全性的影响程度划分为 a'级、b'级、c'级和 d'级。对 a'级和 b'级可由鉴定人员根据实际完好情况作出判断，c'级和 d'级宜由鉴定人员根据实际严重程度进行判定。承重木柱的残损点、承重木梁和枋的残损点、屋顶构件残损点、楼层构件残损点评定标准在规范中均有规定。天然缺陷的评定标准见表 2-46。

表 2-46 天然缺陷评定标准

项次	天然缺陷		原木构件		方木构件	
			受弯构件或压弯构件	受压构件或次要受弯构件	受弯构件或压弯构件	受压构件或次要受弯构件
1	节子	在构件任一面（或沿周长）任何 150mm 长度所有木节尺寸的总和应不大于所在面宽（所在部位原木周长）的	2/5	2/3	1/3	2/5
		每个木节的最大尺寸应不大于所测部位原木周长的	1/5	1/4	—	—
2	斜纹理	任何 1m 木材上平均倾斜高度应不大于	80mm	120mm	50mm	80mm
3	干缩裂缝	在连接部位的受剪面上	不允许	不允许	不允许	不允许
		在连接部位的受剪面附近，其裂缝深度（有对面裂缝时用两者之和）应不大于	直径的 1/4	直径的 1/2	材宽的 1/4	材宽的 1/3
4	年轮宽度	应不大于	4mm	4mm	4mm	4mm

4. 承载能力验算项目的鉴定评级

验算结构或构件的承载力时，应遵守下列规定：

1）结构构件验算采用的结构分析方法应参照国家现行设计规范的规定。

2）结构构件验算使用的计算模型，应符合其实际受力与构造状况。

3）结构上的荷载应按 GB 50165—2020 的规定执行。

4）木材强度等级应按照 LY/T 3141—2019 附录 A 确定。

5）结构或构件的几何参数应现场实测，含材质缺陷的木构件的有效截面面积应按照相关要求确定。

梁、柱构件应按 GB 50005—2017 的有关规定验算其承载能力，并遵守下列规定：

1）当梁过度弯曲时，梁的有效跨度应按支座与梁的实际接触状况确定，并考虑支座传力偏心对支承构件受力的影响。

2）柱应按两端铰接计算，计算长度取侧向支承间的距离，对截面尺寸有变化的柱可按中间截面尺寸验算。

3）若原有构件已部分缺损或腐朽，应按剩余的有效截面进行验算。

验算古建筑木结构时，其木材设计强度和弹性模量应符合下列规定：

1）应按 GB 50005—2017 的规定执行，并乘以结构重要性系数 0.9；有特殊要求另定。

2）对外观已显著变形或木质已老化的构件，还应乘以表 2-47 中规定的调整系数。

3）对仅以恒载作用验算的构件，还应乘以 GB 50005—2017 中规定的调整系数。

表 2-47　考虑长期荷载作用和木质老化的调整系数

建筑物修建距今的时间/年	调整系数		
	顺纹抗压设计强度	抗弯和顺纹抗剪设计强度	弹性模量和横纹承压设计强度
100	0.95	0.9	0.9
300	0.85	0.8	0.85
>500	0.75	0.7	0.75

注：当表中年数介于所列数值之间，可按线性内插法确定其调整系数取值。

延伸阅读

线性内插法

线性内插法是根据一组已知的未知函数自变量的值和它相对应的函数值，利用等比关系去求未知函数其他值的近似计算方法，是一种求未知函数逼近数值的求解方法。相关内容线性内插法是指两个量之间如果存在线性关系，若 $A(x_1, y_1)$，$B(x_2, y_2)$ 为这条直线上的两个点，已知另一点 P 的 y_0 值，那么利用它们的线性关系即可求得 P 点的对应值 x_0。通常应用的是点 P 位于点 A、B 之间，故称“线性内插法”。在求解 x_0 时，可以根据下面方程计算：$(x_0-x_1)/(x_2-x_1)=(y_0-y_1)/(y_2-y_1)$。

2.5　地基基础的检测与鉴定

2.5.1　地基基础的检测内容

地基基础的检测内容有基槽检验、压实填土检验、复合地基检验、预制桩检验、混凝土灌注桩检验、人工挖孔桩检验、桩身质量检验、工程桩竖向承载力检验、地下连续墙检验、抗浮锚杆检验等。

基槽（坑）开挖后，应进行基槽检验。以天然土层为地基持力层的浅基础，基槽检验工作应包含下列内容：

1）应做好验槽准备工作，熟悉勘察报告，了解拟建建筑物的类型和特点，研究基础设计图及环境监测资料。

2）验槽应首先核对基槽的施工位置。平面尺寸和槽底标高的允许误差，可视具体的工程情况和基础类型确定。

3）基槽检验报告是岩土工程的重要技术档案，应做到资料齐全，及时归档。

当遇到下列情况时，应列为验槽的重点：

1）当持力层的顶板标高有较大的起伏变化时。

2）基础范围内存在两种以上不同成因类型的地层时。

3）基础范围内存在局部异常土质或坑穴、古井、老地基或古迹遗址时。

4）基础范围内遇有断层破碎带、软弱岩脉及湮废河、湖、沟、坑等不良地质情况时。

5）在雨季或冬季等不良气候条件下施工，基底土质可能受到影响时。

对于地基承载力的检测，一般采用地基静力载荷试验来进行检测。静力载荷试验就是在拟建建筑场地上，在挖至设计基础埋置深度的平整坑底放置一定规格的方形或圆形承压板，在其上逐级施加荷载，求得地基容许承载力与变形模量等力学数据。

静力载荷试验可用于下列目的：确定地基土的临塑荷载、极限荷载，为评定地基土的承载力提供依据；估算地基土的变形模量。

静力载荷试验的承压板一般用刚性的方形板或圆形板，其面积应为 $2500cm^2$ 或 $5000cm^2$，目前工程上常用的尺寸是 70.7cm×70.7cm 和 50cm×50cm。对于均质密实的土（如 Q_3 老黏性土），也可用 $1000cm^2$ 的承压板。但对于饱和软土层，考虑到在承压板边缘的塑性变形影响，承压板的面积不应小于 $5000cm^2$。如果地表为厚度不大的硬壳层，其下为软弱下卧层，而且建筑物基础以硬壳层为持力层，此时承压板应当选用尽量大的尺寸，使受压土层厚度与实际压缩层厚度相当。条件许可时，最好在现场浇一个实体基础供试验用。但承压板面积加大，加载重量相应增加，试验的难度也就增大。故除了专门性的研究外，通常仍然采用 $5000cm^2$ 的承压板。在软土层或一般黏性土层中，比例界限值（临塑压力）一般不受或很少受承压板宽度的影响，但不同埋深对基底压力有影响，随埋深增大而增大，其变化规律与试验深度处土体原始有效覆盖压力的变化基本一致。所以，对于厚度大而且比较均匀的软土或一般黏性土地基，可以采用较小面积的承压板进行静力载荷试验。

为了排除承压板周围超载的影响，试验标高处的坑底宽度不应小于承压板直径（或宽度）的3倍，并尽可能减小坑底开挖和整平对土层的扰动，缩短开挖与试验的间隔时间。在试验开始前，应保持土层的天然湿度和原状结构。当被试土层为软黏土或饱和松散砂土时，承压板周围应预留 20~30cm 厚的原状土作为保护层。当试验标高低于地下水位时，应先将地下水位降低至试验标高以下，并在试坑底部铺设 5cm 厚的砂垫层，待水位恢复后进行试验。

承压板与土层接触处，一般应铺设厚度不超过 20mm 的中砂层或粗砂层，以保证底板水平，并与土层均匀接触。

试验加荷方法应采用分级维持荷载沉降相对稳定法（慢速法）或沉降非稳定法（快速法）。试验的加荷标准为：试验的第一级荷载（包括设备自重）应接近卸去土的自重；每级荷载增量（加荷等级）一般取被试地基土层预估极限承载力的 1/12~1/8，施加的总荷载应尽量接近试验土层的极限荷载。荷载的量测精度不低于最大荷载的±1%，沉降值的量测精度不低于±0.01mm。

各级荷载下沉降相对稳定标准一般采用连续 2h 的每小时沉降量不超过 0.1mm。

试验点附近应有取土孔提供土工试验，或其他原位测试资料。试验后，应在承压板中心向下开挖进行取土试验，并描述2.0倍承压板直径（或宽度）范围内土层的结构变化。

静力载荷试验过程中出现下列现象之一时，即可认为土体已达到极限状态，应终止试验：

1）承压板周围的土体有明显的侧向挤出，周边岩土出现明显隆起或径向裂缝持续发展。

2）本级荷载的沉降量大于前级荷载沉降量的5倍，荷载与沉降曲线出现明显陡降。

3）在某级荷载下2h沉降速率不能达到相对稳定标准。

4）总沉降量与承压板直径（或宽度）之比超过0.06。

2.5.2 地基基础的鉴定评级

既有建筑地基基础鉴定应按下列步骤进行：

1）搜集鉴定所需的基本资料。

2）对搜集到的资料进行初步分析，制定现场调查方案，确定现场调查的工作内容及方法。

3）结合搜集的资料和调查的情况进行分析，提出检验方法并进行现场检验。

4）综合分析评价，作出鉴定结论，提出加固方法的建议。

现场调查应包括下列内容：既有建筑使用历史和现状，包括建筑物的实际荷载、变形、开裂等情况，以及前期鉴定、加固情况；邻近建筑、地下工程和管线等情况；既有建筑改造及保护所涉及范围内的地基情况；邻近新建建筑、深基坑开挖、新建地下工程的现状。

具有下列情况时，应对既有建筑进行沉降观测：既有建筑的沉降、开裂仍在发展；邻近新建建筑、深基坑开挖、新建地下工程等，对既有建筑安全仍有较大影响。

鉴定报告应包含下列内容：工程名称，地点，建设、勘察、设计、监理和施工单位信息，基础、结构形式，层数，改造加固的设计要求，鉴定目的，鉴定日期等；现场的调查情况；现场检验的方法、仪器设备、过程及结果；计算分析与评价结果；鉴定结论及建议。

基础鉴定的现场调查，应包括下列内容：基础的外观质量；基础的类型、尺寸及埋置深度；基础的开裂、腐蚀或损坏程度；基础的倾斜、弯曲、扭曲等情况。

当检验基础材料的强度时，可采用非破损法或钻孔取芯法检验。基础中的钢筋直径、数量、位置和锈蚀情况，可通过局部凿开或非破损方法检验。桩的完整性可通过低应变法、钻孔取芯法检验，桩的长度可通过开挖、钻孔取芯法或旁孔透射法等方法检验，桩的承载力可通过静载荷试验检验。

基础的分析评价包括：结合基础的裂缝、腐蚀或破损程度，以及基础材料的强度等，对基础结构的完整性和耐久性进行分析评价；对于桩基础，应结合桩身质量检验、场地岩土的工程性质、桩的施土工艺、沉降观测记录、载荷试验资料等，结合地区经验对桩的承载力进行分析和评价；进行基础结构承载力验算，分析基础加固的必要性，提出基础加固方法的建议。

混凝土结构的加固 第3章

3.1 概述

结构加固是指对可靠性不足或业主要求提高可靠度的承重结构、构件及其相关部分采取增强、局部更换或调整其内力等措施，使其具有现行设计规范及业主所要求的安全性、耐久性和适用性。

钢筋混凝土结构是目前使用最为广泛的结构形式。新中国成立前，国内的一些大城市曾建造了一些钢筋混凝土结构的办公楼、商场、厂房等，有的已有八九十年的历史，不少至今仍在使用。新中国成立后，在20世纪50年代和60年代建造了大批钢筋混凝土厂房、公共建筑及少量办公楼。这些房屋使用至今也有七八十年历史，由于使用、维修不当或建造质量等原因，许多房屋已存在这样或那样的问题，有些问题还相当严重，已危及结构安全。由于土建投资大，所以尽管房屋存在一些问题，往往不会因此而拆除重建，而是采用结构加固的办法，只要花费少量投资来维修、加固就可恢复其承载力，确保房屋的安全使用。另外，由于新的使用要求，房屋需要改变用途或进行加层等，也需对既有结构进行加固。所以，今后的加固工程量是很大的。

混凝土结构加固方法分为直接加固和间接加固两种。直接加固法常见的有增大截面加固法、置换混凝土加固法和复合截面加固法。间接加固法有体外预应力加固法、增设支点加固法、增设耗能支撑法或增设抗震墙法等。钢筋混凝土结构加固的方法较多，常用的还有增补钢筋加固法、预应力加固法、改变受力体系加固法、粘贴钢板加固法、外包钢加固法等。对于有裂缝的混凝土构件，一般应先采用化学灌浆修复加固，是否另做加固补强，应根据构件的承载情况而定。

加固设计的特点是：加固设计与新设计的最大区别在于其受到既有结构构件的制约，加固方案的选择不仅要考虑安全和经济因素，更要考虑构件的实际受力情况、周围环境、施工的可能性等。同一种方法可能对某些结构形式特别适用，而对其他结构不一定适用，或者在这个工程比较适用，而对那个工程就不很有效。如根据粘贴钢板加固法的受力特点，用其来加固梁板等受弯构件或其他受拉构件特别有效，但如果用来加固轴压构件或小偏压构件就不太合适。

3.2 混凝土结构加固的原因

3.2.1 结构构件的截面破坏特征

1. 正截面破坏特征

混凝土梁、板等受弯构件的裂缝出现时，荷载常为极限荷载的15%~25%。对于适筋梁，在开裂以后随着荷载的增加出现良好的塑性特征，并在梁破坏前其钢筋经历了较大的塑性伸长，有明显的预兆。但是，当实际配筋量大于计算值时，便成为实际的超筋梁。超筋梁的破坏开始于受压破坏，此时钢筋尚未达到屈服强度，挠度也不大，超筋梁破坏是突然的，没有明显的预兆。尽管规范规定不允许设计少筋梁但由施工中发生钢筋数量出错、钢筋错位（如雨篷上部钢筋错位至下部）等情况，造成了实际上的少筋梁。少筋梁的破坏也是突然发生的。受弯构件的正截面破坏形式如图 3-1 所示。

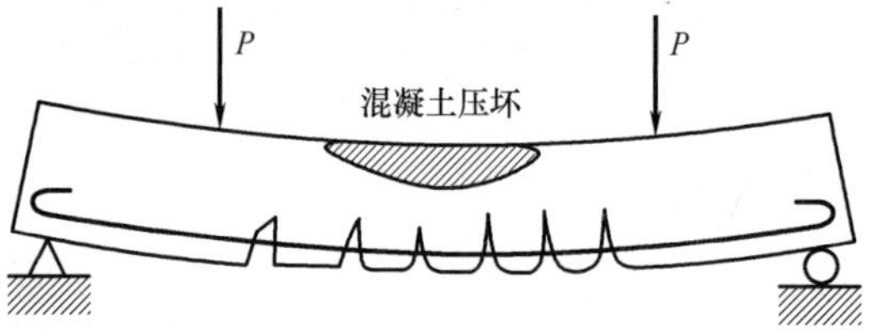

图 3-1　受弯构件的正截面破坏形式

在加固梁、板之前，首先应区分既有梁是适筋梁还是超筋梁或少筋梁。配筋率小于最大配筋率而大于最小配筋率的梁为适筋梁，当配筋率大于最大配筋率的梁为超筋梁，当配筋率小于最小配筋率的梁为少筋梁。最小配筋率和最大配筋率的规定见现行《混凝土结构设计规范》。

如果是少筋梁，必须进行加固。加固方法可以选用在拉区增补钢筋的方法。当采用在拉区增加钢筋的方法加固时，应注意加筋后不致成为超筋梁。如果是适筋梁，则可根据裂缝宽度、构件挠度和钢筋应力来判定是否进行加固。裂缝宽度与钢筋应力之间基本呈线性关系，裂缝越宽，裂缝处钢筋应力越高。如果是超筋梁，由于在拉区进行加筋补强不起作用，因此必须采用加大截面的办法或采用增设支点的办法进行加固。

2. 斜截面破坏特征

梁的斜截面抗剪试验表明，斜裂缝有两种情况：一种是在构件受拉边缘首先出现垂直裂缝，然后在弯矩和剪力的共同作用下斜向发展；另一种是腹剪斜裂缝，对于 T 形、I 形等腹板较薄的梁，这类斜裂缝通常先在梁腹部中和轴附近出现，然后随着荷载的增加，分别向梁顶和梁底斜向伸展。受弯构件的斜截面破坏如图 3-2 所示。

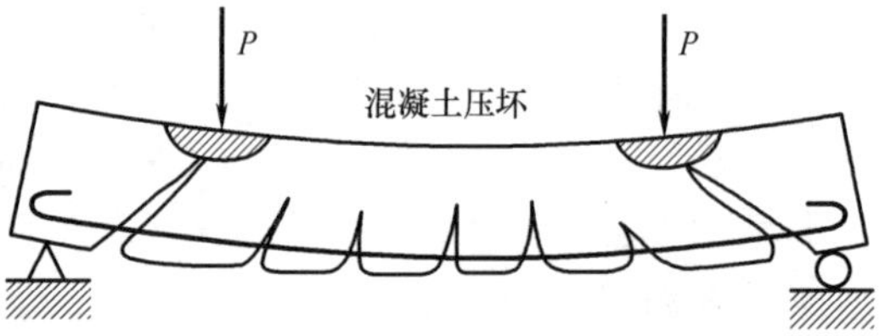

图 3-2　受弯构件的斜截面破坏

箍筋的数量，对梁的剪切破坏形态和抗剪承载力影响显著。当箍筋的数量合适时，斜裂缝出现后由于箍筋的约束，限制了斜裂缝的开展，使承受的荷载仍能有较大的增长。当荷载增加到某一数值时，会在几条斜裂缝中形成一条主要的斜裂缝，即临界斜裂缝。临界斜裂缝形成后，梁还能继续承受荷载，荷载还可以继续增大。当与临界斜裂缝相交的箍筋屈服后，箍筋不再能控制斜裂缝的开展，致使截面压区混凝土在剪压作用下达到极限强度而发生剪切破坏。因此，斜截面的抗剪承载力主要取决于混凝土强度、截面尺寸和箍筋数量。另外，剪跨比和纵筋配筋率对斜截面抗剪承载力也有一定的影响。

箍筋配置数量过多时（尤其对于薄腹梁），有效地制约了斜裂缝的扩展，因而出现了多条大致相互平行的斜裂缝，把腹板分割成若干个倾斜受压的棱柱体。最后，在箍筋未达到屈服的情况下，梁腹斜裂缝间的混凝土由于主压应力过大而发生斜压破坏。因此，这种梁的抗剪承载力是由构件截面尺寸和混凝土强度决定的。当箍筋的配置数量过少时，斜裂缝一旦出现，箍筋承担不了原来由混凝土负担的拉力，箍筋应力立即达到并超过屈服强度，并产生脆性的斜拉破坏。

综上所述，配置箍筋的多少，决定了梁的剪切破坏形态。配置箍筋的数量，在有关规范中规定了明确的限值。

配置箍筋的上限（最大配箍率）为

$$\rho_{sv,max}=\left(\frac{nA_{sv1}}{bs}\frac{f_{yv}}{f_c}\right) \tag{3.1}$$

当转换成剪力与截面尺寸的关系时截面尺寸应满足

$$V\leqslant 0.25f_c bh_0 \tag{3.2}$$

式中 n——在同一截面内箍筋的肢数；

A_{sv1}——单肢箍筋的截面面积；

s——沿构件长度方向上的箍筋间距；

h_0、b——构件截面有效高度、截面宽度或腹板厚度；

f_{yv}——箍筋的抗拉强度设计值；

f_c——混凝土轴心抗压强度设计值。

当箍筋数量较多、已达到式（3.1）的规定时，或梁的截面尺寸已不符合式（3.2）的条件时，增加的腹筋不能充分发挥作用，即梁剪坏时附加箍筋的应力达不到屈服强度。遇到这种情况时，应采用增大截面法进行加固。

配置箍筋的下限（最小配箍率）为

$$\rho_{sv,min}=\left(\frac{nA_{sv1}}{bs}\right)=0.02\frac{f_c}{f_{yv}} \tag{3.3}$$

当配箍率小于式（3.3）时，梁一旦出现斜裂缝，箍筋立即达到屈服强度，不再能阻止斜裂缝的开展，导致突然的斜拉破坏。对于这种情况的构件，宜采用增加箍筋的办法进行加固。

当配箍率在上下限之间偏于下限时，宜优先采用增配腹筋的办法加固，当配箍率偏于上限时，宜以增大截面为主，同时加配一定数量的箍筋。

3.2.2 梁、板加固的原因

混凝土梁、板是建筑工程中应用最为广泛的结构构件。在实际工程中，梁、板等受弯构件的加固任务是较多的。梁、板类受弯构件因承载力不足的加固，包括正截面加固和斜截面加固两方面的内容。梁、板承载力不足，是指梁、板的承载力不能满足预定的或新的使用要求，必须进行补强加固，才能保证构件的安全使用。承载力不足的外观表现是构件的挠度偏大，裂缝过宽、过长，钢筋严重锈蚀或受压区混凝土有压碎迹象等，这些都是在实际工程中易出现承载力不足的受弯构件的外观表现。引起这类构件承载力问题的原因很多，主要有施工质量不良、设计有误、使用不当、意外事故、改变用途和耐久性的终结等。

1. 施工质量不良

施工方面引起混凝土梁、板强度达不到设计要求的主要原因有钢筋少配或误配等。例如，施工中有时将悬臂阳台及雨篷板的钢筋错位至板的下部或中部，致使阳台及雨篷板根部严重开裂，甚至发生断裂倒塌。这类事故时有所闻，如湖南某县有四层楼房阳台因根部断裂而倒塌，事后查明，其原因在于该阳台板根部设计厚度为 100mm，而实际只有 80mm，且负弯矩钢筋位置下移了32mm。施工中，材料使用不当或失误是造成建筑物承载力不足的一个原因。例如，随意用光圆钢筋代替变形钢筋，使用受潮或过期水泥，未经设计或验算随便套用其他混凝土配合比，砂、石中的有害物质含量太大等，都将影响构件质量，导致承载力不足。

2. 设计有误

引起梁、板等受弯构件承载力不足的原因，在设计方面最主要的是计算简图与梁、板实际受力情况不符合，或者荷载漏算、少算等。例如，框架中的次梁通常为连续梁，若当作简支梁计算支座反力，并将这个反力作用在大梁上，则将使中间支座的反力少算，导致支承该次梁的大梁承载力不足。例如，某两幢相邻的砖混结构房屋的结构设计中，由于将次梁上的砖墙重量漏算，其中一幢房屋的主梁发生剪切破坏（由于次梁偏向主梁支座），而另幢房屋的主梁发生受弯破坏（次梁位于主梁跨中处）。在设计中，细部考虑不周会引起局部损坏，例如在预应力钢筋锚区附近由于预应力筋和其他钢筋交错配件，混凝土浇捣不密实时就会引起局部破坏和损伤。

3. 使用不当

梁、板承载力不足的另一个原因，是使用过程中严重超载。例如，邯郸市某厂房屋盖，原设计为厚度40mm的泡沫混凝土，后改为厚度100mm的炉渣白灰，下雨后因浸水容重大增，实际荷载达到设计荷载的1.93倍造成屋盖倒塌。另外，由于使用功能的改变，也是导致梁、板承载力不足的原因。例如，厂房因生产工艺的改变需增添或更新设备，桥梁因通车量的增加或大吨位汽车的通过，民用建筑的加层或功能的改变（如改做仓库、舞厅等），这些都会使梁、板所承受的荷载增大，导致其承载力不足。

4. 其他原因

造成构件承载力不足的其他原因有地基不均匀下沉，构件形式的影响，构件耐久性不足，钢筋锚固不足、搭接长度不够、焊接不牢，荷载的突然作用等。

1）地基的不均匀沉降，会使梁产生附加应力。

2）构件形式的影响。例如，采用薄腹梁虽有不少优点，但是有一定数量的薄腹梁会产生较严重的斜裂缝。当60%~80%的设计荷载作用于薄腹梁附近就会出现斜裂缝，并呈枣核形迅速向上、向下开展。在长期荷载作用下，裂缝数量和长度均会有所增加。如某工厂车间发现薄腹梁有斜裂缝，经过抹灰后三个月观察发现，斜裂缝不停地发展，一直延伸到截面的受压区，最大裂缝宽度达0.5mm。薄腹梁产生斜裂缝的主要原因，除混凝土强度过低，还有腹板设计过薄和腹筋配置不足等问题。由于构件的斜截面受剪破坏呈脆性破坏，所以当薄腹梁的斜裂缝较宽时，一般应及时进行加固。

3）构件耐久性不足会导致钢筋严重锈蚀，甚至锈断，严重影响承载力。例如，1935年建成的宁波奉化桥为混凝土T形梁桥，由于长期超载行驶，混凝土保护层开裂、剥落严重，主筋外露、锈蚀，第1~3孔边梁有3根钢筋锈断，部分钢筋面积只剩一半，大梁挠度值最大达57mm，为此该桥在1981年采用预应力法进行了加固。

3.2.3 混凝土柱加固的原因

在实际工程中，引起钢筋混凝土柱承载力不足的原因主要有：

（1）设计考虑不周或错误 例如，荷载漏算、截面偏小、计算错误等问题。某内框架结构房屋，地下1层，地上7层，竣工3个月后发现地下室圆形柱的顶部出现裂缝。起初只有 3 条，经过 10 天后，增加至 15 条，其宽度由 0.3mm 扩展到 2~3mm。再过 15 天后，发现裂缝处的箍筋被拉断，柱子倾斜 1.68~4.75cm，裂缝不断扩展。分析认为，这是由于设计中将偏心受压柱误按轴心受压柱计算所致。经复核，该柱设计极限承载力为 1167kN，而实际承受的荷载达 1412kN。因此，该柱需进行加固。

（2）施工质量差　此类问题包括建筑材料不符合规定、施工质量不合格、施工程序不合格。使用含杂质较多的砂、石和不合格的水泥会造成混凝土强度明显低于设计要求。例如，某 5 层办公楼为框架结构，长 16.1m，宽 8.6m。在第 3 层楼面施工时，发现底层 6 根柱子的混凝土质地松散，经测定，其混凝土强度不足 10MPa。事故分析认为，是采用了无出厂合格证明的水泥所致，另外施工中存在混凝土浇捣、养护不良的问题。很多工程在竣工使用四五年之后发现柱子多处爆裂，查其原因是碱骨料反应或骨料中含有方镁石（MgO）等杂质，方镁石吸水生成水镁石 $Mg(OH)_2$ 时体积膨胀，导致混凝土爆裂。

（3）施工人员业务水平低，工作责任心不强　例如，钢筋下料长度不足，搭接和锚固长度不符合要求，钢筋号码编错，配筋不足等。再如，某教学楼为 10 层框剪结构，施工时，误将第 6 层的柱子断面及配筋用于第 4、5 层，错编了配筋表，使第 4、5 层的内跨柱少配钢筋达 $4453mm^2$，占设计配筋面积的 66%，外跨柱少配钢筋 $1315mm^2$，占应配钢筋面积的 39%，造成严重的责任事故。

（4）施工现场管理不善　施工现场常发生将钢筋撞弯、偏移，或将模板撞斜，未予扶正或调直就浇捣混凝土的事件。例如，某工厂的现浇钢筋混凝土 5 层框架，施工过程中在吊运大构件时不小心带动了框架模板，导致第 2 层框架严重倾斜，角柱倾斜值达 80mm。又如，某地一幢钢筋混凝土现浇框架结构房屋，在施工时出于支模不牢，浇捣混凝土时柱子模板发生倾斜，导致柱子纵向钢筋就位不准，当框架梁浇捣完毕，柱子纵向钢筋外露。为了保证柱子钢筋的保护层厚度，施工人员错误地将纵筋弯折。这些施工事件，如不及时对构件进行补强加固，势必造成重大结构隐患。

（5）地基不均匀沉降　地基不均匀沉降使柱产生附加应力，造成柱子严重开裂或承载力不足。例如，南京某厂的厂房建于软土地基上，厂房上部结构为钢筋混凝土柱和屋架组成的单层排架结构，基础为钢筋混凝土独立基础，厂房跨度 21m，全长 44m，建成数年后因产量增加，堆料越来越多，导致产生 216~422mm 的不均匀沉降，使钢筋混凝土柱产生不同方向的倾斜。柱牛腿处因承受不了额外的柱顶水平力而普遍严重开裂，吊车卡轨，最终因不能使用而停产。最终不得不对柱进行加固，并修复厂房。

（6）商品混凝土的质量不及设计要求　目前，商品混凝土的应用越来越广，特别是在城市市区。一般来说，商品混凝土的质量比自拌混凝土的质量有保证，但稍不注意，也会产生一些质量问题。由于商品混凝土的运输路线较长，或者路上交通阻塞，或在施工现场等待时间较长等原因，车内的混凝土已过初凝期，施工人员掺水重拌后继续使用，导致混凝土强度下降。如上海西区某 18 层商住楼在浇捣底层柱时就发生了这种情况，后来不得不对这些柱进行加固。商品混凝土在现场浇捣时都是采用泵送，一般导管内的润管砂浆是弃置不用的，但有的施工单位为了省事省钱，将润管砂浆注入柱内，且集中于一处，使某段柱成为“砂浆柱”。如上海市中心某 26 层商办楼，在施工第 5 层的设备层时就发生了这种情况，发现有两根柱在该层柱底集中了大量润管砂浆，后不得不进行置换加固。

引起柱子承载力不足的原因远不止上述几种，还有如：因火灾高温将混凝土烧酥，并使钢筋及混凝土强度下降；因遭车辆等突然撞击，使柱子严重撞伤；因加层改造上部结构或改变使用功能使柱承受荷载增加等。

3.3 混凝土结构的加固方法

在工程实践中，各种梁板受弯构件常出现的承载力问题。此时，首先应对其原因进行分析，然后确定加固方案，选择加固方法。加固的方法有增大截面法、预应力法、增补受拉钢筋法、粘贴钢板法等。这些加固方法适用于屋面梁、楼面梁、吊车梁、公路桥梁、框架梁，以及屋面板、楼板等各种受弯构件。

在了解混凝土柱的破坏特征、破坏原因并做出需加固的判断之后，应根据柱子的外观、验算结果及现场条件等因素选择合适的加固方法，及时进行加固。在加固钢筋混凝土柱时，判明其受力特征是非常重要的。如果钢筋混凝土柱是大偏心受压，则对柱的受拉一侧进行加固是较为有效的；如果是小偏心受压，则应对柱的受压较大一侧进行加固。混凝土柱的加固方法有多种，常用的有增大截面法、置换法、外包钢法、预加应力法。有时还采用卸除外载法和增加支撑法等。

3.3.1 预应力加固法

1. 概念及适用范围

预应力加固法一般是用预应力筋对建筑物的梁或板进行加固的一种方法。这种方法不仅具有施工简便的特点，而且在基本不增加梁、板截面高度和不影响结构使用空间的条件下，可提高梁和板的抗弯、抗剪承载力，改善其在使用阶段的性能。根据预应力筋的情况，一种是在既有梁的体外通过锚固端与支撑点传递力，即体外预应力加固法；另一种是张拉后再浇混凝土，通过新旧混凝土之间的黏结来传递力。前者简单，能达到加固效果，在工程中应用较多。体外预应力加固法是指通过施加体外预应力，使既有结构、构件的受力得到改善或调整的一种间接加固法。体外预应力加固法包括无黏结钢绞线体外预应力加固法、普通钢筋体外预应力加固法、型钢预应力撑杆加固法三种加固方法。

体外预应力加固方法适用于下列钢筋混凝土结构构件的加固：以无黏结钢绞线为预应力下撑式拉杆时，宜用于连续梁和大跨简支梁的加固；以普通钢筋为预应力下撑式拉杆时，宜用于一般简支梁的加固；以型钢为预应力撑杆时，宜用于柱的加固，但不适用于素混凝土构件（包括纵向受力钢筋一侧配筋率小于0.2%的构件）的加固。

预应力加固法主要是由于预应力所产生的负弯矩抵消了一部分荷载弯矩，使梁、板弯矩减小，裂缝宽度缩小甚至完全闭合，当采用元宝式预应力筋加固梁时，其效果将更佳。因此，在梁的加固工程中，预应力加固法的应用日趋广泛。例如，某桥工字形梁，跨宽为20m，在加固前跨中挠度达5.4cm，裂缝最宽处达0.5mm。采用下撑式预应力筋加固后，最大的一跨除抵消荷载挠度，还上拱0.47cm。又如，某厂房的薄腹屋面梁使用一年后出现许多裂缝，其中一根薄腹梁上有63条裂缝，个别裂缝贯穿整个腹板高度，裂缝最宽达0.6mm。分析其原因，是由于腹板太薄（厚度只有100mm）、腹筋过少及混凝土强度偏低，采用下撑式预应力筋进行加固后，斜裂缝和垂直裂缝都有明显闭合，使用情况良好。

采用体外预应力方法对钢筋混凝土结构、构件进行加固时，其既有构件的混凝土强度等级不宜低于 C20，新增的预应力拉杆、锚具、垫板、撑杆、缀板及各种紧固件等均应进行可靠的防锈蚀处理，而且长期使用的环境温度不应高于 60℃。

2. 预应力加固工艺

预应力筋加固梁、板的基本工艺是：首先在需加固的受拉区段外补加预应力筋，然后张拉预应力筋，并将其锚固在梁（板）的端部。

下面分别叙述预应力筋张拉及锚固的方法及工艺。

（1）预应力筋张拉　通常，加固梁的预应力筋置于梁体之外，所以预应力张拉也是在梁体外进行的。张拉的方法有多种，常用的有千斤顶张拉法、横向收紧法、竖向张拉法、电热张拉法。

1）千斤顶张拉法是一种用千斤顶在预应力筋的顶端进行张拉并锚固的方法，较适用于元宝筋。对于直线筋，由于在梁端放置千斤顶较为困难，因此往往不易实现。

2）横向收紧法是一种横向预加应力的方法。其原理是在加固筋两端被锚固的情况下，利用测力扳手和螺栓等简易工具迫使加固筋由直变曲产生拉伸应变，从而在加固筋中建立预应力。

3）竖向张拉法包括人工竖向张拉法和千斤顶竖向张拉法两种。人工竖向张拉法又分为人工竖向收紧张拉和人工竖向顶撑张拉。

图 3-3 为人工竖向张拉法。其中图 3-3a 所示为竖向收紧张拉，带钩的收紧螺栓 3 在穿过带加强肋的钢板 4 后被钩在加固筋 2 上（拉杆的初始形状可以是直线的，也可以是曲线的），当拧动收紧螺栓的螺母时，加固筋即向下移动，使其由直变曲或增加曲度，从而建立了预应力；图 3-3b 所示为竖向顶撑张拉，图中 7 为固定在梁底面的钢板，8 为焊接在加固筋上的下钢板（其上焊有螺母），当拧动顶撑螺钉 6 时，上下钢板的距离变大，迫使加固筋下移，从而建立了预应力。

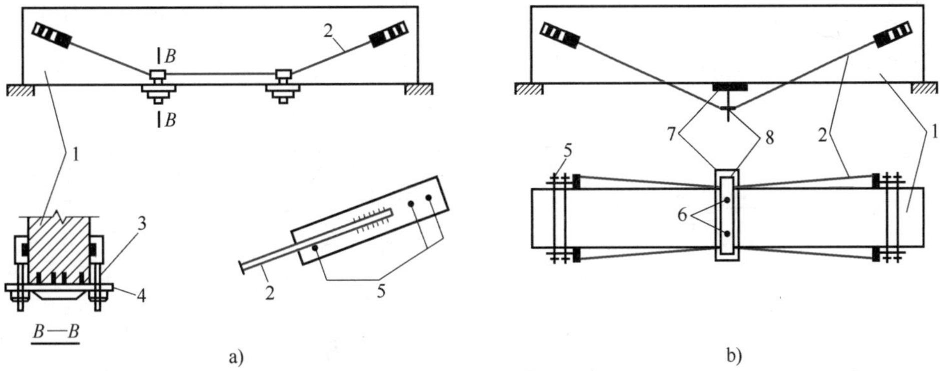

图 3-3　人工竖向张拉预应力筋

a）人工竖向收紧张拉　b）人工竖向顶撑张拉

1—原梁　2—加固筋　3—收紧螺栓　4—钢板　5—高强螺栓　6—顶撑螺钉　7—上钢板　8—下钢板

图 3-4 为用千斤顶竖向张拉屋架预应力加固筋的装置。其加固工艺为：加固筋 1 被定位后，将其两端锚固在锚板上；用带钩的张拉架 3 将千斤顶 4 挂在加固筋上（千斤顶的端部带有斜形楔块）；起动千斤顶，将加固筋拉离加固支座 2，待张拉达到要求后，在加固筋与加固支座间的缝隙内嵌入钢垫板即可。

4）电热张拉法的工艺为：对加固筋通以低电压的大电流，使加固筋发热伸长，伸长值达到要求后切断电流，并立即将两端锚固。随后，加固筋恢复到常温而产生收缩变形，从而在加固筋中产生预应力。

(2) 预应力筋锚固 预应力筋的锚固方法通常有U形钢板锚固、高强螺栓摩擦-黏结锚固、焊接黏结锚固、扁担式锚固、利用既有预埋件锚固、套箍锚固等。

1）U形钢板锚固的工艺如下：将既有梁端部的混凝土保护层凿去，并在其上涂以环氧砂浆；把与梁同宽的U形钢板紧紧地卡在环氧砂浆上；将加固筋焊接或锚接在U形钢板的两侧（图3-5a）。

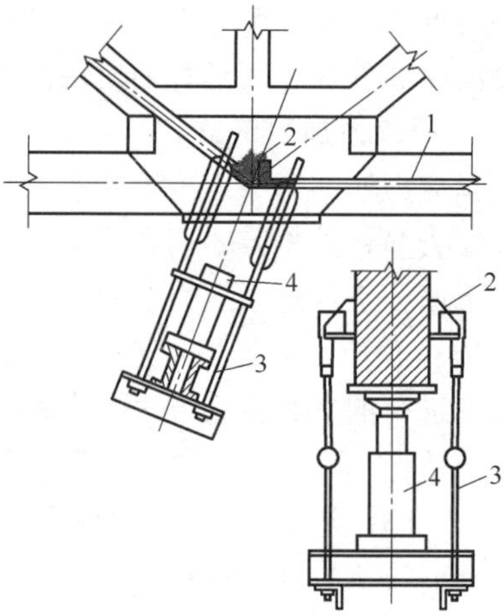

图3-4 千斤顶竖向张拉预应力筋

1—预应力加固筋 2—加固支座 3—张拉架 4—千斤顶

2）高强螺栓摩擦-黏结锚固是根据钢结构中高强螺栓的工作原理提出来的，其工艺是：在原梁及钢板上钻出与高强螺栓直径相同的孔；在钢板和原梁上各涂一层环氧砂浆或高强水泥砂浆后，用高强螺栓将钢板紧紧地压在原梁上，以产生黏结力和摩擦力；将预应力筋锚固在与钢板焊接的凸缘上，或直接焊接在钢板上（图3-5b）。

3）焊接黏结锚固是把加固筋直接焊接在原钢筋应力较小区段上并用环氧砂浆黏结的锚固方法（图3-5c）。在钢筋混凝土梁中，钢筋在某区段的应力很小，甚至为零，如在连续梁反弯点处、简支梁的端部。这说明钢筋强度没有被充分利用，尚有储备。因此，把加固筋焊接在这些部位的原筋上，并用环氧砂浆将加固筋黏结在斜向的沟槽内。

4）扁担式锚固是指在原梁的受压区增设钢板或钢板托套（图3-5d中B端），将加固筋固定在钢板（或托套）上的一种锚固方法。施工时，应用环氧砂浆将钢板粘固在原梁上，以防钢板滑动。

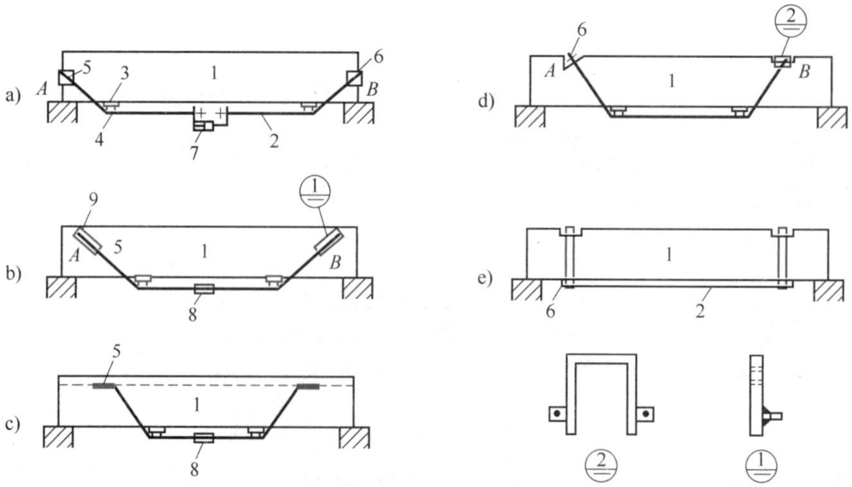

图3-5 预应力筋锚固方法

1—原梁 2—加固筋 3—上钢板 4—下钢板 5—焊接 6—螺栓

7—外拉式千斤顶 8—锚接接头 9—高强螺栓

5）利用既有预埋件锚固，如果被加固的梁端有合适的预埋件，将加固筋焊接在此预埋件上，就可以达到锚固的目的。

6）套箍锚固是指把型钢做成的钢框嵌套在原梁上，并将预应力筋锚固在钢模上的一种锚固方法。施工时，应除去钢框处的混凝土保护层，并用环氧砂浆固定钢框（图3-5e）。

3. 加固方法及计算

体外预应力加固法包括无黏结钢绞线体外预应力加固法、普通钢筋体外预应力加固法、型钢预应力撑杆加固法三种。

（1）无黏结钢绞线体外预应力加固法计算　采用无黏结钢绞线预应力下撑式拉杆加固受弯构件时，除应符合现行国家标准《混凝土结构设计规范》正截面承载力计算的基本假定，尚应符合下列规定：构件达到承载能力极限状态时，假定钢绞线的应力等于施加预应力时的张拉控制应力，即假定钢绞线的应力增量值与预应力损失值相等；当采用一端张拉而连续跨的跨数超过两跨，或采用两端张拉而连续跨的跨数超过四跨时，距张拉端两跨以上的梁由摩擦力引起的预应力损失有可能大于钢绞线的应力增量，此时可采用下列两种方法加以弥补，一是在跨中设置拉紧螺栓，采用横向张拉的方法补足预应力损失值，二是将钢绞线的张拉预应力提高至 $0.75f_{ptk}$，计算时仍按 $0.70f_{ptk}$ 取值；无黏结钢绞线体外预应力产生的纵向压力在计算中不予计入，仅作为安全储备；在达到受弯承载力极限状态前，无黏结钢绞线应锚固可靠。

受弯构件加固后的相对界限受压区高度 ξ_{pb} 取加固前控制值的0.85倍，即 $\xi_{pb}=0.85\xi_b$。

当采用无黏结钢绞线体外预应力加固矩形截面受弯构件时（图3-6），其正截面承载力应按下式确定

$$M\leqslant\alpha_1 f_{c0}bx\left(h_p-\frac{x}{2}\right)+f'_{y0}A'_{s0}(h_p-a')-f_{y0}A_{s0}(h_p-h_0) \tag{3.4}$$

$$\alpha_1 f_{c0}bx=\sigma_p A_p+f_{y0}A_{s0}-f'_{y0}A'_{s0} \tag{3.5}$$

$$2a'\leqslant x\leqslant\xi_{pb}h_0 \tag{3.6}$$

式中　M——弯矩（包括加固前的初始弯矩）设计值；

α_1——计算系数：当混凝土强度等级不超过C50时，取 $\alpha_1=1.0$；当混凝土强度等级为C80时，取 $\alpha_1=0.94$；其间按线性内插法确定；

f_{c0}——混凝土轴心抗压强度设计值；

x——混凝土受压区高度；

b、h——矩形截面的宽度和高度；

f_{y0}、f'_{y0}——既有构件受拉钢筋和受压钢筋的抗拉、抗压强度设计值；

A_{s0}、A'_{s0}——既有构件受拉钢筋和受压钢筋的截面面积；

a'——纵向受压钢筋合力点至混凝土受压区边缘的距离；

h_0——构件加固前的截面有效高度；

h_p——构件截面受压边至无黏结钢绞线合力点的距离，可近似取 $h_p=h$；

σ_p——预应力钢绞线应力值，取 $\sigma_p=\sigma_{p0}$，σ_{p0} 为预应力钢绞线张拉控制应力；

A_p——预应力钢绞线截面面积。

一般加固设计时，可根据式（3.4）计算出混凝土受压区的高度 x，然后代入式（3.5），即可求出预应力钢绞线的截面面积 A_p。

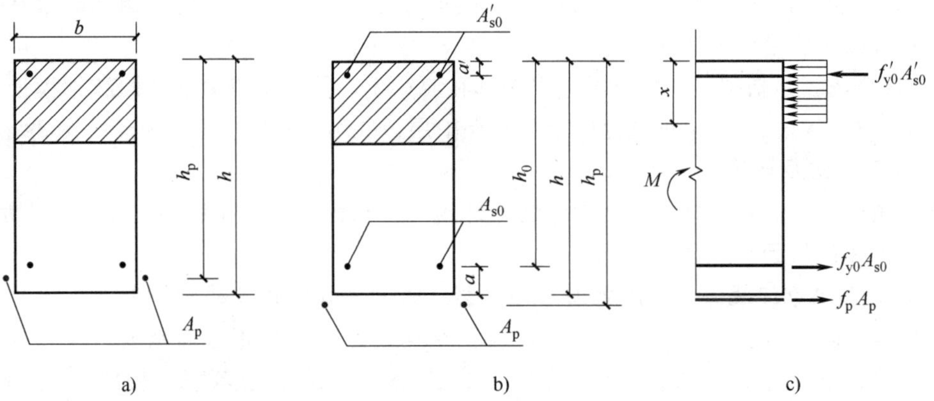

图 3-6　矩形截面正截面受弯承载力计算

a）钢绞线位于梁底以上　b）钢绞线位于梁底以下　c）对应于 b）的计算简图

当采用无黏结钢绞线体外预应力加固矩形截面受弯构件时，其斜截面承载力应按下式确定

$$V \leqslant V_{b0} + V_{bp} \tag{3.7}$$

$$V_{bp} = 0.8\sigma_p A_p \sin\alpha \tag{3.8}$$

式中　V——支座剪力设计值；

V_{b0}——加固前梁的斜截面承载力，应按现行《混凝土结构设计规范》计算；

V_{bp}——采用无黏结钢绞线体外预应力加固后，梁的斜截面承载力的提高值；

α——支座区段钢绞线与梁纵向轴线的夹角。

（2）普通钢筋体外预应力加固法计算　采用普通钢筋预应力下撑式拉杆加固简支梁时，应按下列规定进行计算：估算预应力下撑式拉杆的截面面积 A_p；计算在新增外荷载作用下该拉杆中部水平段产生的作用效应增量 ΔN；确定下撑式拉杆应施加的预应力值 σ_p；验算梁的正截面及斜截面承载力；预应力张拉控制量应按所采用的施加预应力方法计算。

当采用两根预应力下撑式拉杆进行横向张拉时，拉杆中部横向张拉量 ΔH 可按下式验算

$$\Delta H \leqslant (L_2/2)\sqrt{2\sigma_p/E_s} \tag{3.9}$$

加固梁挠度 ω 的近似值，可按下式进行计算

$$\omega = \omega_1 - \omega_p + \omega_2$$

式中　ω_1——加固前梁在原荷载标准值作用下产生的挠度，计算时，梁的刚度 B_1 可根据既有梁开裂情况近似取（0.35~0.50）E_cI_0（E_c 为原梁的混凝土弹性模量，I_0 为既有梁的换算截面惯性矩）；

ω_p——张拉预应力引起的梁的反拱，计算时，梁的刚度 B_p 可近视取为 $0.75E_cI_0$；

ω_2——加固结束后，在后加荷载作用下梁产生的挠度，计算时，梁的刚度 B_2 可取等于 B_p。

（3）型钢预应力撑杆加固法计算　采用预应力双侧撑杆加固轴心受压的钢筋混凝土柱时，应按下列规定进行计算：确定加固后轴向压力设计值 N；按式（3.10）计算原柱的轴心受压承载力 N_0 设计值；按公式 $N_1 = N - N_0$ 计算撑杆承受的轴向压力 N_1 设计值；按

式（3.11）计算预应力撑杆的总截面面积；按式（3.12）验算柱加固后轴心受压承载力设计值；按现行国家标准《钢结构设计规范》进行缀板的设计计算，其尺寸和间距应保证撑杆受压肢及单根角钢在施工时不致失稳；设计应规定撑杆安装时需预加的压应力值 σ'_{p}，并按式（3.13）验算；设计规定的施工控制量，应按采用的施加预应力方法计算。

$$N_0=0.9\varphi(f_{c0}A_{c0}+f'_{y0}A'_{s0}) \tag{3.10}$$

$$N_1\leqslant\varphi\beta_2 f'_{py}A'_{p} \tag{3.11}$$

$$N\leqslant0.9\varphi(f_{c0}A_{c0}+f'_{y0}A'_{s0}+\beta_3 f'_{py}A'_{p}) \tag{3.12}$$

$$\sigma'_{p}\leqslant\varphi_1\beta_3 f'_{py} \tag{3.13}$$

式中 φ——既有柱的稳定系数；

A_{c0}——既有柱的截面面积；

f_{c0}——既有柱的混凝土抗压强度设计值；

A'_{s0}——既有柱的纵向钢筋总截面面积；

f'_{y0}——既有柱的纵向钢筋抗压强度设计值；

β_2——撑杆与原柱的协同工作系数，取0.9；

f'_{py}——撑杆钢材的抗压强度设计值；

A'_{p}——预应力撑杆的总截面面积；

φ_1——撑杆的稳定系数：确定该系数所需的撑杆计算长度，当采用横向张拉方法时，取其全长的1/2；当采用顶升法时，取其全长，按格构式压杆计算其稳定系数；

β_3——经验系数，取0.75。

1）当用千斤顶、楔子等进行竖向顶升安装撑杆时，顶升量 ΔL 可按下式计算

$$\Delta L=\frac{L\sigma'_{p}}{\beta_4 E_a}+a_1 \tag{3.14}$$

式中 E_a——撑杆钢材的弹性模量；

L——撑杆的全长；

a_1——撑杆端顶板与混凝土间的压缩量，取2~4mm；

β_4——经验系数，取0.90。

2）当用横向张拉法（图3-7）安装撑杆时，横向张拉量 ΔH 按下式验算

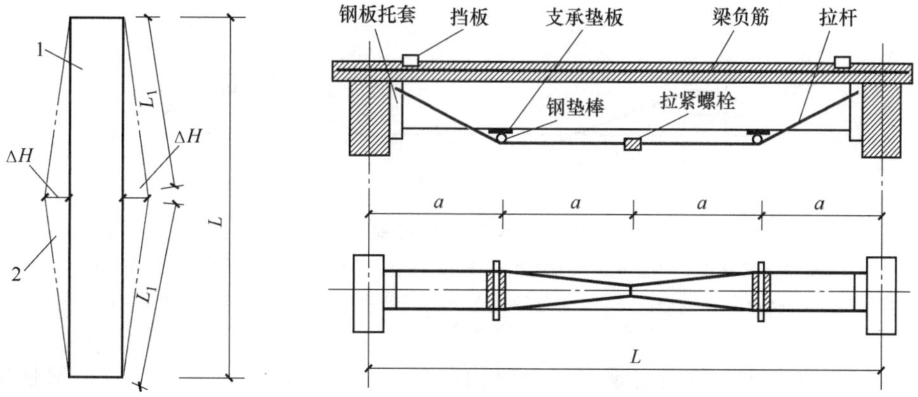

图3-7 预应力撑杆横向张拉量计算

1—被加固柱 2—撑杆

$$\Delta H \leqslant \frac{L}{2}\sqrt{\frac{2.2\sigma_{\mathrm{p}}'}{E_{\mathrm{a}}}}+a_2 \tag{3.15}$$

式中 a_2——综合考虑各种误差因素对张拉量影响的修正项，可取5~7mm。

采用单侧预应力撑杆加固弯矩不变号的偏心受压柱时，应按下列规定进行计算：确定该柱加固后轴向压力 N 和弯矩 M 的设计值；确定撑杆肢承载力，可试用两根较小的角钢或一根槽钢作撑杆肢；该柱加固后需承受的偏心受压荷载；该柱截面偏心受压承载力；缀板的设计；撑杆施工时应预加的压应力值。采用双侧预应力撑杆加固弯矩变号的偏心受压钢筋混凝土柱时，可按受压荷载较大一侧用单侧撑杆加固的步骤进行计算。选用的角钢截面面积应能满足柱加固后需要承受的最不利偏心受压荷载；柱的另一侧应采用同规格的角钢组成压杆肢，使撑杆的双侧截面对称。

4. 构造规定

(1) 无黏结钢绞线体外预应力加固法

1）钢绞线的布置（图3-8）应符合下列规定：钢绞线应成对布置在梁的两侧；其外形应为设计所要求的折线形；钢绞线形心至梁侧面的距离宜取为40mm。

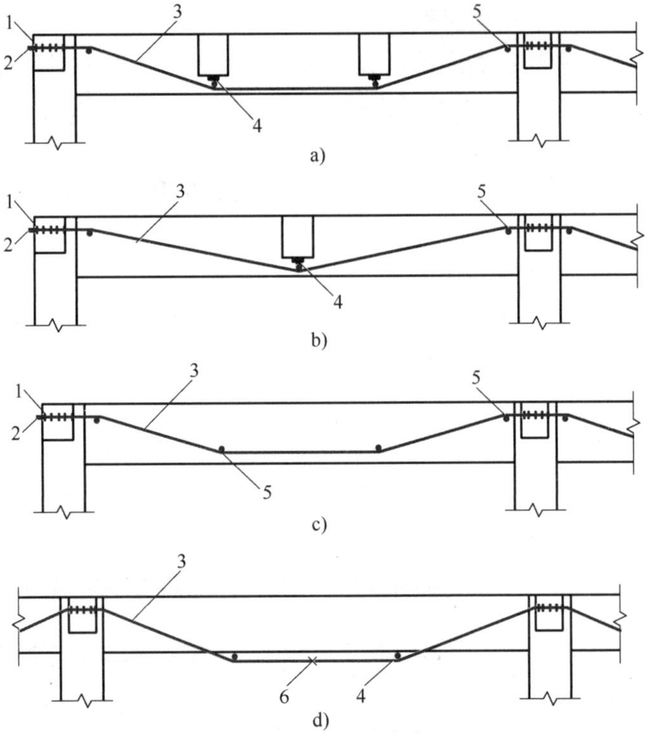

图3-8 钢绞线的布置方式

a）钢绞线布置形式1 b）钢绞线布置形式2 c）钢绞线布置形式3 d）钢绞线布置形式4

1—钢垫板 2—锚具 3—无黏结钢绞线 4—支承垫板 5—钢吊棍 6—拉紧螺栓

2）钢绞线跨中水平段的支承点，对纵向张拉，宜设在梁底以上的位置；对横向张拉，应设在梁的底部；若纵向张拉的应力不足，尚应依靠横向拉紧螺栓补足时，则支承点也应设在梁的底部。

3）中间连续节点的支承构造，应符合下列规定：

① 当中柱侧面至梁侧面的距离不小于 100mm 时，可将钢绞线直接支承在柱子上（图 3-9a）。

② 当中柱侧面至梁侧面的距离小于 100mm 时，可将钢绞线支承在柱侧的梁上（图 3-9b）。柱侧无梁时可用钻芯机在中柱上钻孔，设置钢吊棍，将钢绞线支承在钢吊棍上（图 3-9c）。

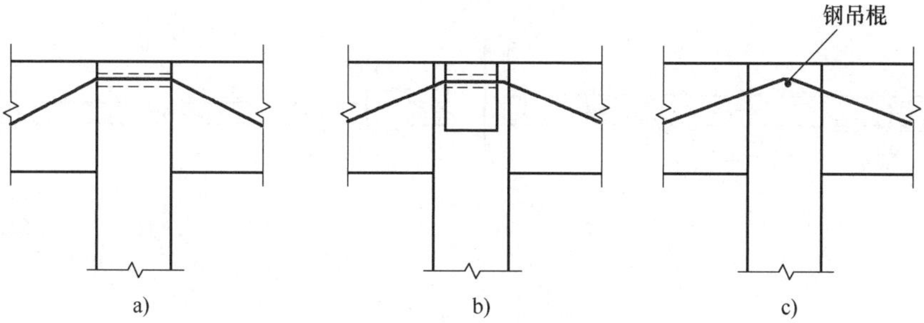

图 3-9　中间连续节点构造方法

a）钢绞线直接支承在柱上　b）钢绞线支承在柱侧的梁上　c）钢绞线支承在钢吊棍上

③ 当钢绞线在跨中的转折点设在梁底以上位置时，应在中间支座的两侧设置钢吊棍，以减少转折点处的摩擦力。若钢绞线在跨中的转折点设在梁底以下位置，则中间支座可不设钢吊棍。

④ 钢吊棍可采用 $\phi50$ 或 $\phi60$ 厚壁钢管制作，内灌细石混凝土。若混凝土孔洞下部的局部承压强度不足，可增设内径与钢吊棍相同的钢管垫，用锚固型结构胶或堵漏剂坐浆。

⑤ 当支座负弯矩承载力不足需要加固时，中间支座水平段钢绞线的长度应按计算确定。此时若梁端截面的受剪承载力不足，可采用粘贴碳纤维 U 形箍或钢板箍的方法解决。

（2）普通钢筋体外预应力加固法

1）采用普通钢筋预应力下撑式拉杆加固时，其构造应符合下列规定：

① 采用预应力下撑式拉杆加固梁，当其加固的张拉力不大于 150kN 时，可用两根 HPB300 级钢筋；当加固的预应力较大时，宜用 HRB400 级钢筋。

② 预应力下撑式拉杆中部的水平段距被加固梁下缘的净空宜为 30～80mm。

③ 预应力下撑式拉杆（图 3-10）的斜段宜紧贴在被加固梁的梁肋两旁；在被加固梁下应设厚度不小于 10mm 的钢垫板，其宽度宜与被加固梁宽相等，其梁跨度方向的长度不应小于板厚的 5 倍；钢垫板下应设直径不小于 20mm 的钢筋棒，其长度不应小于被加固梁宽加 2 倍拉杆直径再加 40mm；钢垫板宜用结构胶固定位置，钢筋棒可用点焊固定位置。

2）预应力下撑式拉杆端部的锚固构造应符合下列规定：

① 被加固构件端部有传力预埋件可利用时，可将预应力拉杆与传力预埋件焊接，通过焊缝传力。当无传力预埋件时，宜焊制专门的钢套箍，套在梁端与焊在负筋上的钢挡板相抵承，也可套在混凝土柱上与拉杆焊接。

② 钢套箍可用型钢焊成，也可用钢板加焊加劲肋制成（图 3-10②）。钢套箍与混凝土构件间的空隙，应用细石混凝土或自密实混凝土填塞。钢套箍与既有构件混凝土间的局部受压承载力应验算合格。

③ 横向张拉宜采用工具式拉紧螺杆（图 3-10④）。拉紧螺杆的直径应按张拉力的大小计算确定，但不应小于 16mm，其螺母的高度不得小于螺杆直径的 1.5 倍。

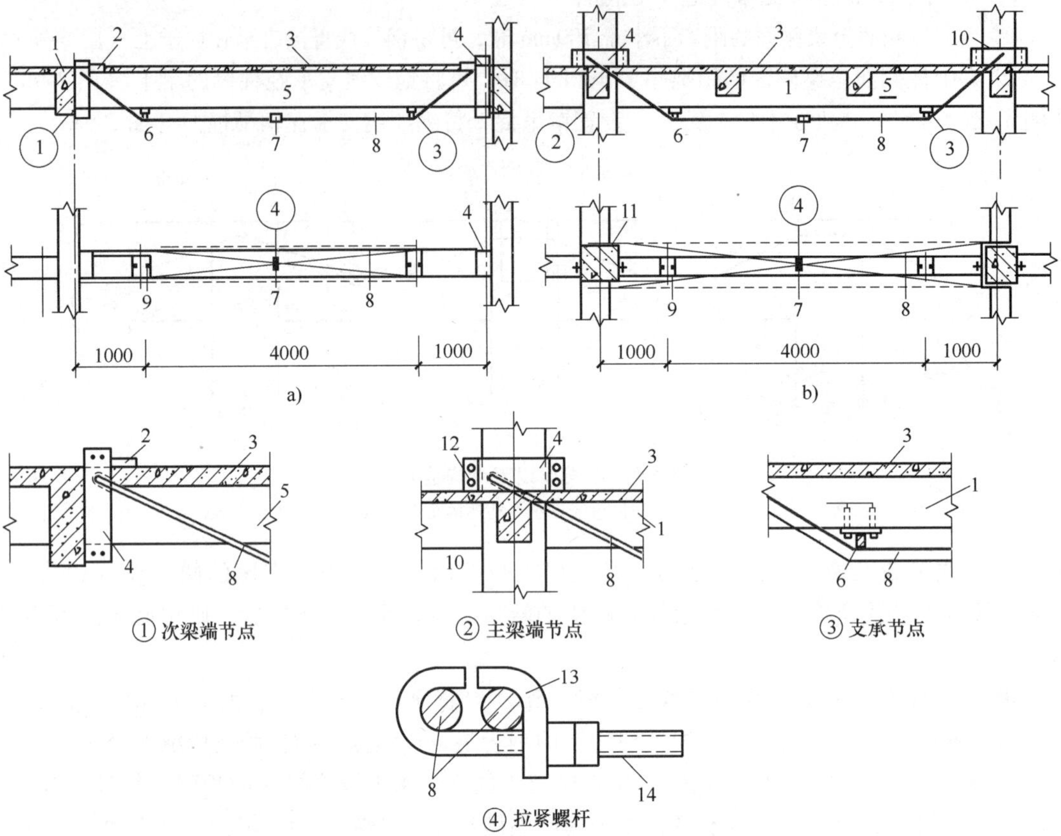

图 3-10　预应力下撑式拉杆构造

a）次梁处预应力下撑式拉杆构造　b）主梁处预应力下撑式拉杆构造

1—主梁　2—挡板　3—楼板　4—钢套箍　5—次梁　6—支撑垫板及钢筋棒　7—拉紧螺栓　8—拉杆　9—螺栓　10—柱　11—钢托套　12—双帽螺栓　13—L形卡板　14—弯钩螺栓

(3) 型钢预应力撑杆加固法

1）采用预应力撑杆进行加固时，其构造设计应符合下列规定：

① 预应力撑杆用角钢的截面不应小于 50mm×50mm×5mm。压杆肢的两根角钢用缀板连接，形成槽形的截面；也可用单根槽钢做压杆肢。缀板的厚度不得小于 6mm，宽度不得小于 80mm，长度应按角钢与被加固柱之间的空隙大小确定。相邻缀板间的距离应保证单个角钢的长细比不大于 40。

② 压杆肢末端的传力构造（图 3-11），应采用焊在压杆肢上的顶板与承压角钢顶紧，通过抵承传力。承压角钢嵌入被加固柱的柱身混凝土或柱头混凝土内不应少于 25mm。传力顶板宜用厚度不小于 16mm 的钢板，传力顶板与角钢肢焊接的板面及与承压角钢抵承的面均应刨平。承压角钢截面不得小于 100mm×75mm×12mm。

2）当预应力撑杆采用螺栓横向拉紧的施工方法时，双侧加固的撑杆，其两个压杆肢的中部应向外弯折，并在弯折处采用工具式拉紧螺杆建立预应力并复位（图 3-12）。单侧加固的撑杆只有一个压杆肢，仍应在中点处弯折，并采用工具式拉紧螺杆进行横向张拉与复位（图 3-13）。

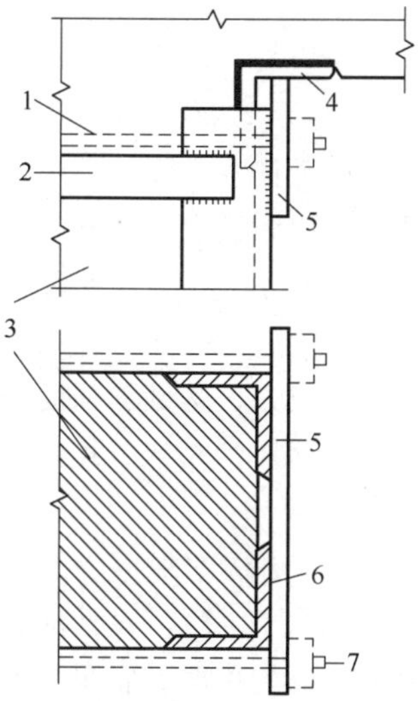

图 3-11　压杆肢末端的传力构造

1—安装用螺杆　2—箍板　3—既有柱　4—承压角钢，用结构胶加锚栓粘贴锚固　5—传力顶板　6—角钢撑杆　7—安装用螺杆

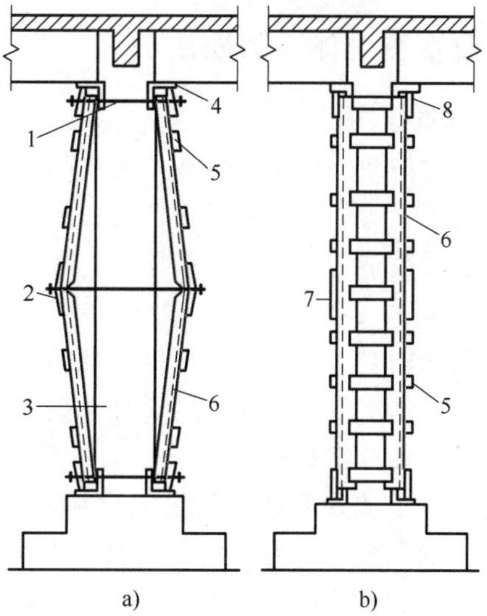

图 3-12　钢筋混凝土柱双侧预应力加固撑杆构造

a）未施加预应力　b）已施加预应力

1—安装螺栓　2—工具式拉紧螺杆　3—被加固柱　4—传力角钢　5—箍板　6—角钢撑杆　7—加宽箍板　8—传力顶板

3）压杆肢的弯折与复位的构造应符合下列规定：弯折压杆肢前，应在角钢的侧立肢上切出三角形缺口，缺口背面应补焊钢板予以加强（图 3-14）；弯折压杆肢的复位应采用工具式拉紧螺杆，其直径应按张拉力的大小计算确定，但不应小于 16mm，其螺母高度不应小于螺杆直径的 1.5 倍。

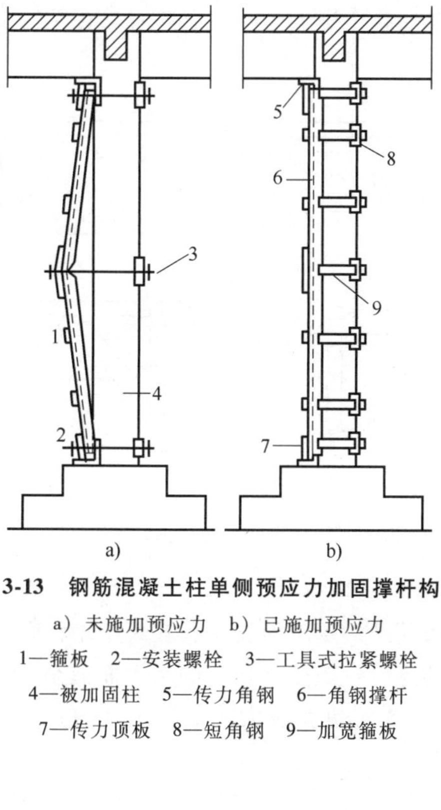

图 3-13　钢筋混凝土柱单侧预应力加固撑杆构造

a）未施加预应力　b）已施加预应力

1—箍板　2—安装螺栓　3—工具式拉紧螺栓　4—被加固柱　5—传力角钢　6—角钢撑杆　7—传力顶板　8—短角钢　9—加宽箍板

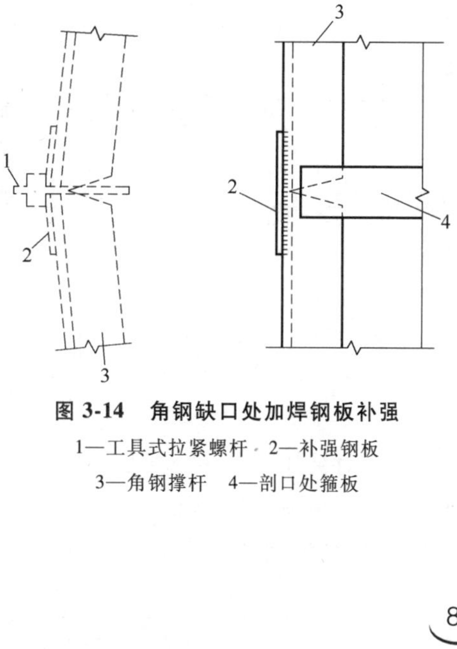

图 3-14　角钢缺口处加焊钢板补强

1—工具式拉紧螺杆　2—补强钢板

3—角钢撑杆　4—剖口处箍板

3.3.2 改变受力体系加固法

1. 基本概念

改变受力体系加固法包括在梁的中间部位增设支点加固法、托梁拔柱加固法、将多跨简支梁变为连续梁等。常用的做法还有：将简支梁改变为连续梁体系加固法（空心板、T梁）；将多跨简支梁改造为连续简支梁体系；增加辅助墩法（空心板、T梁）；八字支撑法；钢索斜拉加固等。

改变结构的受力体系能大幅度降低结构的内力，提高结构的承载力，达到加强既有结构的目的。一般情况下，支柱采用砖柱、钢筋混凝土柱、钢管柱或型钢柱，托架、托梁通常为钢筋混凝土结构或钢结构。

(1) 增设支点加固法 增设支点加固法适用于梁、板、桁架等结构的加固。按支承结构受力性能的不同可分为刚性支点加固法和弹性支点加固法两种（图3-15）。设计时，应根据被加固结构的构造特点和工作条件选用其中一种。设计支承结构或构件时，宜采用有预加力的方案。预加力的大小应以支点处被支顶构件表面不出现裂缝和不增设附加钢筋为度。制作支承结构和构件的材料应根据被加固结构所处的环境及使用要求确定。当在高湿度或高温环境中使用钢构件及其连接时，应采用有效的防锈、隔热措施。

刚性支点加固法可选预应力撑杆（支柱），是指在施工时对支撑杆件施加预压应力，使之对被加固结构构件施加预顶力。它不仅可保证支撑杆件良好地参加工作，而且可调节被加固结构构件的内力。刚性支点就是指新增设的支撑件刚度很大，以致被加固结构构件的新支点在外荷载作用下没有竖向位移或位移很小可忽略。工程中常见的集中支撑体系，这些杆件受轴向力作用，在后加荷载作用下，新支点的变位很小，可以作为刚性支点考虑。

弹性支点是指增设的支杆或托梁的刚度不大，在外载作用下，新支点相对既有结构支座有较大的变位。

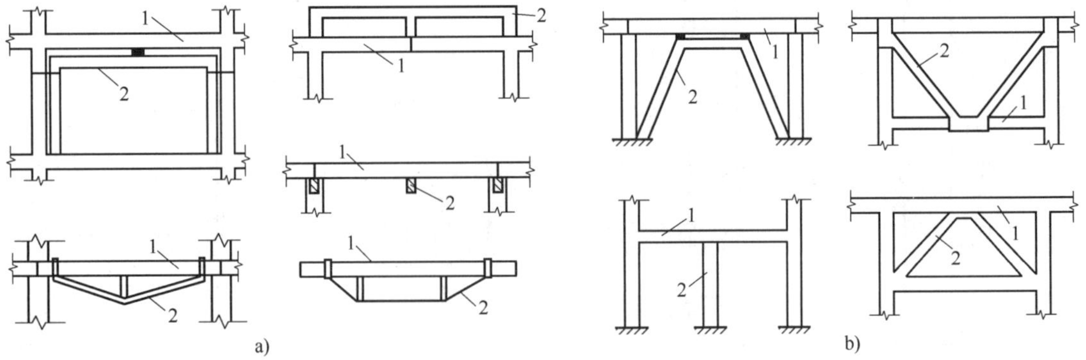

图3-15 增设支点加固法

a）弹性支点加固 b）刚性支点加固

1—原结构 2—加固件

预顶力对被加固构件的内力影响很大。承受均布荷载的单跨简支梁，在跨中增设预应力撑杆后，撑杆预顶力会使既有构件弯矩图改变，梁的跨中弯矩随预顶力的增大而减小，预顶力越大，跨中弯矩减小得越多，增设支点的“卸载”作用也就越大。如果预顶力过大，既有梁可能出现反向弯矩。因此，对预顶力的大小应加以控制。预顶力的大小以支点上表面不出现裂缝和不需增设附加钢筋为宜。

（2）托梁拔柱加固法 在工业厂房或沿街商业建筑的改造中，有时需要拔去某根柱子，以改善或改变使用条件。这时可采用增设托梁拔柱法，即通过增设托梁把既有柱承受的力传给相邻的柱（或增设的柱）。

图3-16所示为某综合楼，建筑层数共8层，为框架结构体系；平面内横向柱距为4.0m，纵向柱距为6.0m。拟将首层横向两根柱拆除，使梁跨度增大为8.0m，设计采用大截面转换梁支撑上部荷载，并在端部加腋处理。

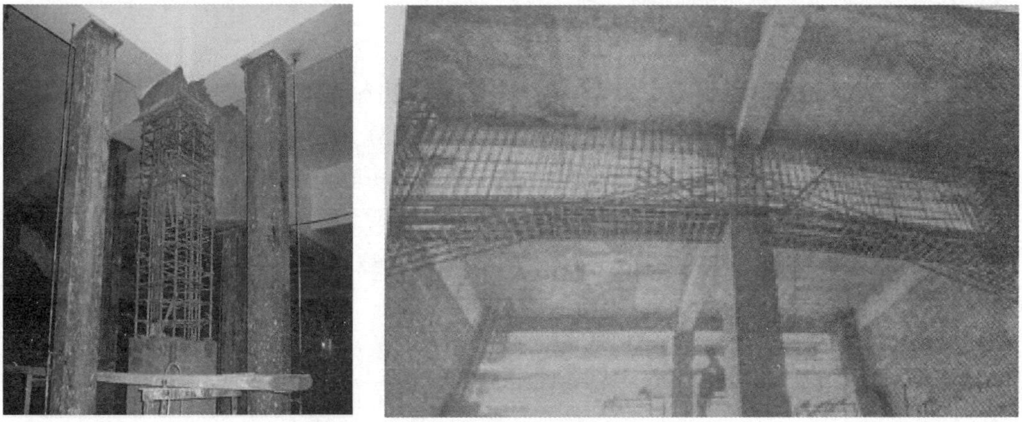

图3-16 托梁拔柱法

（3）多跨简支梁变连续梁加固法 多跨简支梁变连续梁加固法是将原两跨及两跨以上简支梁的梁端连接起来，使受力体系由原来的简支转换为连续，减小跨中正弯矩，提高结构的承载能力，同时减少了伸缩缝数量（图3-17）。这种方法主要适用于多跨简支梁（板）因配筋不足、截面尺寸偏小、钢筋混凝土结构跨中截面抗弯承载能力明显不足及下弯挠度过大的情况。

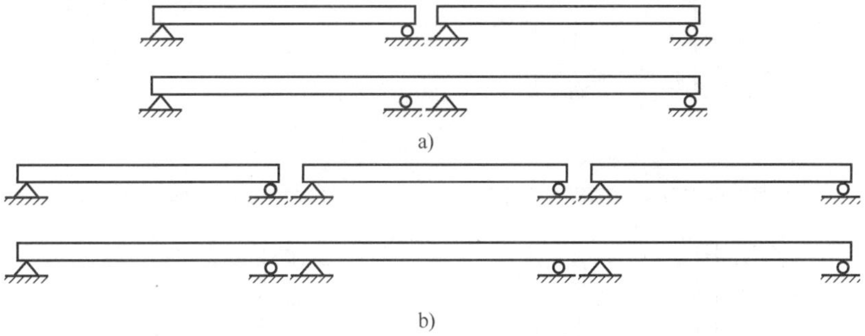

图3-17 多跨简支梁变连续梁加固法

a）两跨简支梁变连续 b）三跨简支梁变连续

2. 加固计算步骤

采用刚性支点加固梁、板时，其结构计算应按下列步骤进行：

1）计算并绘制既有梁的内力图。

2）初步确定预加力（卸荷值），并绘制在支承点预加力作用下梁的内力图。

3）绘制加固后梁在新增荷载作用下的内力图。

4）将上述内力图叠加，绘出梁各截面内力包络图。

5）计算梁各截面实际承载力。

6）调整预加力值，使梁各截面最大内力值小于截面实际承载力。

7）根据最大的支点反力，设计支承结构及其基础。

采用弹性支点加固梁时，应先计算出所需支点弹性反力的大小，然后根据此力确定支承结构所需的刚度，并应按下列步骤进行：

1）计算并绘制既有梁的内力图。

2）绘制既有梁在新增荷载下的内力图。

3）确定既有梁所需的预加力（卸荷值），并由此求出相应的弹性支点反力值 R。

4）根据所需的弹性支点反力 R 及支承结构类型，计算支承结构所需的刚度。

5）根据所需的刚度确定支承结构截面尺寸，并验算其地基基础。

3. 构造规定

采用增设支点加固法新增的支柱、支撑，其上端应与被加固的梁可靠连接，并应符合下列规定：

（1）湿式连接 当采用钢筋混凝土支柱、支撑为支承结构时，可采用钢筋混凝土套箍湿式连接（图 3-18a）；被连接部位梁的混凝土保护层应全部凿掉，露出箍筋；起连接作用的钢筋箍可做成 Π 形；也可做成 Γ 形，但应卡住整个梁截面，并与支柱或支撑中的受力筋焊接。钢筋箍的直径应由计算确定，但不应少于 2 根直径为 12mm 的钢筋。节点处后浇混凝土的强度等级，不应低于 C25。

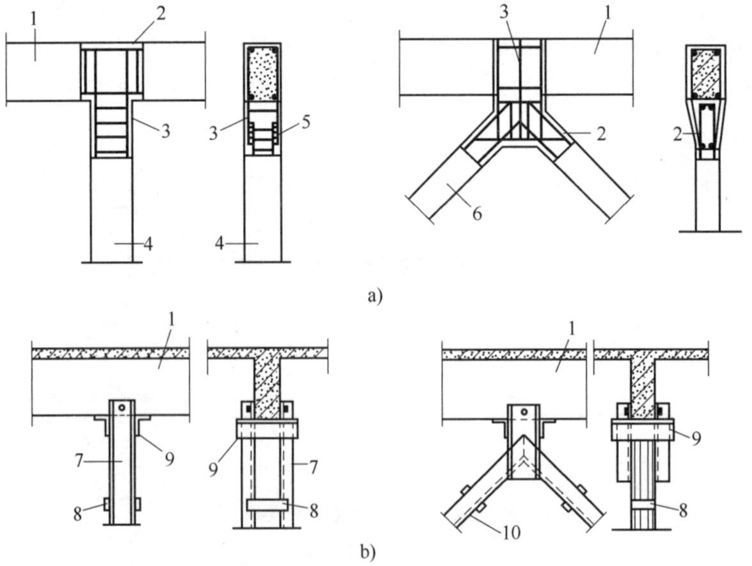

图 3-18 支柱、支撑上端与原结构的连接构造

a）钢筋混凝土套箍湿式连接 b）型钢套箍干式连接

1—被加固梁 2—后浇混凝土 3—连接筋 4—混凝土支柱 5—焊缝 6—混凝土斜撑 7—钢支柱 8—缀板 9—短角钢 10—钢斜撑

（2）干式连接　当采用型钢支柱、支撑为支承结构时，可采用型钢套箍干式连接（图 3-19b）。增设支点加固法新增的支柱、支撑，其下端连接，当直接支承于基础上时，可按一般地基基础构造进行处理；当斜撑底部以梁、柱为支承时，可采用下列构造：对钢筋混凝土支撑，可采用湿式钢筋混凝土围套连接（图 3-19a）。对受拉支撑，其受拉主筋应绕过上、下梁（柱），并采用焊接。对钢支撑，可采用型钢套箍干式连接（图 3-19b）。

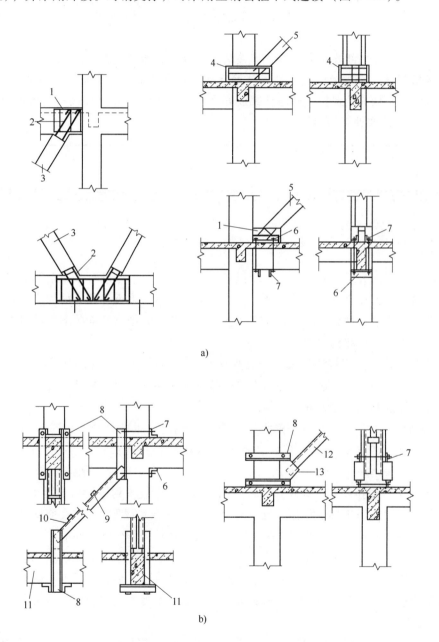

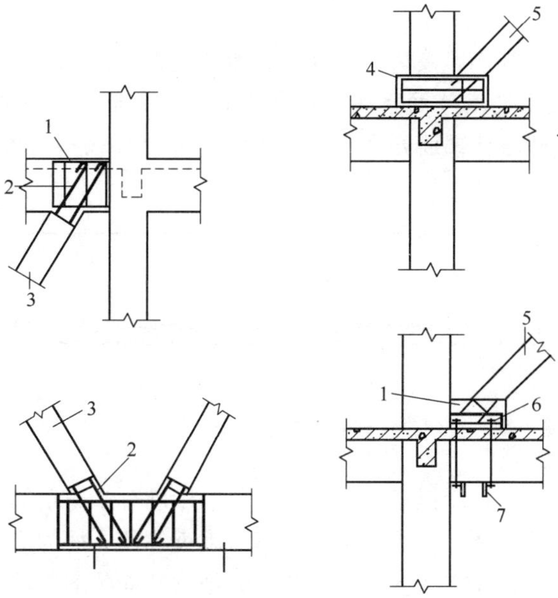

a）

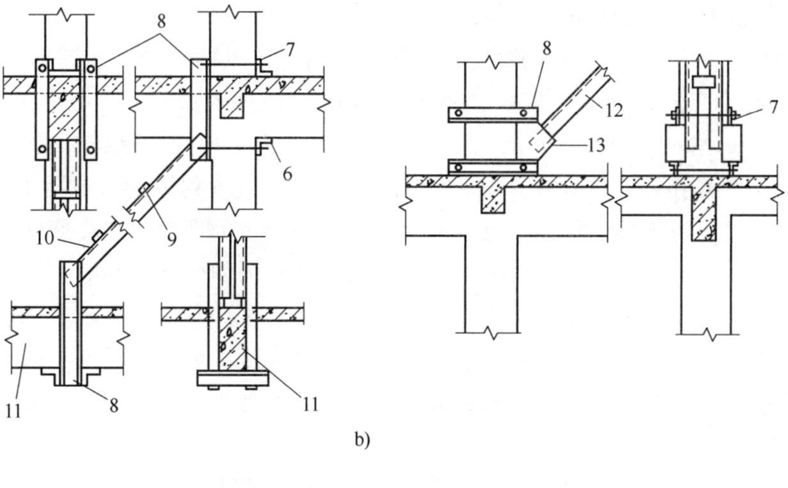

b）

图 3-19　斜撑底部与梁柱的连接构造

a）钢筋混凝土围套湿式连接　b）型钢套箍干式连接

1—后浇混凝土　2—受拉钢筋　3—混凝土拉杆　4—后浇混凝土套箍　5—混凝土斜撑　6—短角钢　7—螺栓　8—型钢套箍　9—缀板　10—钢斜拉杆　11—被加固梁　12—钢斜撑　13—节点板

3.3.3 增补受拉钢筋加固法

增补受拉钢筋加固法是指在既有梁受拉力较大区段（配筋率小的一侧）补加受拉钢筋，来提高梁承载力的一种加固方法。这种方法比较适用于下述情况：当既有梁的截面尺寸及其抗剪承载力都满足要求，仅弯曲抗拉强度不能满足要求，且抗拉钢筋的增补数量不是很大时。本节主要介绍增补受拉钢筋的加固方法、特点和加固构件承载力的计算方法及构造要求。

增补筋与既有梁之间连接方法有全焊接法、半焊接法和黏结法三种。

(1) 全焊接法 全焊接法是指把增补筋直接焊接在既有梁的钢筋（简称原筋）上，以后不再补浇混凝土做黏结保护，即增补钢筋是在裸露条件下，依靠焊接参与既有梁的工作。图 3-20 为全焊接法增补钢筋加固梁。

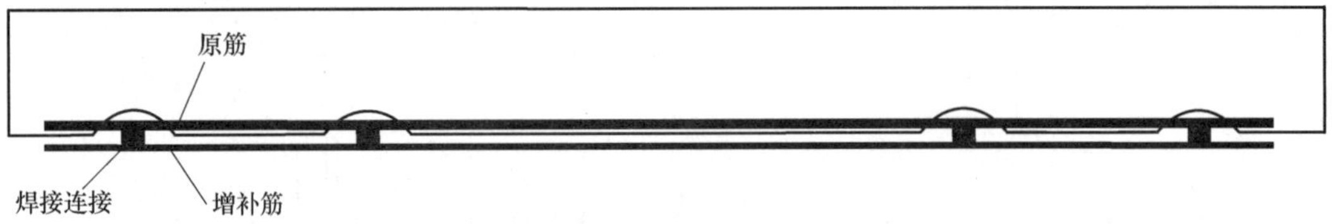

图 3-20 全焊接法增补钢筋加固梁

增补筋焊接于既有梁钢筋上之所以能提高其承载力，是由于既有梁中钢筋的应力在各区段上是不均匀的，如在简支梁的端部区段、连续梁的反弯点附近等处原筋的应力较小。这些部位的原筋的强度没有被充分利用，尚有较大潜力可挖。若把增补筋的端头焊接在上述区段内，则原筋对增补筋可起到锚固作用。

(2) 半焊接法 半焊接法是指增补筋焊接在既有梁的钢筋上后，再补浇或喷射一层细石混凝土进行黏结和保护，这样增补筋既受焊接锚固，又受混凝土黏结力的固结，使增补筋的受力特征与原筋相近，受力较为可靠。

(3) 黏结法 黏结法是指增补筋是完全依靠后浇混凝土的黏结力传递来参与既有梁的工作。黏结法施工工艺如下：将需增补钢筋的区段的构件表面凿毛，使凹凸不平度大于 6mm，每隔 500mm 凿一剪力键，并加配 U 形箍筋，U 形箍筋焊接在原筋上或焊接在锚钉上。将增补纵筋穿入 U 形箍筋并予绑扎，最后涂刷环氧胶黏剂并喷射或浇筑混凝土。

试验证明，增补筋相对于既有梁内钢筋存在着应力滞后的现象，它会使增补筋的屈服迟于既有梁内钢筋，并且当增补筋屈服时，既有梁将出现较大的变形和裂缝。引起增补筋应力滞后的原因较多，主要原因是在增补筋受力之前，恒载和未卸除的荷载已在原筋中产生了一定的应力。焊接点处的局部弯曲变形、增补筋的初始平直度、后补混凝土与既有梁表面之间的剪切滑移变形、扁钢套箍与梁面间的缝隙、锚固处的变形等对增补筋的应力滞后现象都有一定影响。

用焊接法锚固增补筋加固梁的另一个受力特点，是在焊接点处原筋产生局部弯曲变形，这是由于增补筋相对于原筋存在着偏心距，同时增补筋的拉力差成了作用在焊点处原筋上的偏心力所致。这一弯曲变形不仅加大了增补筋的应力滞后，而且原筋应力在焊点两侧呈不均匀性，这就降低了原筋的利用率，在加固设计时应注意这种情况。

3.3.4　增大截面加固法

增大截面加固法是指增大既有构件截面面积并增配钢筋，以提高其承载力和刚度，或改变其自振频率的一种直接加固法。增大截面法又称外包混凝土加固法，适用于钢筋混凝土受弯和受压构件的加固，是一种常用的加固混凝土梁和柱子的方法。

增大截面加固法的优点有工艺简单、受力可靠、施工费用低。采用这种方法加固混凝土柱，是将既有柱的角部保护层打去，露出角部纵筋，然后在外部配筋，浇筑成八角形，以改善加固后的外观效果。由于加大了既有柱的混凝土截面积及配筋量，因此这种加固方法不仅可提高既有柱的承载力，还可降低柱子的长细比，提高柱子的刚度。特别在抗震设防地区，这可使原来的强梁弱柱结构变为有利于抗震的强柱弱梁结构。采用四周外包增大截面的加固效果较好，能显著提高轴心受压柱及小偏心受压柱的受压承载力。增大截面加固法的缺点有湿作业工作量大、养护期长、占用建筑空间多。

增大截面加固法是采用同种材料（混凝土和普通钢筋）对既有结构进行加固补强，通过增大混凝土和钢筋截面的面积，采取一些构造措施，保证后加固部分与既有构件的可靠连接，共同工作，达到提高截面承载力和刚度的目的。这是一种非常有效的加固方法，可用来提高构件正截面抗弯抗压承载力和斜截面抗剪承载力及截面的刚度，也可以用来修补开裂截面，可广泛用于钢筋混凝土结构梁、板、柱、墙等构件和一般构筑物的加固。采用增大截面法加固时，既有构件混凝土的强度等级不应低于 C13。当被加固构件界面处理及其黏结质量符合规范规定时，可按整体截面计算，并采取措施卸除或大部分卸除作用在结构上的活荷载。同时，其正截面承载力应按现行《混凝土结构设计规范》的基本假定进行计算。

采用增大截面加固法加固混凝土构件时，具体加固形式包含有四周外包、三侧外包、双侧加厚和单侧加厚等加固方法。混凝土梁和混凝土柱的加固形式如图 3-21 所示。混凝土梁、板当其承载力相差较大且其刚度也不满足要求时，采用增大截面来加固较为有效。梁、板采用增大截面法加固时，可根据原构件的受力性质、构造特点和现场条件选用三面加厚、两面加厚或单面加厚等构造形式。

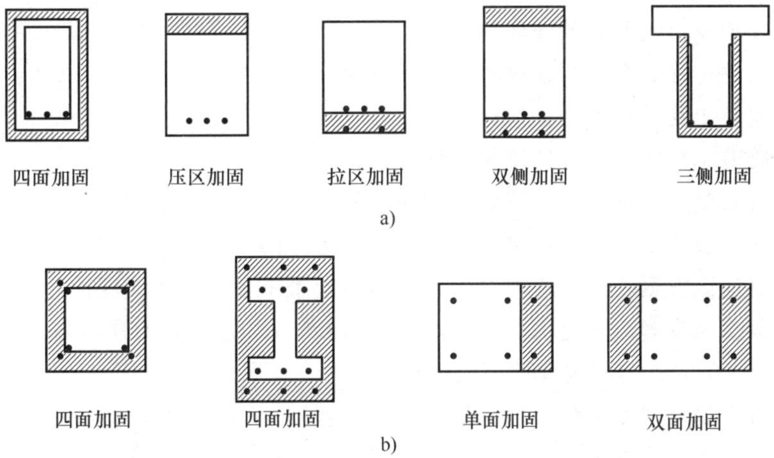

图 3-21　增大截面法加固混凝土梁和柱的加固形式

a）梁的加固　b）柱的加固

柱子承受的弯矩较大时，往往采用仅在与弯矩作用平面垂直的两侧进行加固的办法。

在连续梁（板）的全长上部补浇混凝土时，后补浇的混凝土在跨中处于受压区，在支座处却处于受拉区。在梁、板下面加厚时则情况正好相反。补浇的混凝土处于受拉区时，它对补加钢筋起到黏结和保护的作用；补浇的混凝土处在受压区时，增加了构件的有效高度，从而提高构件的抗弯、抗压承载力，增强构件的刚度，因此较有效地发挥了后浇混凝土层的作用，加固效果很显著。

在实际工程中，在受拉区补浇混凝土层的情况是比较多的。图 3-21 中的 T 形梁，原配筋率较低，混凝土受压区高度较小，因此在受拉区增补纵向钢筋并补浇混凝土层是提高该梁抗弯承载力的有效办法。又如，阳台、雨篷、檐口板的加固，可在既有板的上面（受拉区）补配钢筋和补浇混凝土。

1. 受弯构件正截面加固计算

采用增大截面加固受弯构件时，应根据既有结构的构造和受力情况，选择在受压区或受拉区增设现浇钢筋混凝土外加层的加固方式。当仅在受压区加固受弯构件时，其承载力、抗裂度、钢筋应力、裂缝宽度及挠度的计算和验算，可按现行《混凝土结构设计规范》关于叠合式受弯构件的规定进行。当验算结果表明，仅需增设混凝土叠合层即可满足承载力要求时，也应按构造要求配置受压钢筋和分布钢筋。

当在受拉区加固矩形截面受弯构件时（图 3-22），其正截面受弯承载力应按下式确定

$$M \leqslant \alpha_s f_y A_s\left(h_0-\frac{x}{2}\right)+f_{y0}A_{s0}\left(h_{01}-\frac{x}{2}\right)+f'_{y0}A'_{s0}\left(\frac{x}{2}-a'\right) \tag{3.16}$$

$$\alpha_1 f_{c0} bx=f_{y0}A_{s0}+\alpha_s f_y A_s-f'_{y0}A'_{s0} \tag{3.17}$$

$$2a' \leqslant x \leqslant \xi_b h_0 \tag{3.18}$$

式中 M——构件加固后弯矩设计值；

α_s——新增钢筋强度利用系数，取 $\alpha_s=0.9$；

f_y——新增钢筋的抗拉强度设计值；

A_s——新增受拉钢筋的截面面积；

h_0、h_{01}——构件加固后和加固前的截面有效高度；

x——混凝土受压区高度；

f_{y0}、f'_{y0}——既有钢筋的抗拉、抗压强度设计值；

A_{s0}、A'_{s0}——既有受拉钢筋和受压钢筋的截面面积；

a'——纵向受压钢筋合力点至混凝土受压区边缘的距离；

α_1——受压区混凝土矩形应力图的应力值与混凝土轴心抗压强度设计值的比值（当混凝土强度等级不超过 C50 时，取 $\alpha_1=1.0$；当混凝土强度等级为 C80 时，取 $\alpha_1=0.94$；其间按线性内插法确定）；

f_{c0}——既有构件混凝土轴心抗压强度设计值；

b——矩形截面宽度；

ξ_b——构件增大截面加固后的相对界限受压区高度。

当按式（3.16）及式（3.17）算得的加固后构件混凝土受压区高度 x 与加固前构件截

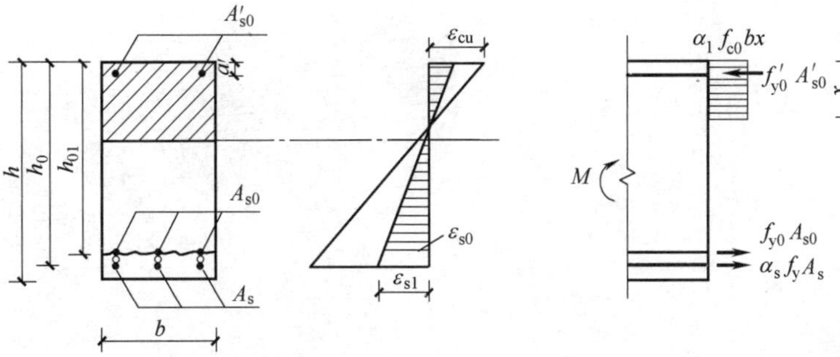

图 3-22 矩形截面受弯构件正截面加固计算简图

面有效高度 h_{01} 之比（x/h_{01}）大于既有构件截面相对界限受压区高度 ξ_{b0} 时，应考虑既有构件纵向受拉钢筋应力 σ_{s0} 尚达不到 f_{y0} 的情况。此时，应将上述两公式中的 f_{y0} 改为 σ_{s0}，并重新进行验算。验算时，σ_{s0} 值可按下式确定

$$\sigma_{s0}=\left(\frac{0.8h_{01}}{x}-1\right)\varepsilon_{cu}E_s \leqslant f_{y0} \tag{3.19}$$

对翼缘位于受压区的 T 形截面受弯构件，其受拉区增设现浇配筋混凝土层的正截面受弯承载力，应按 T 形截面受弯承载力的规定进行计算。

2. 受弯构件斜截面加固计算

采用增大截面法加固受弯构件时（图 3-23），其斜截面受剪承载力应符合下列规定：

1）当受拉区增设配筋混凝土层，并采用 U 形箍与既有构件箍筋逐个焊接时

$$V \leqslant \alpha_{cv}\left[f_{t0}bh_{01}+\alpha_c f_t b(h_0-h_{01})\right]+f_{yv0}\frac{A_{sv0}}{s_0}h_0 \tag{3.20}$$

2）当增设钢筋混凝土三面围套，并采用加锚式或胶锚式箍筋时

$$V \leqslant \alpha_{cv}(f_{t0}bh_{01}+\alpha_c f_t A_c)+\alpha_s f_{yv}\frac{A_{sv}}{s}h_0+f_{yv}\frac{A_{sv0}}{s_0}h_{01} \tag{3.21}$$

式中 α_{cv}——斜截面混凝土受剪承载力系数，一般受弯构件取 0.7；集中荷载作用下（包括作用有多种荷载，其中集中荷载对支座截面或节点边缘所产生的剪力值占总剪力的 75%以上的情况）的独立梁，$\alpha_{cv}=\dfrac{1.75}{\lambda+1}$，$\lambda$ 为计算截面的剪跨比，可取 $\lambda=a/h_0$（a 为集中荷载作用点至支座截面或节点边缘的距离），当 λ 小于 1.5 时取 1.5，当 λ 大于 3 时取 3；

α_c——新增混凝土强度利用系数，取 $\alpha_c=0.7$；

f_t、f_{t0}——新、旧混凝土轴心抗拉强度设计值；

A_c——三面围套新增混凝土截面面积；

α_s——新增箍筋强度利用系数，取 $\alpha_s=0.9$；

f_{yv}、f_{yv0}——新箍筋和原箍筋的抗拉强度设计值；

A_{sv}、A_{sv0}——同一截面内新箍筋各肢截面面积之和及原箍筋各肢截面面积之和；

s、s_0——新增箍筋或原箍筋沿构件长度方向的间距。

3. 受压构件正截面加固计算

采用增大截面加固钢筋混凝土轴心受压构件（图 3-24）时，其正截面受压承载力应按

图 3-23 增大截面法加固钢筋混凝土梁

下式确定

$$N \leqslant 0.9\varphi\left[f_{c0}A_{c0}+f'_{y0}A'_{s0}+\alpha_{cs}(f_cA_c+f'_yA'_s)\right] \tag{3.22}$$

式中 N——构件加固后的轴向压力设计值；

φ——构件稳定系数，根据加固后的截面尺寸，按现行《混凝土结构设计规范》的规定值采用；

A_{c0}、A_c——构件加固前混凝土截面面积和加固后新增部分混凝土截面面积；

f'_y、f'_{y0}——新增纵向钢筋和原纵向钢筋的抗压强度设计值；

A'_s——新增纵向受压钢筋的截面面积；

α_{cs}——综合考虑新增混凝土和钢筋强度利用程度的降低系数，取 α_{cs} 值为 0.8。

例 3.1 某 9 层双跨钢筋混凝土框剪结构，现需对该楼增加两层，经复核发现个别柱需进行加固。该首层中柱截面尺寸为 400mm×550mm；箍筋采用 HPB300 级钢筋；混凝土采用 C20，保护层厚度为 25mm；纵筋采用 HRB335 级钢筋，纵筋截面面积为 2036mm²，层高 6.5m；中柱轴向受压荷载 N=3600kN。增大截面法加固，将既有柱四周混凝土凿毛，然后配置箍筋及 HRB335 级纵筋，并喷射 50mm 厚 C30 细石混凝土。相关参数取值见表 3-1～表 3-3，请计算补配的纵筋截面面积。

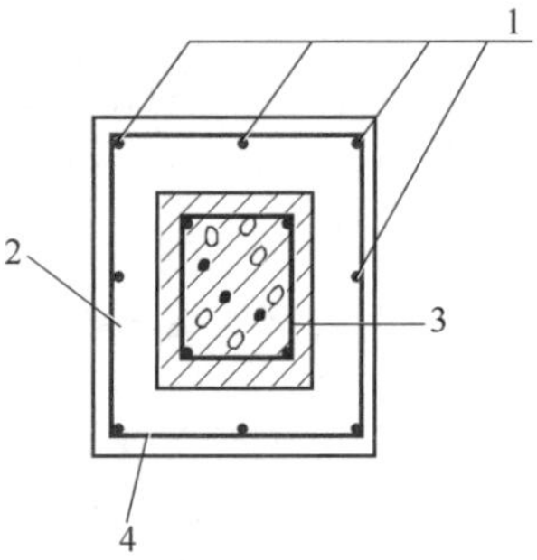

图 3-24 轴心受压构件增大截面加固

1—新增纵向受力钢筋 2—新增截面 3—既有柱截面 4—新加箍筋

表 3-1 钢筋混凝土轴心受压构件的稳定系数

l_0/b	≤8	10	12	14	16	18	20	22	24	26	28
l_0/d	≤7	8.5	10.5	12	14	15.5	17	19	21	22.5	24
l_0/i	≤28	35	42	48	55	62	69	76	83	90	97
φ	1.00	0.98	0.95	0.92	0.87	0.81	0.75	0.70	0.65	0.60	0.56
l_0/b	30	32	34	36	38	40	42	44	46	48	50
l_0/d	26	28	29.5	31	33	34.5	36.5	38	40	41.5	43
l_0/i	104	111	118	125	132	139	146	153	160	167	174
φ	0.52	0.48	0.44	0.40	0.36	0.32	0.29	0.26	0.23	0.21	0.19

注：1. l_0 为构件的计算长度，对钢筋混凝土柱可按现行《混凝土结构设计规范》的规定取用。

2. b 为矩形截面的短边尺寸，d 为圆形截面的直径，i 为截面的最小回转半径。

表 3-2　混凝土轴心抗压强度设计值　（单位：N/mm^2）

强度	混凝土强度等级													
	C15	C20	C25	C30	C35	C40	C45	C50	C55	C60	C65	C70	C75	C80
f_c	7.2	9.6	11.9	14.3	16.7	19.1	21.1	23.1	25.3	27.5	29.7	31.8	33.8	35.9

表 3-3　普通钢筋强度设计值　（单位：N/mm^2）

牌　　号	抗拉强度设计值 f_y	抗压强度设计值 f'_y
HPB300	270	270
HRB335、HRBF335	300	300
HRB400、HRBF400、RRB400	360	360
HRB500、HRBF500	435	410

解： 柱计算长度 $l_0=1.0H$，$l_0=1.0H=6.5\text{m}$

$$\frac{l_0}{b}=\frac{6.5}{0.4+0.1}=13$$

查表 3-1 得 $\varphi=0.935$。

由式（3.22）得加固钢筋面积为

$$A'_s=\frac{\dfrac{N}{0.9\varphi}-f_{c0}A_{c0}-f'_{y0}A'_{s0}-0.8f_cA_c}{0.8f'_y}$$

$$=\frac{\dfrac{3600\times10^3}{0.90\times0.935}-9.6\times400\times550-300\times2036-0.8\times14.3\times(500\times650-400\times550)}{0.8\times300}\text{mm}^2$$

$$=1475\text{mm}^2$$

例 3.2　某现浇混凝土多层框架梁板结构，原设计底层为车库，二层以上为办公室，楼面活荷载为 2.0kN/m^2。后将二楼改做仓库，楼面活荷载增至 4kN/m^2。经复核，该结构二层楼面板承载力不够，考虑采用补浇混凝土层的加固方案。试对楼面板的承载力进行加固设计。

解： 1）原始资料。原楼面板采用 C20 混凝土，I 级钢筋，板厚 70mm，水泥砂浆抹面。结构尺寸及板内配筋如图 3-25 所示。

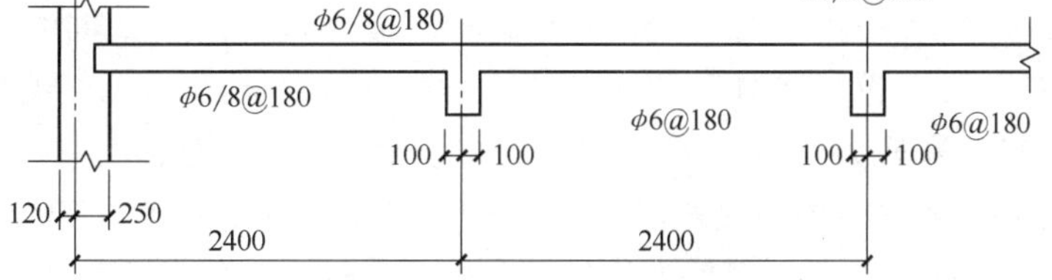

图 3-25　结构尺寸及板内配筋

2）加固方法。为使加固板整体受力，需将原板面凿毛，使凹凸不平度大于 4mm，且每隔 500mm 凿出宽 30mm、深 10mm 的凹槽作为剪力键，然后洗净并浇筑后浇层。按构造取后浇层厚 40mm，加固板的厚度为 130mm（原板厚 70mm，面层 20mm 也应考虑在内）。

3）荷载计算。

原板自重 $2250N/m^2$

新浇混凝土板重 $25000\times0.04N/m^2=1000N/m^2$

$$g=(2250+1000)N/m^2=3250N/m^2$$

活荷载 $q=4000N/m^2$

总荷载 $q_0=g+q=(3250+4000)N/m^2=7250N/m^2$

计算简图如图 3-26 所示。

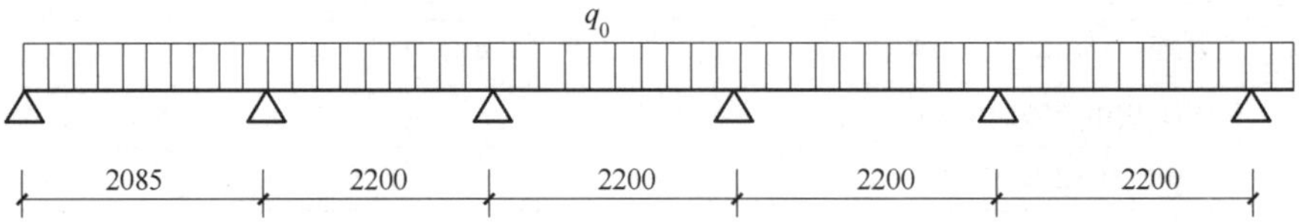

图 3-26 计算简图

4）内力计算。各截面的总弯矩值见表 3-4。

表 3-4 板弯矩计算

截面	边跨中	边支座	中间跨中	中间支座
由 g 引起的弯矩 M_1	1284	-1043	983	-983
由 q 引起的弯矩 M_2	1581	-1284	1211	-1211
总弯矩 $M_z=M_1+M_2$	2865	-2327	2194	-2194

5）由表 3-4 可见，中间支座处 $M_u<M_z$，抗弯承载力不够，故需在中间支座处的后浇混凝土层内加配受力钢筋。由于差值很小，所以按构造配筋即可，取 $\phi6@200$。差值为：$M_z-M_u=(2194-1897)N\cdot m=297N\cdot m$。

6）钢筋应力的计算及控制。对于边跨跨中截面有

$$\sigma_{s1}=\frac{M_1}{0.87A_sh_0}=\frac{1284000}{0.87\times218\times55}MPa=127MPa$$

$$\beta=0.5\left(1-\frac{h}{h_0}\right)=0.5\left(1-\frac{70}{130}\right)=0.231$$

$$\sigma_{s2}=\frac{M_2(1-\beta)}{0.87A_sh_{01}}=\frac{158\times10^4(1-0.231)}{0.87\times218\times115}MPa=55.7MPa$$

$$\sigma_s=\sigma_{s1}+\sigma_{s2}=(127+55.7)MPa=182.7MPa<0.9f_y=189MPa$$

例 3.3 某框架梁原设计条件：截面尺寸 $b=400mm$，$h=1000mm$，混凝土强度等级为 C30，主筋为 8Φ25，箍筋为Φ10@100（图 3-27a）。楼面活荷载由原来的 $2.0kN/m^2$ 增至 $6.0kN/m^2$，经计算框架梁跨中最大弯矩由原标准值 950.10kN·m 增至 1232kN·m（设计值 1540.01kN·m）。采用 C35 改性混凝土外包增大截面法加固，新主筋为 HRB400。

解： 1）在原设计条件下，对矩形截面梁进行跨中承载力验算。

查表 3-2、表 3-3 得：$f_{c0}=14.3N/mm^2$，$f_{y0}=300N/mm^2$，$h_{01}=(1000-60)mm=940mm$，$A_{s0}=8\times\pi\times\frac{25^2}{4}mm^2=3928mm^2$。

由力平衡公式：$\alpha_1 f_{c0} bx = f_{y0} A_{s0}$

$$x = \frac{f_{y0} A_{s0}}{\alpha_1 f_{c0} b} = \frac{300 \times 3928}{1.0 \times 14.3 \times 400} \text{mm} = 205.85\text{mm} < \xi_b h_{01}$$

$$\xi_b h_{01} = 0.55 \times 940\text{mm} = 517\text{mm}$$

$$\xi = \frac{x}{h_{01}} = \frac{205.85}{940} = 0.21899 \approx 0.219$$

由力矩平衡公式：$M_u = \alpha_1 f_c b h_0^2 \xi(1-0.5\xi)$

$$= 1.0 \times 14.3 \times 400 \times 940^2 \times 0.219 \times (1-0.5 \times 0.219)\text{N} \cdot \text{mm}$$

$$= 985.667 \times 10^6 \text{N} \cdot \text{mm} = 985.667\text{kN} \cdot \text{m} < M = 1540.01\text{kN} \cdot \text{m}$$

承载力不满足要求。

2）在加固设计条件下，加固层厚度为 100mm，$h = 1100$mm，$h_0 = (1100-35)$mm $= 1065$mm，查表 3-3 得，$f_y = 360\text{N/mm}^2$。

由式 $M = \alpha_s f_y A_s \left(h_0 - \frac{x}{2}\right) + f_{y0} A_{s0} \left(h_{01} - \frac{x}{2}\right)$ 得

$$1540.01 \times 10^6 = 0.9 \times 360 \times A_s \times \left(1065 - \frac{x}{2}\right) + 300 \times \left(940 - \frac{x}{2}\right)$$

由式 $\alpha_1 f_{c0} bx = f_{y0} A_{s0} + \alpha_s f_y A_s$ 得

$$1.0 \times 14.3 \times 400x = 300 \times 3928 + 0.9 \times 360 \times A_s$$

联立方程解得：$x = 327.3$mm

$$\varepsilon_{s0} = \frac{M_{0k}}{0.85 h_{01} A_{s0} E_{s0}} = \frac{950.10 \times 10^6}{0.85 \times 940 \times 3928 \times 2 \times 10^5} = 0.001514$$

$$\varepsilon_{s1} = \left(1.6 \frac{h_0}{h_{01}} - 0.6\right) \varepsilon_{s0} = (1.6 \times 1065/940 - 0.6) \times 0.001514 = 0.00184$$

$$\xi_b = \frac{\beta_1}{1 + \frac{\alpha_s f_y}{\varepsilon_{cu} E_s} + \frac{\varepsilon_{s1}}{\varepsilon_{cu}}} = 0.8/1 + 0.9 \times 360/0.0033 \times 2.0 \times 10^5 + 0.00184/0.0033 = 0.394$$

$x = 327.3\text{mm} \leqslant \xi_b h_0 = 0.394 \times 1065\text{mm} = 419.61\text{mm}$，满足要求。

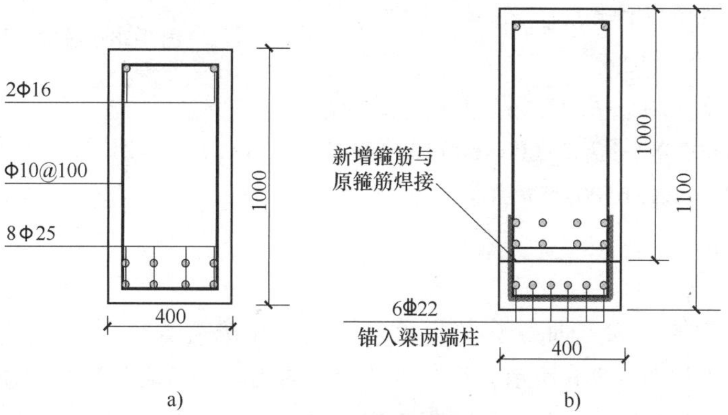

图 3-27　加固前后截面配筋对比

a）加固前　b）加固后

由式 $\alpha_1 f_{c0} bx = f_{y0} A_{s0} + \alpha_s f_y A_s$ 得

$$A_s = \frac{\alpha_1 f_{c0} bx - f_{y0} A_{s0}}{\alpha_s f_y} = (1.0\times14.3\times400\times327.3-300\times3928)/0.9\times360\text{mm}^2 = 2140.5\text{mm}^2$$

选配 6Φ22（HRB400），实配 $A_s = 2280\text{mm}^2$（图 3-27b）。

例 3.4 某 4 层住宅楼为装配式楼盖，由于施工质量原因不能正常使用，对其 1 层柱进行检测，发现其强度不足，需进行加固处理。首层柱高 $H = 5.6\text{m}$，截面尺寸为 700mm×700mm，柱一侧配筋为 5Φ18+3Φ20，对称配筋，加固钢筋为 9Φ16，均采用 HRB400 级钢筋。柱的承载力设计值为 6500kN。

解： 1）加固设计基本资料。采用置换混凝土的方法加固，柱加固详图如图 3-28 所示。

2）加固前柱承载力计算。经检测，$f_{c0} = 7.2\text{N/mm}^2$，相当于 C15 混凝土。已知 $A'_{s0} = 4429\text{mm}^2$，$f'_{y0} = 360\text{N/mm}^2$。加固前按《混凝土结构设计规范》（GB 50010—2010）计算得

$$\frac{l_0}{b} = 1.25\times5600/700 = 10.0$$

查《混凝土结构设计规范》得 $\varphi = 0.98$，则

$$\begin{aligned} N &\leqslant 0.9\varphi[f_{c0}A_{c0} + f'_{y0}A'_{s0}] \\ &= 0.9\times0.98\times(7.2\times700\times700+360\times4429)\text{kN} \\ &= 4518.0\text{kN} < 6500\text{kN} \end{aligned}$$

故承载力不足。

3）加固设计计算。由图 3-28 可见，采用 C35 混凝土进行加固置换并且增大截面，加固后应按式（3.22）计算。

根据加固图得

$A_c = 80\times(700+30+30)\times2\text{mm}^2 + 600\times80\times2\text{mm}^2 = 217600\text{mm}^2$

$A'_s = 1810.0\text{mm}^2$

$$\frac{l_0}{b} = \frac{1.25\times5600}{760} = 9.21$$

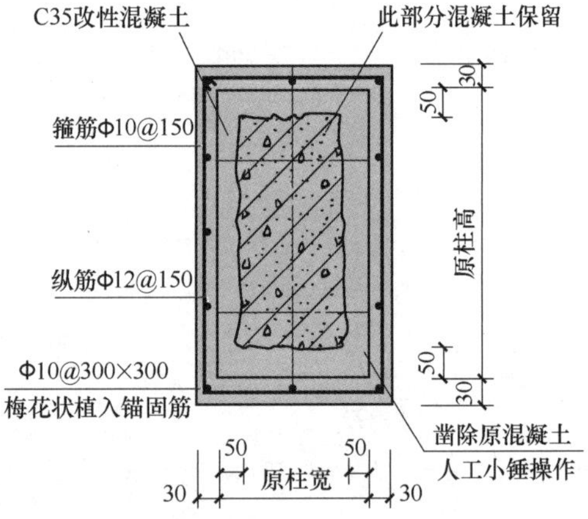

图 3-28 柱加固详图

查《混凝土结构设计规范》得 $\varphi = 0.987$，由式（3.22）得

$$\begin{aligned} N &\leqslant 0.9\varphi[f_{c0}A_{c0} + f'_{y0}A'_{s0} + \alpha_{cs}(f_c A_c + f'_y A'_s)] \\ &= 0.9\times0.987\times[7.2\times600\times600+360\times4429+0.8\times(16.7\times217600+1810\times360)]\text{kN} \\ &= 6771.1\text{kN} > 6500\text{kN} \end{aligned}$$

所以满足要求。

4. 受力特征

图 3-29 所示为叠合梁截面各阶段的受力特征。在浇捣叠合层前，构件上作用有弯矩 M_1，截面上的应力如图 3-29b 所示，称为第一阶段受力。待叠合层中的混凝土达到设计强度后，构件进入整体工作阶段。新增加的荷载在构件上产生的弯矩为 M_2，由叠合构件的全高 h_1 承担。截面应力图如图 3-29c 所示，称为第二阶段受力。在总弯矩 M_1+M_2 的作用下，截

面的应力如图 3-29d 所示。

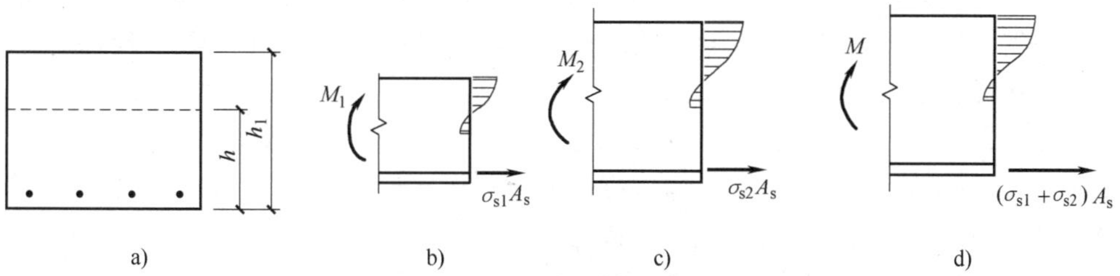

图 3-29 叠合梁截面各阶段的受力特征

叠合构件的应力图与一次受力构件的应力图有很大的差异，主要表现为：

（1）混凝土应变滞后 与截面尺寸、材料、加荷方式等均相同的整浇梁相比，叠合构件的叠合层是在弯矩 M_1 之后才开始参加工作的。因此，叠合层的压应变小于对应整浇梁的压应变，这种现象称为“混凝土压应变滞后”。混凝土压应变滞后带来的结果是在受压边缘的混凝土被压碎时，构件的挠度、裂缝都较整浇梁大得多。

（2）钢筋应力超前 在第一阶段受力过程中，由于既有构件的截面高度比对应整浇梁的截面高度小，所以在弯矩 M_1 作用下，在既有构件上产生的钢筋应力、挠度都比对应的整浇梁构件大得多。叠合构件的中和轴上移，使第一阶段受压区部分变为第二阶段受力过程中的受拉区，于是原受压区的压力对叠合构件的作用相当于预应力构件中的预压应力作用，这称为“荷载预应力”。荷载预应力可以减少在弯矩 M_2 作用下引起的钢筋应力增量和挠度增量。尽管在 M_2 作用下钢筋应力和挠度增量都小于相应的整浇梁，但终因在 M_1 作用下既有构件中的应力较整浇梁大得多，使叠合构件的钢筋应力、挠度和裂缝宽度在整个受力过程中，始终比相应的整浇构件大，以致受拉钢筋的应力比整浇梁在低得多的弯矩作用下就可能达到流限。这种现象称为“钢筋应力超前”。

对于混凝土柱，在加固施工时，由于荷载未卸除，既有柱存在一定的压缩变形，但其混凝土已完成收缩和徐变，导致新加部分的应力、应变滞后于既有柱的应力、应变。因此，新旧柱不能同时达到应力峰值，从而降低了新加部分的作用。其降低的幅度随既有柱在加固时实际应力的高低而变化，既有柱的应力越高，降低的幅度越大。

新加部分的作用还与后加荷载、未卸除荷载之比有关。加固时既有柱稳定，加固后不再增加荷载，则新加部分不会分摊既有荷载，只有在再增加荷载时，即第二次受力情况下，新增部分才开始受力。因此，如果既有柱在施工时的应力过高，变形过大，有可能使新加部分的应力处于较低的水平，不能充分发挥作用，起不到应有的加固效果。只有新旧柱结合面黏结可靠，在后加荷载作用下，新旧混凝土的应变增量基本一致，整个截面的变形才符合平截面假定。

对于大偏心受压柱，由于新加部分位于构件的边缘，在后加荷载作用下，其应变发展比既有柱发展快，这也弥补了新柱的应变滞后。此外，由于新加部分对既有柱的约束作用和新旧柱之间的应力重分布，新加部分承载力的降低不太显著，较轴心受压柱小。

对于轴心受压柱，新旧混凝土间存在着明显的应力重分布。试验表明，应力水平低的新混凝土对应力水平高的既有柱会产生约束作用，并且新旧混凝土间的应力应变差距越大，这一约束作用越大。即在既有柱混凝土的应变达到 0.002 时，混凝土并没有立即破碎。但这种约束作用不能完全弥补新柱应变滞后对加固柱承载力的降低。

考虑到抗震规范对柱轴压比的限制和在加固施工时已卸除一部分外荷载，故折减系数不会太小。为简化计算，加固规范建议取为定值，轴心受压时取0.8，偏心受压时取0.9。

因此，在混凝土柱加固施工时，既有柱的负荷宜控制在极限承载力的60%内。如果达不到上述要求，宜进一步卸荷或采取施加临时预应力顶撑法来降低既有柱应力。

采用增大截面加固受弯构件时，应根据既有结构构造和受力的实际情况，选用在受压区或受拉区增设现浇钢筋混凝土外加层的加固方式。

当仅在受压区加固受弯构件时，其承载力、抗裂度、钢筋应力、裂缝宽度及挠度的计算和验算，可按现行《混凝土结构设计规范》关于叠合式受弯构件的规定进行。当验算结果表明，仅增设混凝土叠合层即可满足承载力要求时，也应按构造要求配置受压钢筋和分布钢筋。

5. 构造规定

采用增大截面加固法时，新增截面部分可用现浇混凝土、自密实混凝土或喷射混凝土浇筑而成，也可用掺有细石混凝土的水泥基灌浆料灌注而成。

采用增大截面加固法时，既有构件的混凝土表面应经处理，设计文件应对所采用的界面处理方法和处理质量提出要求。一般情况下，除混凝土表面应予打毛，尚应采取涂刷结构界面胶、种植剪切销钉或增设剪力键等措施，以保证新旧混凝土共同工作。

新增混凝土层的最小厚度，板不应小于40mm；梁、柱，采用现浇混凝土、自密实混凝土或灌浆料施工时，不应小于60mm，采用喷射混凝土施工时，不应小于50mm。

加固用的钢筋，应采用热轧钢筋。板的受力钢筋直径不应小于8mm；梁的受力钢筋直径不应小于12mm；柱的受力钢筋直径不应小于14mm；加锚式箍筋直径不应小于8mm；U形箍直径应与原箍筋直径相同；分布筋直径不应小于6mm。

3.3.5 粘贴钢板加固法

1. 概念及适用范围

粘贴钢板加固法是指用胶黏剂将钢板粘贴在构件外部的一种加固方法（图3-30）。常用的胶黏剂是以环氧树脂为基料，加入适量的固化剂、增韧剂、增塑剂配制而成的结构胶。

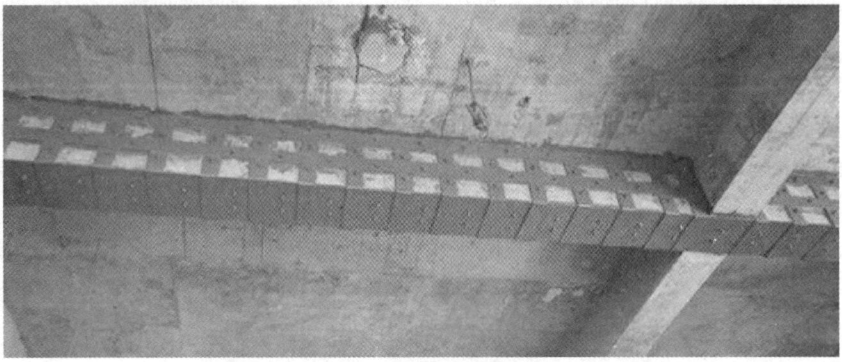

图3-30 粘贴钢板加固法

粘贴钢板加固法在加固、修复结构工程中的应用发展较快，将钢板粘贴在混凝土受拉区，对提高构件的抗拉强度和弯曲抗拉强度有特别显著的效果。粘贴钢板加固法能够受到工程技术人员和业主的青睐，是因为它有传统的加固方法不可取代的下述优点：

1）胶黏剂硬化时间快，施工周期短，粘贴钢板加固施工时不必停产或少停产，对业主有特别的吸引力。

2）工艺简单，施工快捷方便，可以不动明火，对防火要求高的车间特别适用。

3）胶黏剂的强度高于混凝土本体强度，可以使加固体与既有构件形成一个整体，受力较均匀，不会在混凝土中产生应力集中现象。

4）粘贴钢板所占的空间小，几乎不增加被加固构件的断面尺寸和重量，不影响房屋的使用净空，不改变构件的外形。

结构胶是以环氧树脂为主剂，其优点如下：环氧树脂具有很高的胶黏性，对金属、混凝土、陶瓷、玻璃等大多数材料都有很好的黏结力；环氧树脂有良好的工艺性，可配制成很稠的膏状或很稀的灌浆材料，固化时间可根据需要进行适当调整，贮存性能稳定；固化的环氧胶有良好的物理、力学性能，耐腐蚀性能好，固化收缩率小；环氧树脂材料来源广，价格较便宜，基本无毒。

环氧树脂只有在加入固化剂后才会固化。单独的环氧树脂固化物呈脆性，因此必须在固化前加入增塑剂、增韧剂，以改变其脆性，提高其塑性和韧性，增强其抗冲击性能和耐寒性。

环氧树脂的固化剂种类很多，常用的有乙二胺、二乙醇三胺、三乙醇四胺、多乙醇多胺等。增塑剂不参与固化反应，常用的有邻苯二甲酸二丁酯、邻苯二甲酸二辛酯、磷酸三丁酯等。增韧剂（活性增塑剂）参与固化反应，一般用聚酰胺、丁腈橡胶、聚硫橡胶等。此外，为了减小环氧树脂的稠度，还需加入稀释剂，常用的有丙酮、苯、甲苯、二甲苯等。

目前市场上出售的结构胶均为双组分。甲组分为环氧树脂并添加了增塑剂一类的改性剂和填料，乙组分由固化剂和其他助剂组成，使用时按一定比例配制即可。

粘贴钢板加固法（图3-31）适用于钢筋混凝土受弯、大偏心受压和受拉构件，不适用于素混凝土构件，包括纵向受力钢筋一侧配筋率小于0.2%的构件。被加固的混凝土结构构件，其现场实测混凝土强度等级不得低于C15，且混凝土表面的正拉黏结强度不得低于1.5MPa。采用粘贴钢板加固法加固钢筋混凝土结构构件时，应将钢板的受力方式设计成仅承受轴向应力作用。

粘贴钢板加固法的使用环境：长期使用的环境温度不应高于60℃；处于特殊环境（如高温、高湿、介质侵蚀、放射等）的混凝土结构，除应按国家现行有关标准的规定采取相应的防护措施，尚应采用耐环境因素作用的胶黏剂，并按专门的工艺要求进行粘贴。采用粘贴钢板对钢筋混凝土结构进行加固时，应采取措施卸除或大部分卸除作用在结构上的活荷载。

图3-31 粘贴钢板加固法

2. 加固计算

（1）受弯构件正截面加固计算 采用粘贴钢板对梁、板等受弯构件进行加固时，除应符合现行《混凝土结构设计规范》正截面承载力计算的基本假定，尚应符合下列规定：构件达到受弯承载能力极限状态时，外贴钢板的拉应变 ε_{sp} 应按截面应变保持平面的假设确定；钢板应力 σ_{sp} 取拉应变 ε_{sp} 与弹性模量 E_{sp} 的乘积；当考虑二次受力影响时，应按构件加固前的初始受力情况，确定粘贴钢板的滞后应变；在达到受弯承载能力状态前，外贴钢板与混凝土之间不至出现黏结剥离破坏。

受弯构件加固后的相对界限受压区高度应按加固前控制值的 0.85 倍采用，即

$$\xi_{b,sp}=0.85\xi_b \tag{3.23}$$

在矩形截面受弯构件的受拉面和受压面粘贴钢板进行加固时（图 3-32），其正截面承载力应符合下列规定

$$M\leqslant\alpha_1 f_{c0}bx\left(h-\frac{x}{2}\right)+f'_{y0}A'_{s0}(h-a')+f'_{sp}A'_{sp}h-f_{y0}A_{s0}(h-h_0) \tag{3.24}$$

$$\alpha_1 f_{c0}bx=\psi_{sp}f_{sp}A_{sp}+f_{y0}A_{s0} \tag{3.25}$$

$$\psi_{sp}=\frac{(0.8\varepsilon_{cu}h/x)-\varepsilon_{cu}-\varepsilon_{sp,0}}{f_{sp}/E_{sp}} \tag{3.26}$$

$$x\geqslant 2a' \tag{3.27}$$

式中 M——构件加固后弯矩设计值；

x——混凝土受压区高度；

b、h——矩形截面宽度和高度；

f_{sp}、f'_{sp}——加固钢板的抗拉、抗压强度设计值；

A_{sp}、A'_{sp}——受拉钢板和受压钢板的截面面积；

A_{s0}、A'_{s0}——既有构件受拉和受压钢筋的截面面积；

a'——纵向受压钢筋合力点至截面近边的距离；

h_0——构件加固前的截面有效高度；

ψ_{sp}——考虑二次受力影响时，受拉钢板抗拉强度有可能达不到设计值而引用的折减系数，当 $\psi_{sp}>1.0$ 时，取 $\psi_{sp}=1.0$；

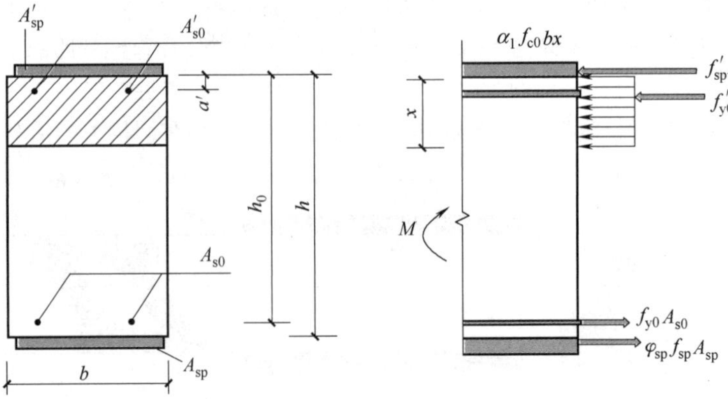

图 3-32 矩形截面受弯承载力计算

ε_{cu}——混凝土极限压应变，取 $\varepsilon_{cu}=0.0033$；

$\varepsilon_{sp,0}$——考虑二次受力影响时受拉钢板的滞后应变，可按相关规范规定计算，若不考虑二次受力影响，取 $\varepsilon_{sp,0}=0$；

其余参数意义同前。

(2) 受弯构件斜截面加固计算 受弯构件斜截面受剪承载力不足，应采用胶粘贴的箍板进行加固，箍板宜设计成加锚封闭箍、胶锚 U 形箍或带压条 U 形箍（图 3-33a），当受力很小时，也可采用一般 U 形箍。箍板应垂直于构件轴线方向粘贴（图 3-33b）；不得采用斜向粘贴。

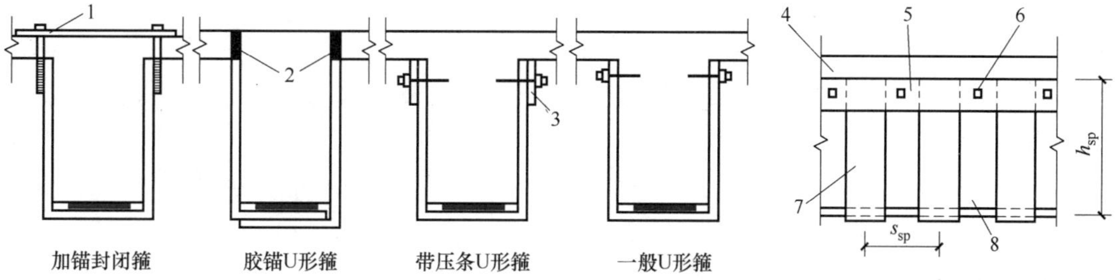

a)　　b)

图 3-33 扁钢抗剪箍及其粘贴方式

a）构造方式　b）U 形箍加纵向钢板压条

1—扁钢　2—胶锚　3—粘贴钢板压条　4—板　5—钢板底面空鼓处应加钢垫板

6—钢板压条附加锚栓锚固　7—U 形箍　8—梁

受弯构件加固后的斜截面应符合下列规定：

当 $h_w/b\leqslant 4$ 时

$$V\leqslant 0.25\beta_c f_{c0} b h_0 \tag{3.28}$$

当 $h_w/b\geqslant 6$ 时

$$V\leqslant 0.20\beta_c f_{c0} b h_0 \tag{3.29}$$

当 $4<h_w/b<6$ 时，按线性内插法确定。

式中 V——构件斜截面加固后的剪力设计值；

β_c——混凝土强度影响系数，按现行《混凝土结构设计规范》规定值采用；

b——矩形截面的宽度，T 形或 I 形截面的腹板宽度；

h_w——截面的腹板高度（对矩形截面，取有效高度；对 T 形截面，取有效高度减去翼缘高度；对 I 形截面，取腹板净高）。

(3) 大偏心受压构件正截面加固计算 采用粘贴钢板加固大偏心受压钢筋混凝土柱时，应将钢板粘贴于构件受拉区，且钢板长边应与柱的纵轴线方向一致。在矩形截面大偏心受压构件受拉边混凝土表面上粘贴钢板加固时（图 3-34），其正截面承载力应按下列公式确定

$$N\leqslant \alpha_1 f_{c0} bx+f'_{y0}A'_{s0}-f_{y0}A_{s0}-f_{sp}A_{sp} \tag{3.30}$$

$$Ne\leqslant \alpha_1 f_{c0} bx\left(h_0-\frac{x}{2}\right)+f'_{y0}A'_{s0}(h_0-a')+f_{sp}A_{sp}(h-h_0) \tag{3.31}$$

$$e=e_i+\frac{h}{2}-a \tag{3.32}$$

$$e_i = e_0 + e_a \tag{3.33}$$

式中 N——加固后轴向压力设计值；

e——轴向压力作用点至纵向受拉钢筋和钢板合力作用点的距离；

e_i——初始偏心距；

e_0——轴向压力对截面重心的偏心距，取为 $e_0 = M/N$；

e_a——附加偏心距，按偏心方向截面最大尺寸 h 确定（当 $h \leqslant 600$mm 时，$e_a = 20$mm；当 $h>600$mm 时，$e_a = h/30$）；

a、a'——纵向受拉钢筋和钢板合力点、纵向受压钢筋合力点至截面近边的距离；

其余参数意义同前。

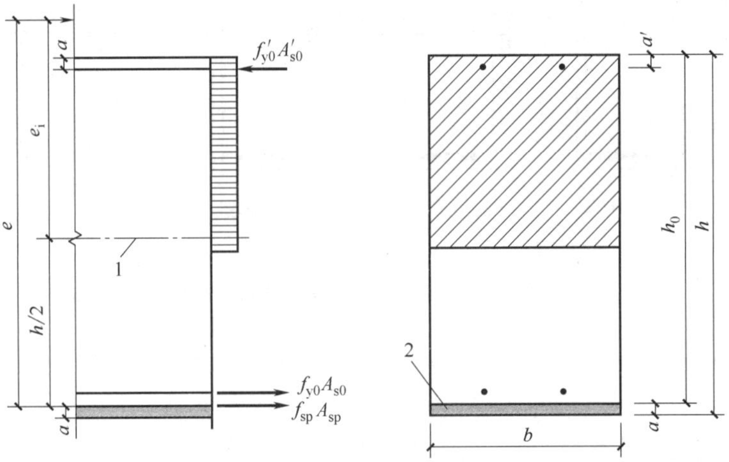

图 3-34 矩形截面大偏心受压构件粘钢加固承载力计算

1—截面中心轴 2—加固钢板

（4）受拉构件正截面加固计算 采用外贴钢板加固钢筋混凝土受拉构件时，应按既有构件纵向受拉钢筋的配置方式，将钢板粘贴于相应位置的混凝土表面上，且应处理好端部的连接构造及锚固。轴心受拉构件的加固，其正截面承载力应按下式确定

$$N \leqslant f_{y0}A_{s0} + f_{sp}A_{sp} \tag{3.34}$$

式中 N——加固后轴向拉力设计值；

其余参数意义同前。

矩形截面大偏心受拉构件的加固，其正截面承载力应符合下列规定

$$N \leqslant f_{y0}A_{s0} + f_{sp}A_{sp} - \alpha_1 f_{c0} bx - f'_{y0}A'_{s0} \tag{3.35}$$

$$Ne \leqslant \alpha_1 f_{c0} bx\left(h_0 - \frac{x}{2}\right) + f'_{y0}A'_{s0}(h_0 - a') + f_{sp}A_{sp}(h - h_0) \tag{3.36}$$

式中 N——加固后轴向拉力设计值；

e——轴向拉力作用点至纵向受拉钢筋合力点的距离；

其余参数意义同前。

3. 构造规定

粘钢加固的钢板宽度不宜大于 100mm。采用手工涂胶粘贴的钢板厚度不应大于 5mm；采用压力注胶黏结的钢板厚度不应大于 10mm，且应按外黏型钢加固法的焊接节点构造进行设计。

对钢筋混凝土受弯构件进行正截面加固时，应在钢板的端部（包括截断处）及集中荷载作用点的两侧，对梁设置U形钢箍板；对板应设置横向钢压条进行锚固。

当粘贴的钢板延伸至支座边缘仍不满足延伸长度计算公式的规定时，应采取下列锚固措施：

1）对梁，应在延伸长度范围内均匀设置U形箍（图3-35），且应在延伸长度的端部设置一道加强箍。U形箍的粘贴高度，应为梁的截面高度，当梁有翼缘（或有现浇楼板）时，应伸至其底面。U形箍的宽度，对端箍不应小于加固钢板宽度的2/3，且不应小于80mm；对中间箍不应小于加固钢板宽度的1/2，且不应小于40mm。U形箍的厚度，不应小于受弯加固钢板厚度的1/2，且不应小于4mm。U形箍的上端应设置纵向钢压条；压条下面的空隙应加胶黏钢垫块填平。

2）对板，应在延伸长度范围内通长设置垂直于受力钢板方向的钢压条。钢压条一般不宜少于3条；钢压条应在延伸长度范围内均匀布置，且应在延伸长度的端部设置一道。压条的宽度不应小于受弯加固钢板宽度的3/5，钢压条的厚度不应小于受弯加固钢板厚度的1/2。

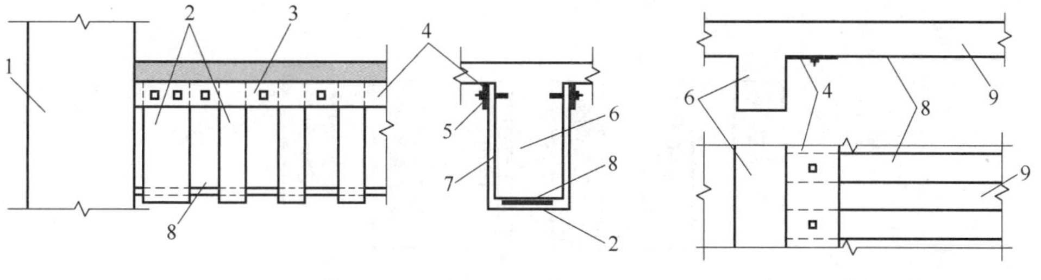

图3-35　梁粘贴钢板端部锚固措施

a）U形钢箍　b）横向钢压条

1—柱　2—U形箍　3—压条与梁之间空隙应加垫板　4—钢压条　5—化学锚栓　6—梁　7—胶层　8—加固钢板　9—板

当采用钢板对受弯构件负弯矩区进行正截面承载力加固时，应采取下列构造措施：

1）支座处无障碍时，钢板应在负弯矩包络图范围内连续粘贴；其延伸长度的截断点应按规范的原则确定。在端支座无法延伸的一侧，尚应按其构造方式（图3-36）进行锚固处理。

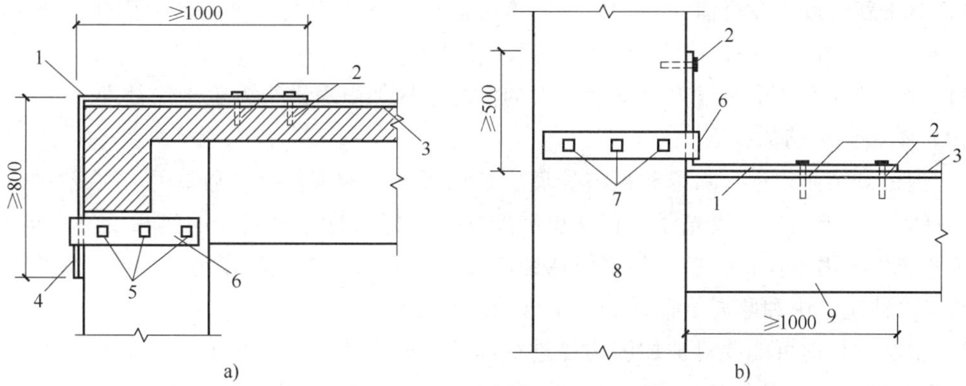

图3-36　梁柱节点处粘贴钢板的机械锚固措施

a）柱顶加贴L形钢板的构造　b）柱中部加贴L形钢板的构造

1—粘贴L形钢板　2—M12锚栓　3—加固钢板　4—加焊顶板（预焊）　5—$d \geqslant$M16的6.8级锚栓

6—胶黏于柱上的U形钢箍板　7—$d \geqslant$M22的6.8级锚栓及其钢垫板　8—柱　9—梁

2）支座处虽有障碍，但梁上有现浇板时，允许绕过柱位，在梁侧4倍板厚（$4h_b$）范围内，将钢板粘贴于板面上（图3-37）。

粘贴在混凝土构件表面上的钢板，其外表面应进行防锈蚀处理。表面防锈蚀材料对钢板及胶黏剂应无害。

4. 粘贴钢板施工要求

（1）施工工艺流程 粘贴钢板加固法施工应按图3-38所示工艺流程进行。

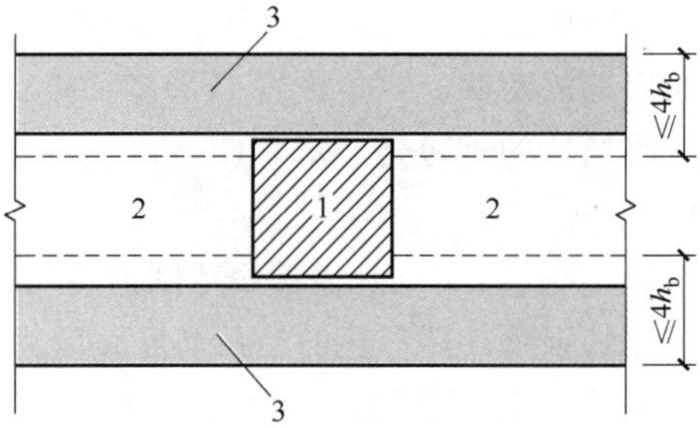

图3-37 绕过柱位粘贴钢板

1—柱 2—梁 3—板顶面粘贴的钢板

h_b—板厚

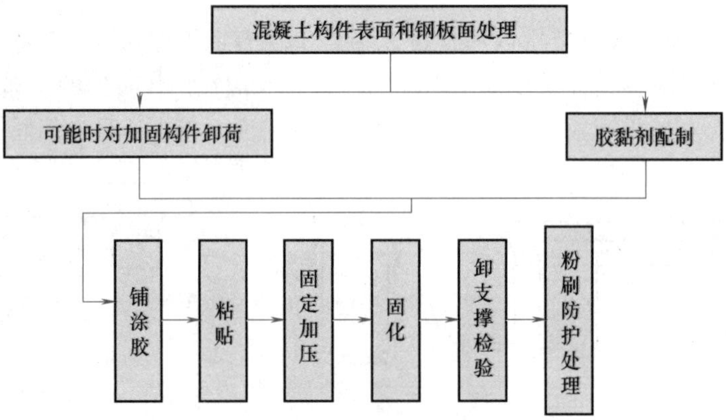

图3-38 粘贴钢板加固法施工工艺流程

混凝土构件表面应按下列方法进行处理：

1）对既有混凝土构件的黏合面，可用硬毛刷蘸高效洗涤剂，刷除表面油垢污物后用清水冲洗，再对黏合面进行打磨，除去2~3mm厚表层，直至完全露出新面，并用无油压缩空气吹除粉粒。如混凝土表面不是很脏很旧，则可直接对黏合面进行打磨，去掉1~2mm厚表层，用压缩空气除去粉尘或清水冲洗干净，待完全干燥后用脱脂棉蘸丙酮擦拭表面即可。

2）对于新混凝土黏合面，先用钢丝刷将表面松散浮渣刷去，再用硬毛刷蘸洗涤剂洗刷表面，或用有压力水冲洗，待完全干后即可涂黏结剂。

3）对于龄期在3个月以内或湿度较大的混凝土构件尚需进行人工干燥处理。

（2）钢板粘贴前的处理

1）钢板黏结面须进行除锈和粗糙处理。如钢板未生锈或轻微锈蚀，可用喷砂、砂布或平砂轮打磨，直至出现金属光泽。打磨粗糙度越大越好，打磨纹路应与钢板受力方向垂直。其后用脱脂棉蘸丙酮擦拭干净。如钢板锈蚀严重，需先用适度盐酸浸泡20min，待锈层脱落后用石灰水冲洗，中和酸离子，最后用平砂轮打磨出纹道。

2）粘贴钢板前可能要对被加固构件进行卸荷。如采用千斤顶顶升方式卸荷，对于承受均布荷载的梁，应采用多点（至少两点）均匀顶升，对于有次梁作用的主梁，每根次梁下要设一台千斤顶，顶升吨位以顶面不出现裂缝为准。

（3）胶黏剂的配制 建筑结构胶黏剂（如JGN型）为甲、乙两组分，使用前应进行现场质量检验，合格后方能使用，按产品使用说明书规定配制。注意搅拌时应避免雨水进入容器，按同一方向进行搅拌，容器内不得有油污。

（4）钢板粘贴

1）胶黏剂配制好后，用抹刀涂抹在已处理好的混凝土表面和钢板面上，厚度为2～3mm，中间厚边缘薄，然后将钢板贴在预定位置。如果是立面粘贴，为防止流淌，可加一层脱蜡玻璃丝布。粘贴好钢板后，用手锤沿粘贴面轻轻敲击钢板，如无空洞声，表示已粘贴密实，否则应剥下钢板补胶，重新粘贴。

2）钢板粘贴好后立即用夹具夹紧或用支撑固定，并适当加压，以使胶液刚从钢板边缘挤出为度。

（5）粘贴后的工作

1）JGN型胶黏剂在常温下固化，不均匀拉离强度保持在20kN/m以上，24h即可拆除夹具或支撑，三天后可受力使用。

2）加固后，钢板表面应刷水泥砂浆保护。如钢板表面积较大，为利于砂浆黏结，可粘一层铅丝网或点粘一层豆石。

（6）工程质量及验收

1）拆除临时固定设备后，应用小捶轻轻敲击黏结钢板，从声响判断黏结效果或用超声波法探测黏结密实度。如锚固区黏结面积少于90%，非锚固区黏结面积少于70%，则此黏结钢板无效，应剥下重新粘贴。

2）对于重大工程，为证实检验其加固效果，尚需抽样进行荷载试验，一般仅做标准使用荷载试验，即将卸去的荷载重新加上，其结构的变形和裂缝开展应满足设计使用要求。

延伸阅读

混凝土结构加固实例

某建于20世纪90年代初的建筑物，楼长34.89m，宽度为14.55m，建筑面积为2425.07m^2。主体结构共6层，其中1层为4.4m层高，2～4层为3.5m层高，5层为3.9m层高，6层为3.7m层高。采用钢筋混凝土框架结构，柱下钢筋混凝土条形基础，楼外部使用490mm红砖墙，内墙除6轴采用240mm红砖墙，外部以200mm厚加气混凝土砌块砌体为主。采用预制空心板和局部现浇板楼板，1～3层采用3级板作为层顶空心板，4～5层采用4级板作为层顶空心板，6层采用3级板层顶空心板，其中1～5层空心板在顶面设置了钢筋混凝土后浇层，厚度为60mm。框架梁柱混凝土设计强度等级为250kN/m^2。采用柱下钢筋混凝土条形基础，基础底面标高为-2.9m，室内和室外相差-0.9m高度，基础埋深为2.0m。基础混凝土设计强度等级为200kN/m^2，基础钢筋采用30mm厚度的混凝土保护层，将钢筋混凝土基础梁设置在条形基础内。通过查阅相关资料，得知基础下以黏性土为持力层。

加固要点：

1）粘贴钢板前，打磨2mm厚混凝土表面，将新表面露出，保持干燥清洁；钢板黏结面做好粗糙、除锈处理；做好粘贴表面质量检查。接触面处理工艺、粘钢操作等，以现行《混凝土结构加固技术规范》的规定为标准。

2）采用外黏型钢加固方法，全部焊接完成后再进行注胶操作，根据粘贴钢板技术要求，处理钢板黏结面和混凝土表面，打磨混凝土构件角部，半径应在 7mm 以上。使用改性环氧树脂胶黏剂作为灌注胶，保证胶层厚度（5mm）、性能质量等和规范要求相符。

3）植筋。在既有建筑加固改造工程中，植筋技术应用十分广泛，应采用带肋钢筋或全螺纹螺杆植入。在施工中，没有特殊标记的植筋点，植筋深度均为 15d，植筋距离应在 5d 以上，植筋边距应在 2.5d 以上。植筋端头贴根需要焊接植筋胶。应使用耐高温端头可焊植筋胶，没有特殊标记的可以使用国产植筋胶。如果是直径在 22mm 以上的植筋，应使用 A 级植筋胶，如果孔内潮气无法清除，使用能够适应潮湿环境的植筋胶。如使用非耐高温端头可焊植筋胶，应马上焊接，再进行种植。采用植筋技术，要避免损坏既有结构钢筋，应根据既有结构钢筋位置调整植筋位置，也应尽量避免破坏混凝土保护层，建议在构件纵筋中植筋。

4）对于新旧混凝土接触面，凿毛旧混凝土表面，清除浮灰，表面刷水泥浆。

5）对于取芯检测的洞口，将洞内壁凿毛刷净，灌入 C30 微膨胀细石混凝土，达到 70% 设计强度后再打磨平表面。

6）对于外露的钢材和钢筋，可使用环氧清漆、环氧防腐漆、铁红环氧树脂底漆做防腐处理，然后设置镀锌钢丝网，应抹厚度不小于 25mm 的高强防水砂浆。

3.3.6 外包型钢加固法

1. 概念及基本规定

外包型钢加固法是指对钢筋混凝土梁、柱外包型钢及钢缀板焊成的构架（图 3-39），以达到共同受力并使既有结构构件受到约束作用的加固方法。外包钢加固就是在混凝土梁、柱的四角或两面包以型钢的一种加固方法。它的优点是构件的截面尺寸增加不多，但混凝土梁、柱的截面承载能力和抗震能力可有较大幅度提高。外包型钢加固法是一种既可靠，又能大幅提高既有结构承载能力和抗震能力的加固技术。对于方形或矩形柱，大多在四角包角钢，并在横向用缀板连成整体，对于圆柱、烟囱等圆形构件多用扁钢加套箍的办法。

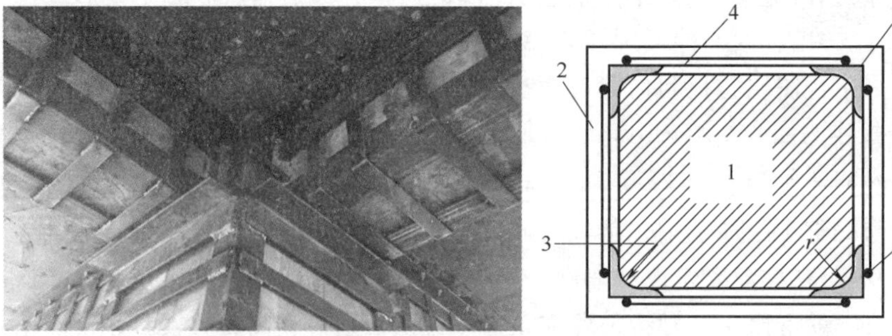

图 3-39 外包型钢加固

1—既有柱 2—防护层 3—注胶 4—缀板 5—角钢 6—缀板与角钢焊缝

外包型钢加固法，按其与既有构件连接方式分为外粘型钢加固法和无黏结外包型钢加固法，均适用于需要大幅度提高截面承载能力和抗震能力的钢筋混凝土柱及梁的加固。

无黏结外包型钢加固法也称为干式外包钢加固法，是把型钢直接外包于既有构件上，与既有构件没有黏结，或虽填塞有水泥砂浆但不能保证结合面剪力有效传递的外包钢加固方法

(图 3-40a)。当不使用结构胶，或仅用水泥砂浆堵塞混凝土与型钢间缝隙时，这种加固方法属于组合构件范畴。由于型钢与既有构件间无有效的连接，因而其所受的外力只能按原柱和型钢的各自刚度进行分配，而不能视为复合构件受力，以致很费钢材，仅在不宜使用胶黏剂粘贴的场合使用。

外粘型钢加固法也称为湿式外包钢加固法，是指在型钢与原柱间留有一定间隔，并在其间填塞乳胶水泥浆或环氧砂浆或浇灌细石混凝土，将两者黏结成一体的加固方法(图 3-40b)。这种方法也称为有黏结外包型钢加固法，属复合构件范畴。经外包型钢加固后，混凝土梁、柱的承载力得到了提高，同时由于梁、柱的核心混凝土受到型钢套箍和缀板的约束，构件的延性也得到了较大的提高。外粘型钢加固法不仅节约钢材，而且能获得更大的承载力，因此比干式外包型钢加固法更能获得良好的技术经济效果。

当工程要求不使用结构胶黏剂时，宜选用无黏结外包型钢加固法。其设计应符合下列规定：

1）当既有柱完好，但需提高其设计荷载时，可按既有柱与型钢构架共同承担荷载进行计算。此时，型钢构架与既有柱承受的外力，可按各自截面刚度比例进行分配。柱加固后的总承载力为型钢构架承载力与既有柱承载力之和。

a)　　b)

图 3-40　外包型钢加固法分类

a）无黏结外包型钢加固法　b）外粘型钢加固法

2）当既有柱尚能工作，但需降低原设计承载力时，既有柱承载力降低程度应由可靠性鉴定结果进行确定，其不足部分由型钢构架承担。

3）当既有柱存在不适于继续承载的损伤或严重缺陷时，可不考虑既有柱的作用，全部荷载由型钢骨架承担。

4）型钢构架承载力应按现行《钢结构设计规范》规定的格构式柱进行计算，并乘以与既有柱协同工作的折减系数 0.9。

5）型钢构架上下端应可靠连接、支承牢固。

当工程允许使用结构胶黏剂，且既有柱状况适于采取加固措施时，宜选用外粘型钢加固法（图 3-40b)，该方法属复合截面加固法。采用外包型钢加固法对钢筋混凝土结构进行加固时，应采取措施卸除或大部分卸除作用在既有结构上的活荷载。

混凝土结构构件采用外粘型钢加固时，其加固后的承载力和截面刚度可按整截面计算；其截面刚度 EI 的近似值，可按下式计算

$$EI = E_{c0}I_{c0} + 0.5E_aA_aa_a^2 \tag{3.37}$$

式中　E_{c0}、E_a——既有构件混凝土和加固型钢的弹性模量；

I_{c0}——既有构件截面惯性矩；

A_a——加固构件一侧外粘型钢截面面积；

a_a——受拉与受压两侧型钢截面形心间的距离。

采用外粘型钢（角钢或扁钢）加固钢筋混凝土轴心受压构件时，其正截面承载力应按下式验算

$$N \leqslant 0.9\varphi(\psi_{sc} f_{c0} A_{c0} + f'_{y0} A'_{s0} + \alpha_a f'_a A'_a) \tag{3.38}$$

式中 N——构件加固后轴向压力设计值；

φ——轴心受压构件的稳定系数，应根据加固后的截面尺寸，按现行《混凝土结构设计规范》GB 50010 采用；

ψ_{sc}——考虑型钢构架对混凝土约束作用引入的混凝土承载力提高系数，圆形截面柱取 1.15，截面高宽比 $h/b \leqslant 1.5$、截面高度 $h \leqslant 600$mm 的矩形截面柱取 1.1，其他矩形截面柱取 1.0；

α_a——新增型钢强度利用系数，抗震计算取 1.0，其他计算均取 0.9；

f'_a——新增型钢抗压强度设计值，应按现行《钢结构设计标准》的规定采用；

A'_a——全部受压肢型钢的截面面积。

2. 加固混凝土柱设计算例

例 3.5 某框架底层中柱为轴心受压构件，因设计时荷载取值漏项，使用中发现部分柱子产生纵向裂缝，经核算，其受轴向荷载设计值 $N=4585.2$kN。柱截面尺寸为 500mm×600mm，柱的计算长度 $l_0=5$m，混凝土强度等级为 C25，原柱采用 HPB300 级钢筋对称配筋，共配 4Φ20+4Φ18（$A'_s=2273\text{mm}^2$）。要求对该柱进行承载力复核，如不满足要求，试进行采用外包型钢的加固计算。

解： 1）既有柱的承载力验算。

$$\begin{aligned} N &\leqslant 0.9\varphi(\psi_{sc} f_{c0} A_{c0} + f'_{y0} A'_{s0}) \\ &= 0.9\times0.98\times(1.1\times11.9\times300000+300\times2273)\text{N} \\ &= 4065\text{kN} < 4585.2\text{kN} \end{aligned}$$

不满足承载力要求。

2）加固计算。既有柱承载力不足，决定采用外包角钢加固法，选择在柱的四角粘贴 Q235∠80×8，单根角钢截面积为 1230mm²，$A'_s=4920\text{mm}^2$。长细比 $l_0/b=5000/500=10.0$，$\varphi=0.980$，由式（3.38）得

$$\begin{aligned} N &= 0.9\varphi(\psi_{sc} f_{c0} A_{c0} + f'_{y0} A'_{s0} + \alpha_s f'_a A'_a) \\ &= 0.9\times0.980\times(1.10\times11.9\times300000+300\times2273+0.9\times215\times4920.0)\text{N} \\ &= 4904.73\text{kN} \end{aligned}$$

故满足承载力要求。

3. 构造规定

用外粘型钢加固法时，应优先选用角钢；角钢的厚度不应小于 5mm，角钢的边长，对梁和桁架，不应小于 50mm，对柱不应小于 75mm。沿梁、柱轴线方向应每隔一定距离用扁钢制作的箍板（图 3-41）或缀板（图 3-42a、b）与角钢焊接。当有楼板时，U 形箍板或其附加的螺杆应穿过楼板，与另加的条形钢板焊接（图 3-41a、b）或嵌入楼板后予以胶锚（图 3-41c）。箍板与缀板均应在用胶黏剂粘贴前与加固角钢焊接。当钢箍板需穿过楼板或胶锚时，可采用半重叠钻孔法，将圆孔扩成矩形扁孔；待箍板穿插安装、焊接完毕后，再用结构胶注入孔中予以封闭、锚固。箍板或缀板截面不应小于 40mm×4mm，其间距不应大于 $20r$（r 为单根角钢截面的最小回转半径），且不应大于 500mm；在节点区，其间距应适当加密。

外粘型钢的两端应有可靠的连接和锚固（图 3-42）。对柱的加固，角钢下端应锚固于基

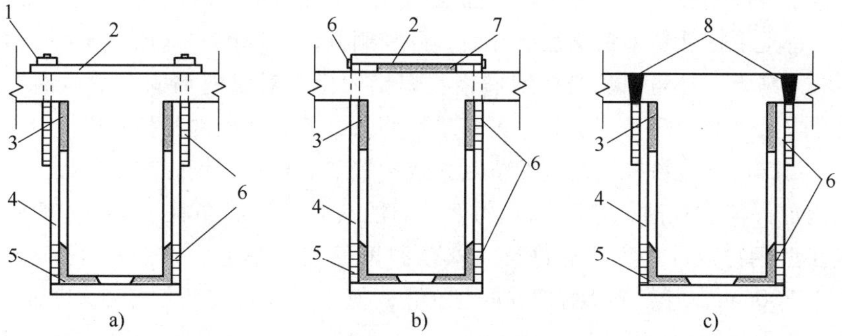

图 3-41　加锚式箍板

a）端部栓焊连接加锚式箍板　b）端部焊缝连接加锚式箍板　c）端部胶锚连接加锚式箍板

1—与钢板点焊　2—条形钢板　3—钢垫板　4—箍板　5—加固角钢　6—焊缝　7—加固钢板　8—嵌入箍板后胶锚

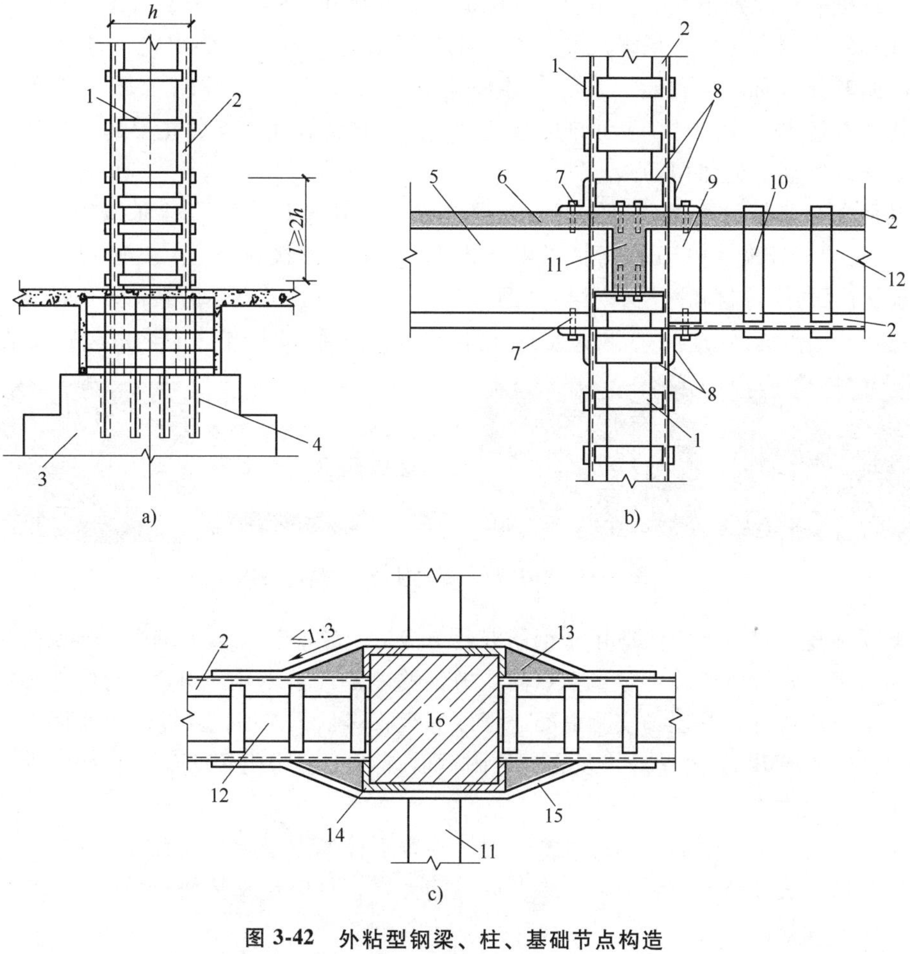

图 3-42　外粘型钢梁、柱、基础节点构造

a）外粘型钢柱、基础节点构造　b）外粘型钢梁、柱节点构造　c）外粘型钢梁、柱节点构造

1—缀板　2—加固角钢　3—既有基础　4—植筋　5—不加固主梁　6—楼板　7—胶锚螺栓　8—柱加强角钢箍　9—梁加强扁钢箍　10—箍板　11—次梁　12—加固主梁　13—环氧树脂砂浆填实　14—角钢　15—扁钢带　16—柱　l—缀板加密区长度

础；中间应穿过各层楼板，上端应伸至加固层的上一层楼板底或屋面板底；当相邻两层柱的尺寸不同时，可将上下柱外粘型钢交汇于楼面，并利用其内外间隔嵌入厚度不小于 10mm 的钢板焊成水平钢框，与上下柱角钢及上柱钢箍相互焊接固定。对梁的加固，梁角钢（或钢板）应与柱角钢相互焊接。必要时，可加焊扁钢带或钢筋条，使柱两侧的梁相互连接（图 3-42c）；对桁架的加固，角钢应伸过该杆件两端的节点，或设置节点板将角钢焊在节点板上。

外粘型钢加固梁、柱时，应将既有构件截面的棱角打磨成半径 $r \geq 7$mm 的圆角。外粘型钢的注胶应在型钢构架焊接完成后进行。外粘型钢的胶缝厚度宜控制在 3~5mm；局部允许有长度不大于 300mm、厚度不大于 8mm 的胶缝，但不得出现在角钢端部 600mm 范围内。

3.3.7 粘贴纤维复合材料加固法

1. 概念及适用范围

纤维复合材，即纤维增强塑料（Fiber Reinforced Plastic，简称 FRP），是指采用高强度的连续纤维按一定规则排列，经用胶黏剂浸渍、黏结固化后形成的具有纤维增强效应的复合材料，通称纤维复合材，它是纤维类材料中的一种。把高分子纤维织物（碳纤维等）浸润在合成树脂基体（如环氧树脂）中，基体固化成型后就是 FRP。FRP 中纤维含量为 60%~65%，其余为基体。FRP 材料中纤维的强度高，起着增强作用；基体主要起着传递纤维间的剪力和防止纤维屈曲的作用。

纤维复合材按材料种类划分，可分为碳纤维（CFRP）、玻璃纤维（GFRP）、芳纶纤维（AFRP）、玄武岩纤维（BFRP）等增强复合材料。按材料形状划分，主要有 FRP 片材（布状片材和板状片材）、棒材和网格状材料（图 3-43）。片材一般用环氧树脂粘贴在结构表面，棒材通常用于替代传统钢筋（主筋和箍筋），网格状材料是通过聚合物灰浆将其粘贴在结构表面。

图 3-43　FRP 布、板、棒材、网状材料

粘贴纤维复合材料加固法适用于钢筋混凝土受弯、轴心受压、大偏心受压及受拉构件的加固，不适用于素混凝土构件，包括纵向受力钢筋一侧配筋率小于 0.2%的构件加固。被加固的混凝土结构构件，其现场实测混凝土强度等级不得低于 C15，且混凝土表面的正拉黏结强度不得低于 1.5MPa。外贴纤维复合材加固钢筋混凝土结构构件时，应将纤维受力方式设计成仅承受拉应力作用。

粘贴在混凝土构件表面上的纤维复合材，不得直接暴露于阳光或有害介质中，其表面应进行防护处理。表面防护材料应对纤维及胶黏剂无害，且应与胶黏剂有可靠的黏结强度及相互协调的变形性能。

采用粘贴纤维复合材料加固法加固的混凝土结构，其长期使用的环境温度不应高于 60℃；加固处于特殊环境（如高温、高湿、介质侵蚀、放射等）的混凝土结构时，除应按国家现行有关标准的规定采取相应的防护措施，尚应采用耐环境因素作用的胶黏剂，并按专门的工艺要求进行粘贴。采用纤维复合材对钢筋混凝土结构进行加固时，应采取措施卸除或大部分卸除作用在结构上的活荷载。

采用粘贴纤维复合材料加固法加固混凝土梁、板、柱和基础如图 3-44 所示。

图 3-44　粘贴纤维复合材料加固法加固混凝土梁、板、柱和基础

2. 加固原理和优缺点

粘贴纤维复合材料加固法的原理是：将 FRP 片材用专门配制的粘贴树脂或浸渍树脂粘贴在结构混凝土构件需要的部位表面，树脂固化后与原构件形成整体并共同工作，使上述构件在承受超负荷时的变形被约束在一个有限的范围内，并且分担了荷载，降低了钢筋的应力，从而起到加固作用。

FRP 加固柱主要是将混凝土柱包裹在 FRP 增强材料的外壳中。混凝土受到外部纤维增强复合材料的包裹，其在承受轴压到一定阶段后处于三向受力状态，能很好地提高混凝土柱的承载力。纤维增强复合材料主要是承受由轴向压力而产生的沿纤维增强复合材料环向的拉力，充分发挥纤维复合材料抗拉能力强的特点。

在梁、板构件的受拉面粘贴 FRP 片材进行受弯加固，纤维方向应与构件轴向一致。采用封闭式粘贴、U 形粘贴或侧面粘贴 FRP 片材对梁、柱构件进行受剪加固（图 3-45），纤维方向应与构件轴向垂直。采用封闭式粘贴 FRP 布对混凝土柱进行受压、抗震加固，纤维方向应与柱轴向垂直。

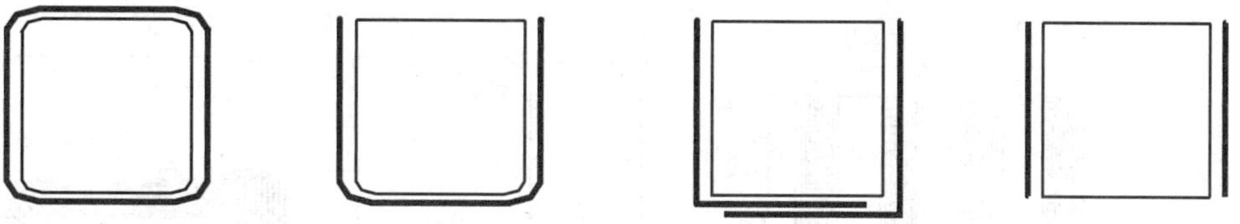

a)　　b)　　c)　　d)

图 3-45　纤维复合材加固方式

a）封闭缠绕粘贴　b）U 形粘贴　c）双 L 形板 U 形粘贴　d）侧面粘贴

纤维复合材料的优点：耐腐蚀性和耐久性好，与钢材相比，FRP 材料均具有良好的耐腐蚀性和耐久性，尤其在腐蚀性较大的环境效果中更为显著；自重轻，FRP 材料密度仅为钢材的 25%，材料轻且薄，基本不增加既有结构自重及构件尺寸；施工便捷，没有湿作业，不需大型施工机具，无须现场固定设施；抗疲劳性能良好，CFRP 材料与 AFRP 材料的抗疲劳性能均为钢材的 3 倍，对电磁无作用；碳纤维材料适用面广，可以广泛应用于各种结构类型、结构形状、结构部位，加固后不影响结构的形状和结构的外观。

纤维复合材料的缺点：抗剪强度低，FRP 材料抗剪强度低，通常不超过其抗拉强度的 10%左右；热膨胀系数与混凝土存在一定差别，环境温差较大时，有可能造成黏结被破坏和混凝土开裂，影响结构的耐久性能；弹性模量小，FRP 材料的弹性模量为普通钢筋的 25%～70%，因此，FRP 材料加固混凝土结构的挠度较大和裂缝开展较宽将不可避免，并且没有明显的屈服平台，破坏带有明显的脆性；当温度达到600℃以上，FRP材料会发生氧化，限制了其在高温环境下的使用；FRP材料成本较高，尤其是CFRP片材。

与FRP板相比，FRP布具有如下特点：在采用FRP布加固时，布的形状可以根据被加固结构的外形随意调整，尤其适用于缠绕加固混凝土柱；预应力FRP布和板的端部均需要特殊的锚固；FRP布较薄，需要粘贴多层才能满足要求，工序较多；FRP布自身没有刚度，运输方便。FRP板适用于梁、板的抗弯加固和抗剪加固（抗剪加固时需增加机械锚固措施）；FRP布适用于梁与柱的抗剪、抗弯加固、柱与节点的抗震加固。

按照受弯构件、受压构件、受拉构件不同其加固计算也不同，具体详见现行《混凝土结构加固设计规范》。

3. 构造规定

对钢筋混凝土受弯构件正弯矩区进行正截面加固时，其受拉面沿轴向粘贴的纤维复合材应延伸至支座边缘，且应在纤维复合材的端部（包括截断处）及集中荷载作用点的两侧，设置纤维复合材的U形箍（对梁）或横向压条（对板）。

当纤维复合材延伸至支座边缘仍不满足规范延伸长度的规定时，应采取下列锚固措施：

1）对梁，应在延伸长度范围内均匀设置不少于三道U形箍锚固（图3-46a），其中一道应设置在延伸长度端部。U形箍采用纤维复合材制作；U形箍的粘贴高度应为梁的截面高度；当梁有翼缘或有现浇楼板，应伸至其底面。U形箍的宽度，对端箍不应小于加固纤维复合材宽度的2/3，且不应小于150mm；对中间箍不应小于加固纤维复合材条带宽度的1/2，且不应小于100mm。U形箍的厚度不应小于受弯加固纤维复合材厚度的1/2。

2）对板，应在延伸长度范围内通长设置垂直于受力纤维方向的压条（图3-46b）。压条采用纤维复合材制作。压条除应在延伸长度端部布置一道外，尚宜在延伸长度范围内再均匀布置1~2道。压条的宽度不应小于受弯加固纤维复合材条带宽度的3/5，压条的厚度不应小于受弯加固纤维复合材厚度的1/2。

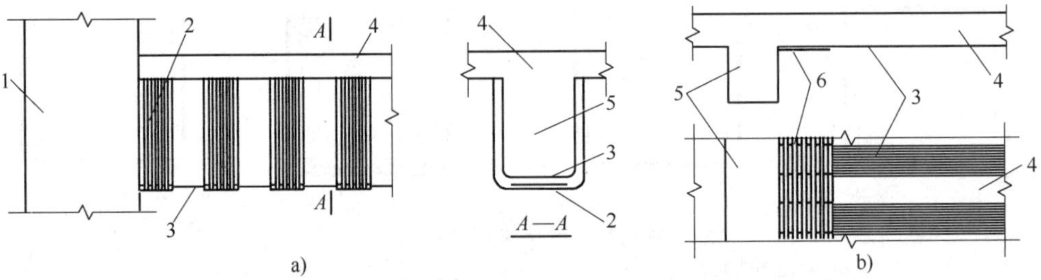

图3-46 梁、板粘贴纤维复合材端部锚固措施

a）U形箍 b）横向压条

1—柱 2—U形箍 3—纤维复合材 4—板 5—梁 6—横向压条

3）当纤维复合材延伸至支座边缘，遇到下列情况，应将端箍（或端部压条）改为钢材制作、传力可靠的机械锚固措施：可延伸长度小于计算长度的一半；加固用的纤维复合材为预成型板材。

4）当梁上无现浇板，或负弯矩区的支座处需采取加强的锚固措施时，可采取胶黏剂粘贴L形钢板（图3-47）的构造方式。但柱中箍板的锚栓等级、直径及数量应经计算确定。当梁上有现浇板，也可采取这种构造方式进行锚固，其U形钢箍板穿过楼板处，应采用半叠钻孔法，在板上钻出扁形孔以插入箍板，再用结构胶予以封固。

当采用纤维复合材的环向围束对钢筋混凝土柱进行正截面加固或提高延性的抗震加固时，其构造应符合下列规定：

1）环向围束的纤维织物层数，对圆形截面不应少于 2 层；对正方形和矩形截面柱不应少于 3 层；当有可靠的经验时，对采用芳纶纤维织物加固的矩形截面柱，其最少层数也可取为 2 层。

2）环向围束上下层之间的搭接宽度不应小于 50mm，纤维织物环向截断点的延伸长度不应小于 200mm，且各条带搭接位置应相互错开。

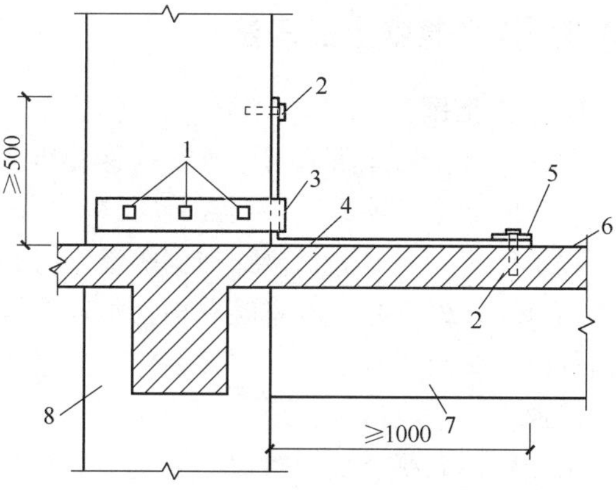

图 3-47 柱中部加贴 L 形钢板及 U 形钢箍板的锚固构造示例

1—d≥M22 的 6.8 级锚栓 2—M12 锚栓 3—U 形钢箍板，用胶粘贴于柱上 4—用胶粘贴 L 形钢板 5—横向钢压条，锚在楼板上 6—加固粘贴的纤维复合材 7—梁 8—柱

3.3.8 预应力碳纤维复合板加固法

1. 适用范围

预应力碳纤维复合板加固法适用于截面偏小或配筋不足的钢筋混凝土受弯、受拉和大偏心受压构件的加固；不适用于素混凝土构件，包括纵向受力钢筋一侧配筋率低于 0.2%的构件加固。被加固的混凝土结构构件，其现场实测混凝土强度等级不得低于 C25，且混凝土表面的正拉黏结强度不得低于 2.0MPa。粘贴在混凝土构件表面上的预应力碳纤维复合板，其表面应进行防护处理。表面防护材料应对纤维及胶黏剂无害。

粘贴预应力碳纤维复合板加固钢筋混凝土结构构件时，应将碳纤维复合板受力方式设计成仅承受拉应力作用。采用预应力碳纤维复合板对钢筋混凝土结构进行加固时，碳纤维复合板张拉锚固部分以外的板面与混凝土之间也应涂刷结构胶黏剂。采用预应力碳纤维复合板加固混凝土结构构件时，纤维复合板宜直接粘贴在混凝土表面，不推荐采用嵌入式粘贴方式。设计应对所用锚栓的抗剪强度进行验算，锚栓的设计剪应力不得大于锚栓材料抗剪强度设计值的 0.6 倍。

2. 构造要求

预应力碳纤维复合板加固用锚具可采用平板锚具，也可采用带小齿齿纹锚具（尖齿齿纹锚具和圆齿齿纹锚具）等。设计普通平板锚具的构造时，其盖板和底板的厚度应分别不小于 14mm 和 10mm；其加压螺栓的公称直径不应小于 22mm。

预应力碳纤维复合材的宽度宜为 100mm，对截面宽度较大的构件，可粘贴多条预应力碳纤维复合材进行加固。锚具的开孔位置和孔径应根据实际工程确定，孔距和边距应符合国家现行有关标准的规定。为了防止尖齿齿纹锚具将预应力碳纤维复合板剪断，该类锚具在尖齿处应进行倒角处理。对圆齿齿纹锚具，为防止预应力碳纤维复合板在锚具出口处因与锚具摩擦而产生断丝现象，锚具在端部切线方向应与预应力碳纤维复合板受拉力方向平行。现场施工时，在锚具与预应力碳纤维复合材之间宜粘贴 2~4 层碳纤维织物作为垫层，应在锚具、预应力碳纤维复合材及垫层上涂刷高强快固型结构胶，并在凝固前迅速将夹具锚紧，以防止预应力碳纤维复合板与锚具间的滑移。

3.3.9 置换混凝土加固法

1. 适用范围

置换混凝土加固法适用于承重构件受压区混凝土强度偏低或有严重缺陷的局部加固。受火灾或因施工差错等原因引起混凝土柱的强度下降，承载力不足，需进行加固。当遇到不宜增大柱子尺寸、只需进行局部加固等情况时，可采用置换混凝土法加固。采用置换混凝土加固法加固梁式构件时，应对既有构件加以有效的支顶。当采用置换混凝土加固法加固柱、墙等构件时，应对既有结构、构件在施工全过程中的承载状态进行验算、观测和控制，置换界面处的混凝土不应出现拉应力，当控制有困难，应采取支顶等措施进行卸荷。

采用置换混凝土加固法加固混凝土结构构件时，非置换部分的构件混凝土强度等级，按现场检测结果不应低于该混凝土结构建造时规定的强度等级。当混凝土结构构件置换部分的界面处理及其施工质量符合规范的要求时，其结合面可按整体受力计算。

2. 加固计算

(1) 置换法加固轴心受压构件 当采用置换法加固钢筋混凝土轴心受压构件时，其正截面承载力应符合下式规定

$$N \leqslant 0.9\varphi(f_{c0}A_{c0}+\alpha_c f_c A_c+f'_{y0}A'_{s0}) \tag{3.39}$$

式中 N——构件加固后的轴向压力设计值；

φ——受压构件稳定系数，按现行《混凝土结构设计规范》的规定值采用；

α_c——置换部分新增混凝土的强度利用系数（当置换过程无支顶时，$\alpha_c=0.8$；当置换过程采取有效的支顶措施时，$\alpha_c=1.0$）；

f_{c0}、f_c——既有构件混凝土和置换部分新混凝土的抗压强度设计值；

A_{c0}、A_c——既有构件截面扣去置换部分后的剩余截面面积和置换部分的截面面积；

其余参数意义同前。

(2) 置换法加固偏心受压构件 当采用置换法加固钢筋混凝土偏心受压构件时，其正截面承载力应按下列两种情况分别计算：①压区混凝土置换深度 $h_n \geqslant x_n$，按新混凝土强度等级和现行《混凝土结构设计规范》的规定进行正截面承载力计算；②压区混凝土置换深度 $h_n<x_n$，其正截面承载力应符合下列公式规定

$$N \leqslant \alpha_1 f_c b h_n+\alpha_1 f_{c0} b(x_n-h_n)+f'_{y0}A'_{y0}-\sigma_{s0}A_{s0} \tag{3.40}$$

$$Ne \leqslant \alpha_1 f_c b h_n h_{0n}+\alpha_1 f_{c0} b(x_n-h_n)h_{00}+f'_{y0}A'_{s0}(h_0-a'_s) \tag{3.41}$$

式中 N——构件加固后轴向压力设计值；

e——轴向压力作用点至受拉钢筋合力点的距离；

f_c——构件置换用混凝土抗压强度设计值；

f_{c0}——既有构件混凝土的抗压强度设计值；

x_n——加固后混凝土受压区高度；

h_n——受压区混凝土的置换深度；

h_0——纵向受拉钢筋合力点至受压区边缘的距离；

h_{0n}——纵向受拉钢筋合力点至置换混凝土形心的距离；

h_{00}——受拉区纵向钢筋合力点至原混凝土（x_n-h_n）部分形心的距离；

A_{s0}、A'_{s0}——既有构件受拉区、受压区纵向钢筋的截面面积；

b——矩形截面的宽度；

a_s'——纵向受压钢筋合力点至截面近边的距离；

f_{y0}'——既有构件纵向受压钢筋的抗压强度设计值；

σ_{s0}——既有构件纵向受拉钢筋的应力。

（3）置换法加固受弯构件　当采用置换法加固钢筋混凝土受弯构件时，其正截面承载力应按下列两种情况分别计算：①压区混凝土置换深度 $h_n \geqslant x_n$，按新混凝土强度等级和现行《混凝土结构设计规范》的规定进行正截面承载力计算；②压区混凝土置换深度 $h_n < x_n$，其正截面承载力应按下列公式计算

$$M \leqslant \alpha_1 f_c b h_n h_{0n} + \alpha_1 f_{c0} b(x_n - h_n) h_{00} + f_{y0}' A_{s0}'(h_0 - a_s') \tag{3.42}$$

$$\alpha_1 f_c b h_n + \alpha_1 f_{c0} b(x_n - h_n) = f_{y0} A_{s0} - f_{y0}' A_{s0}' \tag{3.43}$$

式中　M——构件加固后的弯矩设计值；

f_{y0}、f_{y0}'——既有构件纵向钢筋的抗拉、抗压强度设计值；

其余参数意义同前。

3. 构造规定

置换用混凝土的强度等级应比既有构件混凝土提高一级，且不应低于C25。混凝土的置换深度，板不应小于40mm；梁、柱，采用人工浇筑时，不应小于60mm，采用喷射法施工时，不应小于50mm。置换长度应按混凝土强度和缺陷的检测及验算结果确定，但对非全长置换的情况，其两端应分别延伸不小于100mm的长度。梁的置换部分应位于构件截面受压区内，沿整个宽度剔除（图3-48a），或沿部分宽度对称剔除（图3-48b），但不得仅剔除截面的一隅（图3-48c）。对既有结构，旧混凝土表面尚应涂刷界面胶，以保证新旧混凝土的协同工作。

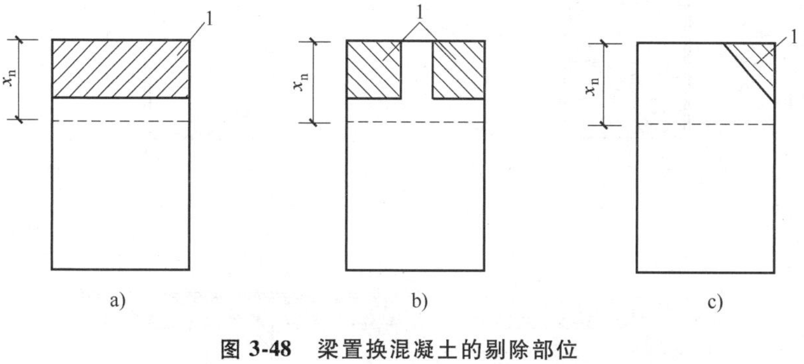

图3-48　梁置换混凝土的剔除部位

a）沿整个宽度剔除　b）沿部分宽度对称剔除　c）不得仅剔除截面一隅

1—剔除区　x_n—受压区高度

置换混凝土的施工应遵守下列规定：

1）应对既有构件混凝土存在的缺陷清理至密实部位，或清理至规定深度，并将表面凿毛或打成沟槽。沟槽深度不宜小于6mm，间距不宜大于箍筋间距的1/2，同时应除去浮渣、尘土和松动的石子。

2）新旧混凝土结合面应冲洗干净，浇筑混凝土前结合面应以高强度等级纯水泥浆或其他界面剂涂刷一道。

3）置换混凝土宜优先采用喷射混凝土或喷射钢纤维混凝土，特别当置换深度较小时，

若受条件限制需采用人工浇筑混凝土时，其模板搭设及新混凝土的浇筑和养护，应符合现行《混凝土工程施工规范》（GB 50666—2011）及《混凝土工程施工质量验收规范》（GB 50204—2015）的要求。

3.3.10 预张紧钢丝绳网片-聚合物砂浆面层加固法

复合截面加固法是通过采用结构胶黏剂或高强聚合物改性水泥砂浆（以下简称聚合物砂浆），将增强材料粘贴于既有构件的混凝土表面，使之形成具有整体性的复合截面，以提高其承载力和延性的一种直接加固法。根据增强材料的不同，可分为外粘型钢、外粘钢板、外粘纤维增强复合材料和外粘钢丝绳网-聚合物砂浆面层等多种加固法。预张紧钢丝绳网片-聚合物砂浆面层加固法属于一种复合截面加固方法，适用于钢筋混凝土梁、柱、墙等构件的加固，但现行《混凝土结构加固设计规范》仅对受弯构件的加固做出了规定。这种方法不适用于素混凝土构件，包括纵向受拉钢筋一侧配筋率小于 0.2%的构件。

采用预张紧钢丝绳网片-聚合物砂浆面层加固方法时，既有结构、构件按现场检测结果推定的混凝土强度等级不应低于 C15 级，且混凝土表面的正拉黏结强度不应低于 1.5MPa。

采用钢丝绳网片-聚合物砂浆面层加固混凝土结构构件时，应将网片设计成仅承受拉应力作用，并能与混凝土变形协调、共同受力。

钢丝绳网片-聚合物砂浆面层应采用下列构造方式对混凝土结构构件进行加固：对于梁和柱，应采用三面或四面围套的面层构造（图 3-49a 和 b）；对于板和墙，宜采用对称的双面外加层构造（图 3-49d），当采用单面的面层构造（图 3-49c）时，应加强面层与既有构件的锚固与拉结。

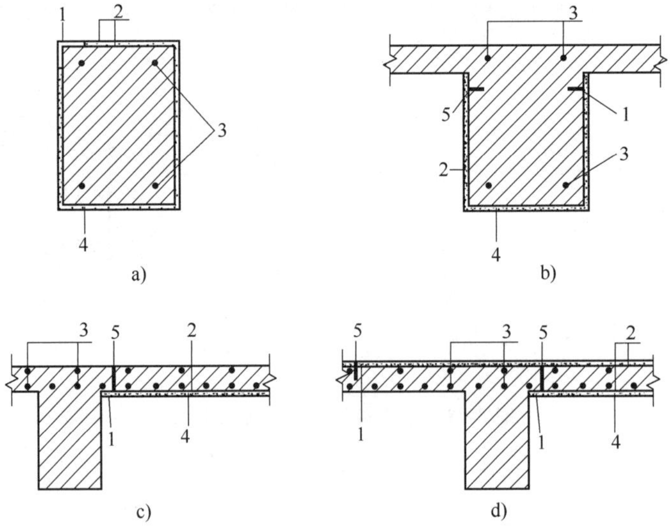

图 3-49 钢丝绳网片-聚合物砂浆面层构造示意

a）四面围套面层 b）三面围套面层 c）单面层 d）双面层

1—固定板 2—钢丝绳网片 3—既有构件的钢筋 4—聚合物砂浆面层 5—胶粘型锚栓

采用本方法加固时，应采取措施卸除或大部分卸除作用在结构上的活荷载。

3.3.11 绕丝加固法

绕丝加固法是指通过缠绕退火钢丝使被加固的受压构件混凝土受到约束作用，从而提高其极限承载力和延性的一种直接加固法。绕丝加固法适用于提高钢筋混凝土柱的位移延性的加固。采用绕丝法时，原构件按现场检测结果推定的混凝土强度等级不应低于 C10 级，但也不得高于 C50 级。

采用绕丝法时，若柱的截面为方形，其长边尺寸与短边尺寸之比应不大于 1.5。当绕丝的构造符合现行《混凝土结构加固设计规范》的规定时，采用绕丝法加固的构件可按整体截面进行计算。

采用环向绕丝法提高柱的位移延性时，在运用环向绕丝法进行柱的抗震加固计算时，其柱端箍筋加密区的总折算体积配箍率 ρ_v 应按下列公式计算

$$\rho_v = \rho_{v,e} + \rho_{v,s} \tag{3.44}$$

$$\rho_{vv,s} = \psi_{v,s} \frac{A_{ss} l_s}{s_s A_{cor}} \frac{f_{ys}}{f_{yv}} \tag{3.45}$$

式中　$\rho_{v,e}$——被加固柱原有的体积配箍率，当需重新复核时，应按既有构件箍筋范围内核心面积计算；

$\rho_{v,s}$——以绕丝构成的环向围束作为附加箍筋计算得到的箍筋体积配箍率的增量；

A_{ss}——单根钢丝截面面积；

A_{cor}——绕丝围束内既有柱截面混凝土面积；

f_{yv}——原有构件箍筋的抗拉强度设计值；

f_{ys}——绕丝抗拉强度设计值，取 $f_{ys}=300\text{N/mm}^2$；

l_s、s_s——绕丝的周长及绕丝间距；

$\psi_{v,s}$——环向围束的有效约束系数（对圆形截面，$\psi_{v,s}=0.75$；对正方形截面，$\psi_{v,s}=0.55$；对矩形截面，$\psi_{v,s}=0.35$）。

绕丝加固法的基本构造方式是将钢丝绕在 4 根直径为 25mm 专设的钢筋上（图 3-50），然后浇筑细石混凝土或喷抹 M15 水泥砂浆。绕丝用的钢丝应为直径为 4mm 的冷拔钢丝，但经退火处理后方可使用。既有结构构件截面的四角保护层应凿除，并打磨成圆角（图 3-50），圆角的半径 r 不应小于 30mm。绕丝加固用的细石混凝土应优先采用喷射混凝土，但也可采用现浇混凝土；混凝土的强度等级不应低于 C30 级。绕丝的间距，对重要构件，不应大于 15mm；对一般构件，不应大于 30mm。绕丝的间距应分布均匀，绕丝的两端应与既有结构构件主筋焊牢。绕丝的局部绷不紧时，应加钢楔绷紧。

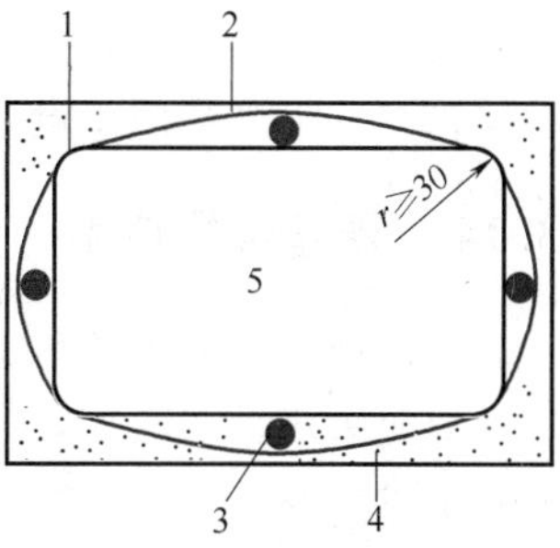

图 3-50　绕丝构造示意
1—圆角　2—直径为 4mm、间距为 5~30mm 的钢丝　3—直径为 25mm 的钢筋　4—细石混凝土或高强度等级水泥砂浆　5—既有柱
r—圆角半径

3.3.12　植筋技术

植筋技术适用于钢筋混凝土结构构件以结构胶种植带肋钢筋和全螺纹螺杆的后锚固设计；不适用于素混凝土构件，包括纵向受力钢筋一侧配筋率小于 0.2%的构件的后锚固设计。素混凝土构件及低配筋率构件的植筋应按锚栓进行设计。

采用植筋技术，包括种植全螺纹螺杆技术时，既有结构构件的混凝土强度等级应符合下

列规定：当新增构件为悬挑结构构件时，既有结构构件混凝土强度等级不得低于 C25；当新增构件为其他结构构件时，既有结构构件混凝土强度等级不得低于 C20。

采用植筋和种植全螺纹螺杆锚固时，其锚固部位的既有结构构件混凝土不得有局部缺陷。若有局部缺陷，应先进行补强或加固处理后再植筋。

种植用的钢筋或螺杆，应采用质量和规格符合现行《混凝土结构加固设计规范》规定的钢材制作。当采用进口带肋钢筋时，除应按现行专门标准检验其性能，尚应要求其相对肋面积 A_r 符合 $0.055 \leqslant A_r \leqslant 0.08$ 的规定。

植筋用的胶黏剂应采用改性环氧树脂类结构胶黏剂或改性乙烯基酯类结构胶黏剂。当植筋的直径大于 22mm 时，应采用 A 级胶。锚固用胶黏剂的质量和性能应符合现行《混凝土结构加固设计规范》的规定。

采用植筋锚固的混凝土结构，其长期使用的环境温度不应高于 60℃；应用于处于特殊环境（如高温、高湿、介质腐蚀等）的混凝土结构时，除应按国家现行有关标准的规定采取相应的防护措施，尚应采用耐环境因素作用的胶黏剂。

3.3.13 锚栓技术

锚栓技术适用于普通混凝土承重结构；不适用于轻质混凝土结构及严重风化的结构。混凝土结构采用锚栓技术时，其混凝土强度等级：对重要构件不应低于 C25 级；对一般构件不应低于 C20 级。

承重结构用的机械锚栓应采用有锁键效应的后扩底锚栓。这类锚栓按其构造方式的不同，又分为自扩底、模扩底和胶粘-模扩底三种（图 3-51）；承重结构用的胶粘型锚栓应采用特殊倒锥形胶粘型锚栓。自攻螺钉不属于锚栓体系，不得按锚栓进行设计计算。

在抗震设防区的结构中，以及直接承受动力荷载的构件中，不得使用膨胀锚栓作为承重结构的连接件。当在抗震设防区承重结构中使用锚栓时，应采用后扩底锚栓或特殊倒锥形胶粘型锚栓，且仅允许用于设防烈度不高于 8 度并建于Ⅰ、Ⅱ类场地的建筑物。

3.3.14 裂缝修补技术

裂缝修补技术适用于承重构件混凝土裂缝的修补；当应用于修补承载力不足而引起的裂缝时，尚应采用适当的加固方法进行加固。经可靠性鉴定确认为必须修补的裂缝，应根据裂缝的种类进行修补设计，确定其修补材料、修补方法和时间。

裂缝修补材料应符合下列规定：

1）改性环氧树脂类、改性丙烯酸酯类、改性聚氨酯类等的修补胶液，包括配套的打底胶、修补胶和聚合物注浆料等的合成树脂类修补材料，适用于裂缝的封闭或补强，可采用表面封闭法、注射法或压力注浆法进行修补。

2）无流动性的有机硅酮、聚硫橡胶、改性丙烯酸酯、聚氨酯等柔性的嵌缝密封胶类修补材料，适用于活动裂缝的修补，以及混凝土与其他材料接缝界面与缩性裂隙的封堵。

3）超细无收缩水泥注浆料、改性聚合物水泥注浆料及不回缩微膨胀水泥等的无机胶凝材料类修补材料，适用于构件挠度或预应力反拱 $\omega>1.0\text{mm}$ 的静止裂缝的修补。

4）无碱玻璃纤维、耐碱玻璃纤维或高强度玻璃纤维织物、碳纤维织物或芳纶纤维等的纤维复合材与其适配的胶粘剂，适用于裂缝表面的封护与增强。

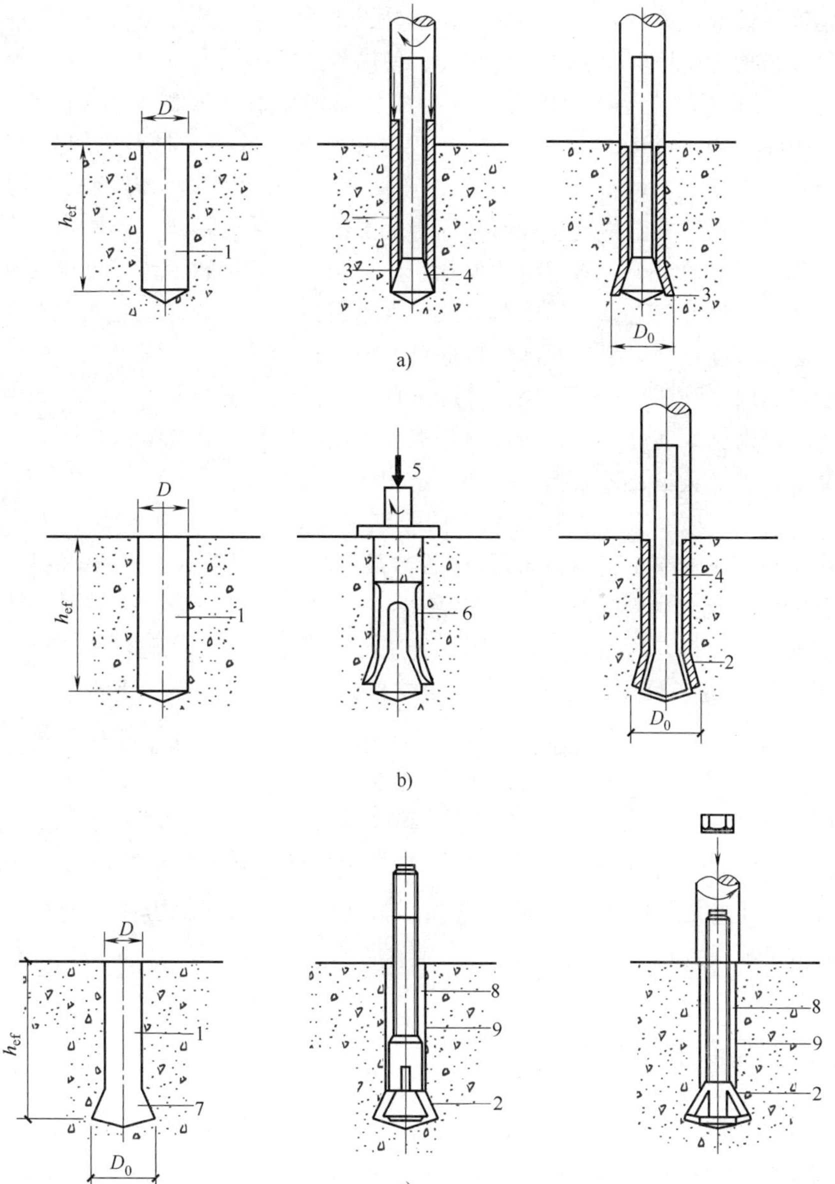

图3-51 后扩底锚栓

a）自扩底锚栓 b）模扩底锚栓 c）胶粘-模扩底锚栓

1—直孔 2—扩张套筒 3—扩底刀头 4—柱锥杆 5—压力直线推进 6—模具式刀具 7—扩底孔 8—胶黏剂 9—螺纹杆 h_{ef}—锚栓的有效锚固深度 D—钻孔直径 D_0—扩底直径

延伸阅读

混凝土结构耐久性加固技术

混凝土结构耐久性加固技术主要针对结构损伤部位进行修补，通过对混凝土结构出现的裂缝和钢筋锈蚀部位进行修复补强，阻止结构损伤部位的继续恶化使得损伤隐患得以消除，进而提高结构的使用功能和结构可靠性，使结构达到加固的目的并有效延长结构的使用寿命。PVA-ECC混凝土结构加固方法最早由美国密歇根大学的V. C. Li提出，通过在ECC（Engineered Cementitious Composite，工程水泥基复合材料）材料中加入PVA（聚乙烯醇）纤维来提高混凝土的密实度，进而提升混凝土的抗渗性能，从而提升混凝土结构的耐久性。有学者对混凝土梁进行抗弯加固静力加载时，采用了7根内嵌预应力螺旋肋钢丝和非预应力形成对照试验，通过对比发现，内嵌预应力螺旋肋钢丝不仅可以有效减小构件的挠度，而且能使开裂荷载、屈服荷载及最大承载力得到提升，还能减小或者闭合既有裂缝，限制裂缝宽度和延迟裂缝开展，进而可有效提升梁的抗变形能力并改善正常使用状态。还有学者将凯泰（CTA）改性聚丙烯纤维加入到混凝土的结构中，发现聚丙烯纤维在混凝土结构中能起到微筋的作用，通过增强混凝土结构的韧性和抗变形能力，从而抑制裂缝宽度和减少微裂缝数目，进而提升混凝土结构的耐久性。

通过研究发现，ECC是一种比较先进的经细观微力学设计的工程材料，具有较好的应变与硬化特性，通常在小于2%的纤维体积掺量下能使材料具有3%~7%的极限拉应变。ECC的加入能使混凝土材料工作时具有多缝稳态开裂的特点，对材料的耐久性、安全性和适用性等方面具有很好的提升效果。由于传统的混凝土普遍存在脆性大、抗拉能力较弱的缺点，所以ECC在桥梁道路施工及混凝土结构修补加固中具有广泛的应用前景。如高强混凝土具有很大的脆性，在混凝土中加入0.9kg/m^3的聚丙烯纤维就可有效解决大体积高强度混凝土的开裂问题。2002年在美国密歇根州，工程人员对一处破损严重的公路桥梁面板使用大量ECC对其进行了加固处理。2003年在对日本广岛的一处已经使用了60年的Mi-taka水坝进行了维修加固处理时，在已严重破坏并有开裂破损和漏水的600m^2混凝土结构表面喷涂了一层20mm厚的ECC覆盖层，在不影响正常使用情况下对水坝工程进行了快速高效的修复加固，水坝修复后工作状态良好。

3.4 混凝土屋架的加固

屋架是一种屋盖承重结构，是工业与民用建筑中的主要结构构件之一。由于屋架的杆件多且细，节点构造复杂，因此屋架出现问题和需加固的比例较高。屋架通常存在承载力达不到设计要求，刚度不足，使用功能不良，裂缝过宽，钢筋锈蚀严重，耐久性不足，甚至危及结构安全等问题。

3.4.1 混凝土屋架的常见问题

1. 普通混凝土屋架的常见问题

1）对于跨度较大的屋架，由于受拉钢筋较长，当制作屋架时胎模中竖直度控制不严或钢筋折曲、下挠，则屋架在受荷后，受拉钢筋先被拉直，使下弦杆产生裂缝，屋架发生较大挠度，严重时引起沿主筋方向的纵向裂缝，从而有害介质顺裂缝侵蚀主筋，继而保护层崩落。

2）下弦杆焊接方法不当，致使焊点两侧的钢筋的力线不在一条直线上，屋架受荷后轻者使其受力偏心，导致出现裂缝，重者会因过大的应力集中而拉断。

3）施工质量低劣导致混凝土过早开裂。如混凝土强度达不到设计要求，误将光圆钢筋代替螺纹钢筋等。

4）由于屋架自重较大，侧向刚度又较小，因而在起吊扶直时，易使屋架受扭。此外，屋架的上弦和下弦杆在吊装时与正常受荷时受力方向往往也不同，从而在吊装时易发生裂缝，减弱了屋架的刚度，影响了荷载作用下的内力分布。

5）节点配筋不合理，致使节点处发生裂缝。如下弦节点，由于受拉腹杆伸入下弦杆的深度不足，致使屋架在未达到设计荷载时就在节点处出现裂缝。

6）钢筋混凝土屋架属细杆结构，一般是平卧浇筑而成。施工中往往因上表皮灰浆较厚，骨料下沉及表面加浆压光等原因，极易产生初凝期的表面裂缝，或终凝后的干缩裂缝，此类裂缝虽不影响结构的承载力，但是当构件处于含有二氧化硫、二氧化碳及微量的硫化氢、氯气或其他工业腐蚀介质的空气中时，裂缝将会使钢筋腐蚀而造成破坏，也称为“腐蚀破坏”。冷拉后的高强钢筋更容易发生腐蚀破坏，这是由于钢筋经冷拉后，表面已呈肉眼可见的粗糙面，对腐蚀介质很敏感。

7）一些厂房的屋盖严重超载，使屋架开裂甚至破坏。例如，铸造车间、水泥厂及其邻近的厂房屋面，如果不及时清除积灰，极易造成超载。又如，某些厂房随意更换屋面面层而造成超载。

8）违反施工要求，埋下事故隐患。如屋面板铺设时，应与屋架三点焊接，这一要求在施工中往往得不到保证，从而极大地削弱了上弦水平支撑。例如，某工厂采用组合屋架，由于在吊装时屋面板与屋架间漏焊较多，屋架与柱焊接不牢，屋架安装倾斜，导致建成三个月后，该屋架突然倒塌，造成重大事故。

9）地基不均匀沉降导致屋架内力变化和杆件严重开裂。例如，某厂屋盖承重结构采用三跨连续钢筋混凝土空腹桁架，由于该厂建在二级非自重湿陷性黄土区，投产两年后地基不均匀下沉，导致桁架受拉弦杆和腹杆产生大量裂缝（最大缝宽达17mm），因此不得不进行加固处理。

2. 预应力混凝土屋架的常见问题

1）预应力筋的预留孔道位置不准确，产生初始偏心，加之后张时两束预应力筋拉力不相等，易使下弦杆产生侧向翘曲及纵向裂缝。

2）由于屋架下弦较长，预应力筋需采用闪光焊接。如果焊接质量得不到保证，可能出现断裂事故。

3）预应力锚具是预应力混凝土技术成败的关键技术之一，它的质量直接影响预应力筋的锚固效果。例如，南京某厂24m预应力混凝土梯形屋架在张拉灌浆后的第二天早晨，突然发生多榀屋架螺栓端杆与预应力筋焊接处断裂甩出的事故。经分析化验表明，主要原因是螺栓端杆的化学成分与预应力主筋不同，两者的焊接性差。

4）自锚头混凝土强度未达到C30就放张预应力筋，导致主筋锚固不佳甚至回缩滑动，使预应力损失较大。采用高铝（矾土）水泥浇筑自锚头时，由于未严格控制水泥质量，浇筑后早期强度达不到C20，因此不能对主筋进行有效的锚固，使屋架端部开裂。

5）屋架混凝土强度未达到设计要求，就过早地施加预应力或进行超张拉，引起下弦杆压缩较大，增加了其他杆件的次应力，甚至由于局部承压不足而使端部破坏，或下弦杆因预压应力过高而产生纵向裂缝，或使上弦杆开裂。

6）当气温低于0℃时对预应力孔灌浆，混凝土因膨胀而对孔壁产生压力，并有可能使孔道壁发生纵向裂缝。例如，东北地区某36m预应力混凝土屋架，冬期施工，灌浆后气温骤降，所灌的水泥浆游离水受冻膨胀，导致预应力筋孔道壁最薄处发生500~1000mm长的裂缝。

3.4.2 混凝土屋架的加固方法

屋架各构件内力相互影响较为敏感，合理地选择加固方法和加固构造非常重要。对屋架加固前后的内力进行分析，不仅可以指导加固方法的选择，还可作为加固设计的依据。

1. 混凝土屋架荷载计算及内力分析

1）荷载和荷载组合。屋架上的荷载取值应考虑其实际荷载情况，并按全跨活荷载加恒载作用和恒载加半跨活荷载作用两种情况进行荷载组合，以求出屋架各杆件的最不利内力。

2）计算简图和内力计算。钢筋混凝土屋架由于节点整浇，严格地说，属多次超静定刚接桁架，因此计算十分繁复，但一般情况下可以简化成铰接桁架进行计算。

2. 混凝土屋架加固方法

混凝土屋架的加固方法一般分补强和卸载两种，前者通常适用于屋架部分杆件的加固，后者往往用于确保整榀屋架的承载安全。当屋盖结构损坏严重、完全失去加固意义时，应将其拆除，更换新的。补强法包括施加预应力法、改变传力路线法、外包角钢法、增大截面法；卸载法包括减轻屋面荷载法、双重承载体系法；此外，还有拆除既有屋面结构方法。

（1）施加预应力法 施加预应力法是屋架加固最常用的方法，具有施工简便、节省用材、效果良好等特点。因为屋架中的受拉杆易出问题，其中下弦杆出问题的比例较大，施加预应力能使原拉杆的内力降低或承载力提高，裂缝宽度缩小，甚至可使裂缝闭合。另外，施加预应力可减小屋架的挠度，消除或减缓后加杆件的应力滞后现象，使后加杆件有效地参与工作。

预应力筋的布置形式有直线式、下沉式、鱼腹式和组合式等。这几种预应力加固方法运用后要进行内力计算和承载力验算。承载力验算时，根据屋架的实际受力情况，对各杆的最终内力进行修正后，即可进行承载力验算。上弦杆按偏心受压构件验算，腹杆及下弦杆按轴心受压或轴心受拉构件验算。验算的方法按现行《混凝土结构设计规范》进行。

（2）外包角钢法 无论是受拉杆还是受压杆，当其承载力不足时，均可采用外包角钢法。对于受拉杆件，应特别注意外包角钢的锚固。对于受压杆件，除锚固好外包角钢，还应注意缀条的间距，以避免角钢失稳。外包角钢可采用干式或湿式方法加固。外包角钢加固法对提高屋架杆件承载力的效果是十分显著的，但对拉杆中的裂缝减小作用很小，尤其采用干式外包角钢加固。外包角钢加固混凝土屋架的设计步骤如下：按结构力学方法计算其荷载作用下的各杆的内力；按现行《混凝土结构设计规范》验算各杆件的承载力；对于承载力不足杆件，采用外包角钢法加固。被加固的腹杆和下弦杆的承载力可按外包角钢加固法验算，上弦杆可用增补受拉钢筋的方法验算。

（3）改变传力路线法 当上弦杆偏心受压承载力不足时，除了采用外包角钢法加固，还可采用改变传力线路法加固。常用的有斜撑法和再分法。

1）斜撑法是采用斜撑杆来减小上弦杆的节间跨度和偏心弯矩的方法。斜撑杆的下端直接支撑在节点处，上端则支撑在新增设的角钢托梁上。为了防止角钢托梁滑动而导致斜杆丧失顶撑作用，在施工时应在托梁与上弦之间涂一层环氧砂浆或高强砂浆。托梁的上端应顶紧节点，并用U形螺栓将其紧固在上弦上。斜撑杆可以焊接在托梁上，也可以用高强螺栓固定。随后用钢楔块敲入斜杆下端和混凝土间的缝内，以建立一定的预顶力。

采用斜撑法加固屋架，增加了屋架的腹杆，从而减小了外弯矩，改善了斜杆附近的腹杆受力。但是，这种方法有时会改变斜撑附近腹杆的受力状态，从而产生不利影响。因此，采用斜撑法时，应对加固后的屋架杆件内力重新进行分析和计算。

在计算用斜撑法加固的混凝土屋架的内力时，应将增设的斜撑杆视为加固屋架的受压腹杆，要计算各杆件的内力。当增设的斜撑杆不多或仅在屋架的端节间增加斜撑杆时，也可仅对局部杆件进行内力计算。

2）再分法，通常为在支撑点处设置角钢，下部拉杆用钢筋或型钢固定在附加于节点的钢板上。采用这种方法仅仅改善加固节间上弦杆的受力状态，因而对邻近杆件内力的影响很小。这种方法需要验算支承再分杆的斜拉腹杆的内力及工作状况。对于用再分法加固的上弦杆，可采用增设弹性支点加固法计算。

（4）减轻屋面荷载法　减轻屋面的荷载即可减小屋架每根杆件的内力，有效提高屋架的安全度，全面解决屋架抗裂性及承载力问题。减轻屋面荷载法主要是拆换屋面结构和减轻屋面自重，如将大型屋面板改为瓦楞铁或石棉水泥瓦，将屋面防水层改用轻质薄层材料等。

（5）双重承载体系法　双重承载体系法是指在既有屋架旁另加屋架，以协助既有屋架承重。设置方法之一是在既有两榀屋架间增设屋架，使其不仅协助既有屋架承重，还减小屋架的间距和屋面板的跨度。但是，增设屋架的设置问题往往较难解决，且应注意在屋面板的中间支点处（增设的屋架处）不应产生负弯矩。另一种做法是在既有屋架的两边各绑贴一榀新屋架。新屋架一般采用钢屋架或轻钢屋架。双重承载体系不宜轻易采用。因为新加设屋架不仅施工困难，耗钢量大，而且不易与既有屋架协同工作。因此，这种加固方法只有当其他加固方法施工十分困难或不太经济，或屋架卸载不允许的情况下才使用。

（6）拆除既有屋面结构　当屋架及屋面结构破损比较严重，基本失去加固补强的意义时，应将既有屋面结构拆除，更换新的屋架及屋面结构。这种方法只有在不得已的情况下才采用。因为对屋架的加固大多为对拉杆的加固，而加固拉杆的办法较多。

3. 提高混凝土屋架耐久性措施

混凝土屋架的耐久性不足，多半是由于受拉构件混凝土碳化或裂缝过宽，致使构件锈蚀严重和混凝土保护层崩落，进而危及屋架结构的安全。屋架的耐久性加固包含防止或减缓钢筋进一步锈蚀，以及对锈蚀严重的受拉构件进行补强加固两种措施。

由于屋架构件断面较小，因此还可采取先用防水密封材料将裂缝封闭，再在杆件表面涂刷防水涂料或涂膜防水材料，最后用“一布二胶”包裹杆件表面的办法。“一布二胶”是指在开裂构件上边涂刷环氧树脂，裹上纱布，然后再在纱布上涂一层环氧树脂。如果裂缝仅一边有，钢筋也靠近裂缝边，则可在裂缝出现的一面采用“一布二胶”保护。

由于屋架中多半采用较高强度的钢筋，而较高强度钢筋在出现锈蚀之后易发生突然断裂，另外由于下弦杆件对屋架的安全至关重要，所以对于有锈蚀现象的下弦构件一般应补加受拉钢筋。当锈蚀非常严重时，补加的钢筋应能安全替代既有屋架下弦杆的受拉承载作用。这样，即使既有屋架下弦杆内钢筋出现断裂，也不会引起屋架倒塌。新补加的钢筋应采用预应力法施工。

延伸阅读

某超高层中外包混凝土的钢管混凝土组合柱加固

钢管混凝土结构是一种新型组合结构，是将混凝土填充在薄壁钢管内部形成的一种结构类型，是在配置螺旋箍筋的混凝土结构和劲性钢筋混凝土的基础上逐渐演变和发展而来。钢管混凝土最早主要用于铁路桥梁及工业建筑等，1879 年英国首次将钢管混凝土用于铁路桥墩，随着欧美等一些国家相继对钢管混凝土结构的高度重视，在 20 世纪中期迎来了高速发展期。我国对钢管混凝土也有深入的研究，并取得了显著的成果，建立了相对完善的理论体系，如钢管混凝土结构的计算与应用三向应力混凝土等。近些年来，随着钢管混凝土理论与应用的快速发展，一种外包混凝土的钢管混凝土组合结构在超高层建筑中逐步推广开来，既有效地发挥了钢管和混凝土各自的优点，又避免了钢管混凝土结构中钢管裸露在外带来的种种困扰。

该工程为山西某一超高层写字楼项目，地上共 34 层，高约 144m，抗震设防烈度为 8 度，为框架-核心筒结构，其中框架柱为外包混凝土的钢管混凝土组合柱，结构布置如图 3-52 所示。

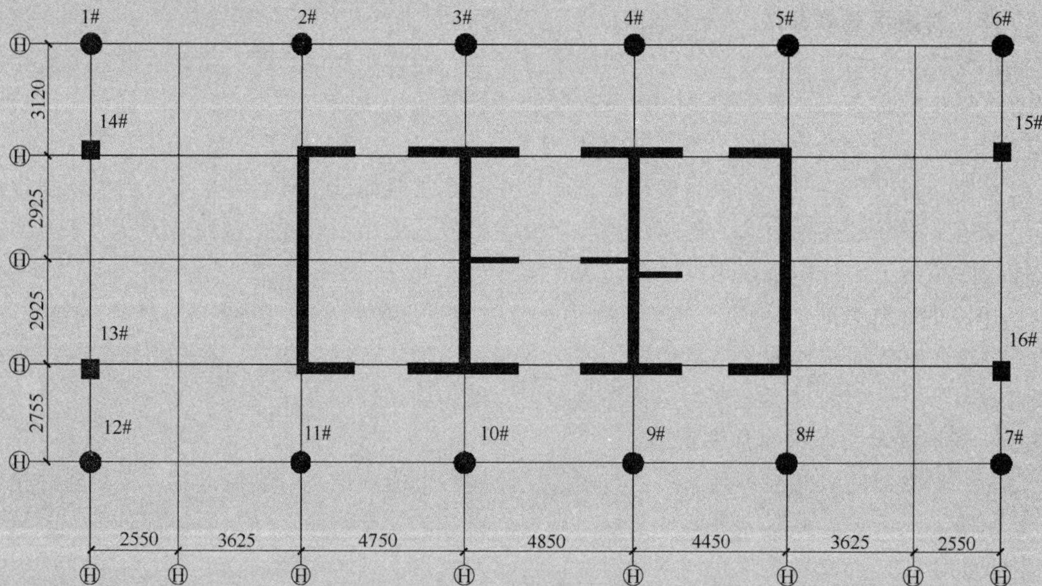

图 3-52 结构布置图

该项目为冬期施工，由于施工管理不当和施工工艺相对不完善，结构主体竣工后，15 层至顶层部分框架柱出现严重破损和多处裂缝。经过详细检测，发现钢管柱内存在大量积水和离析的砂石。在未发生地震作用的情况下，开裂首先发生在中上层。最终鉴定结论为：由于混凝土离析沥水后低温冻胀引起柱开裂破损，非静载作用下造成的直接受力破坏。

（1）方案 1 针对严重破坏的柱，采用植筋加大柱截面的加固方法。由于加固的柱需从地下室底板至屋顶全高加固，不可避免地会破坏柱下环梁，植筋过程中很大可能会加速裂缝发展，造成结构失稳引发连锁性倒塌问题。加固过程中，为避免结构失稳等问题，首先需进行全面卸载，由上向下、由内向外地进行分步加固施工，同时需随时观察裂缝和结构变形情况，待一切准备工序满足要求后方可进行下一步的加固工作。该项目受损结构柱较多，如此整体加固周期较长，且仍存在一定的安全隐患。由于加大柱截面直接减少了实际使用面积，很大程度上减少了后期租赁费用。由此可见，传统加大柱截面的方式对于该项目来说造价高昂，工期较长，并不适宜。

（2）方案 2 采用外包钢板并与环梁上下端嵌固的方法加固破损框架柱，上下形成包裹式柱脚或柱顶，如图 3-53 所示。由于仍需与环梁进行相应锚固，方案一中的隐患仍不可避免，且造价不低于柱截面增大的方式，对于后期装修也会造成很大的影响，针对本项目实际情况，需慎重选用。

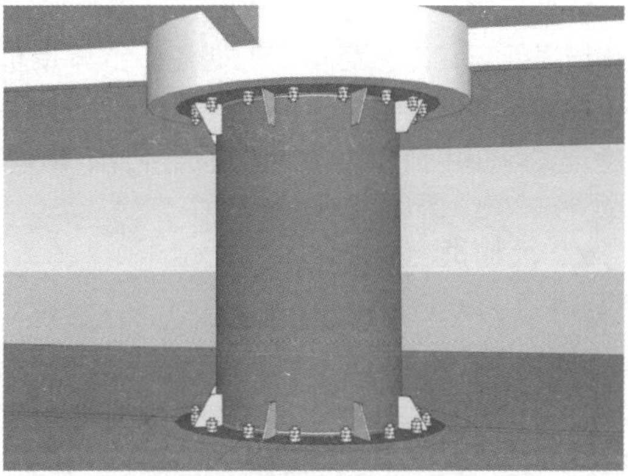

图 3-53 外包钢板并与环梁上下端嵌固的加固方法

（3）方案 3 通过结构体系中添加钢筋混凝土墙或钢结构支撑的方式改变结构受力。由于破损结构柱较多，改变结构受力体系，直接造成结构内力传递不清晰，有很大的安全隐患。同时加建过程中，施工对既有结构造成影响过大，很难避免裂缝的继续发展，且严重影响既有建筑的使用功能。

（4）方案 4 综合考虑了以上三个方案的种种问题，最终提出了适用于该项目的最优加固方案，即外包钢板与上下环梁不连接的方式对框架柱进行加固，如图 3-54 所示。

图 3-54 外包钢板与上下环梁不连接的加固方法

针对破坏形态不同的框架柱，采用不同的处理措施。对于破坏不严重的柱，即钢管内混凝土完好、采用灌浆料可加固至设计强度和钢管受力变形在弹性阶段的构件，加固时只需对裂纹进行封闭处理，个别柱如有需要可在柱外进行简单加固处理，如粘贴碳纤维布或绕丝加固。对于破坏较为严重的柱，即表面开裂严重、钢管内混凝土离析分层或存在积水的柱构件，加固时需先对钢管内部积水或离析砂石进行处理。采用钻芯法对内部存在质量缺陷的混凝土进行清理，随后对钢管内部高压灌注高强灌浆料。对受损构件进行修补后再进行相应加固处理。为分析外包钢板是否能满足原设计的抗震性能目标，分别对构件和结构整体进行计算分析。

结果表明，采用外包钢板的方式进行加固能满足该工程要求，且具有以下优点：①无需进行锚固处理，工艺简单，工期短，整体造价比传统加固方法低50%左右；②施工过程中不会扰动环梁及其他结构构件，不存在安全隐患问题；③外包钢板几乎未改变柱截面，不影响建筑实际使用面积；④加固完成后，不影响后期装修，对后期租赁或售卖无影响。

延伸阅读

某科贸中心A1、A2楼的加固改造

某科贸中心A1、A2楼原使用功能为公寓，现改装为集会所、商铺和高档公寓为一体的综合性建筑。总建筑面积34638m^2，其中东塔（含M层）30772m^2，会所及首层大堂2454m^2，东西塔车库1412m^2。主体结构为框架结构，局部为钢结构。该项目改建前后相关照片如图3-55~图3-68所示。

图3-55　东塔外立面改造前

图3-56　东塔外立面改造后

图3-57　会所外立面改造前

图3-58　会所外立面改造后

图 3-59 会所屋面改造前

图 3-60 会所屋面改造后

图 3-61 东塔屋面改造前现场照片

图 3-62 东塔屋面改造后现场照片

图 3-63 东塔外立面拆除后

图 3-64 东塔顶部结构静力拆除

图 3-65 结构板底部粘钢加固

图 3-66 结构梁粘贴碳纤维加固

图 3-67 结构板裂缝修复

图 3-68 东塔顶部钢结构加建

1. 主要加固改造技术

（1）基于逆向建模技术的钢结构球形网架拆除施工技术 针对既有建筑建造时间较早、原始资料缺失、危险性较大等因素影响的钢结构球形网架拆除施工，通过利用 3D 扫描逆向建模技术，对已有球形钢网架实物情况进行真实还原，并导入 3D3S 网架计算软件进行受力计算，结合软件分析得出结构受力特点后制定和优化拆除施工方案，最终将球形网架安全、高效地拆除。

（2）消能减震-剪切型软钢阻尼器施工技术 该楼建成于 2001 年，使用年限已逾 18 年，因使用功能调整，为确保结构安全可靠，经专业检测机构检测后需对既有结构进行抗震加固改造，经设计验算在主体结构部分剪力墙中新增 120 组共 240 台金属剪切型阻尼器，用于既有建筑小震下的刚度补强和中大震下的塑性耗能。

在第三方检测单位对既有建筑物综合安全性进行结构检测鉴定后，结合既有建筑房屋安全结构检测报告，运用 PKPM 软件建立既有建筑结构模型并进行结构抗震模拟计算分析，根据模拟计算分析结果确定阻尼器（消能器）安装楼层和部位，并进行阻尼器（消能器）现场安装施工，同时做好钢结构防腐、防火处理。

该项目结构加固施工内容见表 3-5。

表 3-5　结构加固施工内容统计

序号	项目	施工内容	特　征
1	会所单体	柱截面扩大	后锚固植筋钢板模板，浇筑灌浆料
2		结构封板	增设钢梁铺设压型钢板后锚固植筋，浇筑灌浆料
3		结构梁、板加固	粘碳纤维布、粘钢板加固
4		开洞加固	结构梁、板静力切割开洞，洞口底部周围增设钢梁，洞口顶部悬挑区段粘钢加固
5	东塔单体	结构梁加固	梁底碳纤维加固
6		结构封板	后锚固植筋，干拌混凝土
7		结构板加固	结构板底部粘钢加固 悬挑板顶部粘钢加固
8		开洞加固	静力切割 底部增设钢梁 后锚固植筋 干拌混凝土
9		剪力墙开洞加固	静力切割、粘钢加固
10		裂缝、缺陷修补	裂缝环氧树脂注浆、表面封闭

2. 新增洞口钢梁加固

（1）工艺流程　测量放线→界面处理→打孔、清孔、植栓→埋件安装→钢结构制作、安装→钢结构涂装。

（2）施工方法

1）测量放线。按照设计图样要求，对钢梁位置及化学锚栓位置进行实际定位、放线。

2）界面处理。要求埋件板安装位置处的既有混凝土构件表面要打磨平整，确保连接板安装后与混凝土表面无缝隙、凹凸不平的问题即可。

3）打孔、清孔、植栓。采用的化学锚栓为 M14，成孔直径为 16mm，现场钻孔施工完成后应检查成孔直径及深度。用空压机或其他设备吹出植筋孔内灰尘。用毛刷或棉丝蘸丙酮把植筋孔擦拭干净，用棉丝封堵植筋孔口待用。

4）埋件安装。安装前，应保证螺栓表面清洁、干燥、无油污。确认玻璃管锚固包无外观损坏、药剂凝固等异常现象，将其圆头朝内放入锚固孔并推至孔底。使用电钻和专用安装夹具，将电钻的转速调至慢速挡，螺杆强力插入，旋转直至孔底，以击碎玻璃管并强力混合锚固药剂。当旋转至孔底或螺栓上的标志位置时，立即停止旋转，取下安装夹具，凝胶后至完全固化前避免扰动。超时旋转将导致胶液流失，影响锚固力。外观检查固化是否正常。安装完毕的螺栓要进行现场抗拉拔试验，检验其锚固力是否满足设计要求；合格后方可进行下一道工序。

5）钢结构制作与安装。钢结构安装前，应根据图样要求，结合现场实际情况，复核构件尺寸，准确下料，将钢构件表面浮锈、污物等进行清理，并刷涂两遍防锈漆。现场洞口加固安装钢梁构件均较轻，对于较重构件应当采用吊重设备或手动葫芦等机具辅助安装。钢构件安装完成后应根据要求喷涂防火涂料。新增洞口钢梁与框架梁连接做法如图 3-69 所示。

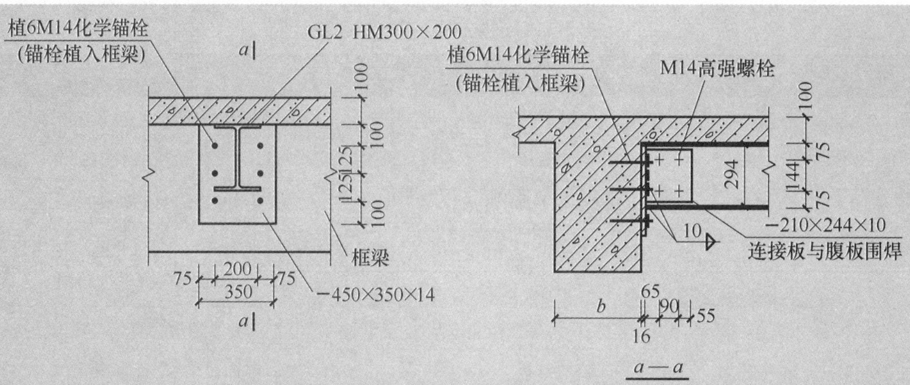

图 3-69　新增洞口钢梁与框架梁连接做法

3. 结构梁粘贴碳纤维加固

根据设计图样，该项目结构采用粘贴碳纤维布和粘贴碳纤维板加固。材料：碳布为进口东丽布，Ⅰ级 300g，厚度为 0.167mm；粘贴胶包括底胶和浸渍胶，均为进口品牌小西胶；碳板为卡本碳板，厚度为 1.2mm，规格为 100mm 宽。施工前，将该框架梁部位堆放的材料移走，使加固施工时框架梁承受的荷载作用减到最小。加固时，先在梁底粘贴 100mm 宽的通长碳纤维碳板，再粘贴 200mm 宽的碳纤维布“U”形箍，间距 400mm，并在梁两侧面上边缘粘贴 200mm 宽通长碳纤维布条加固“U”形箍，如图 3-70 所示。

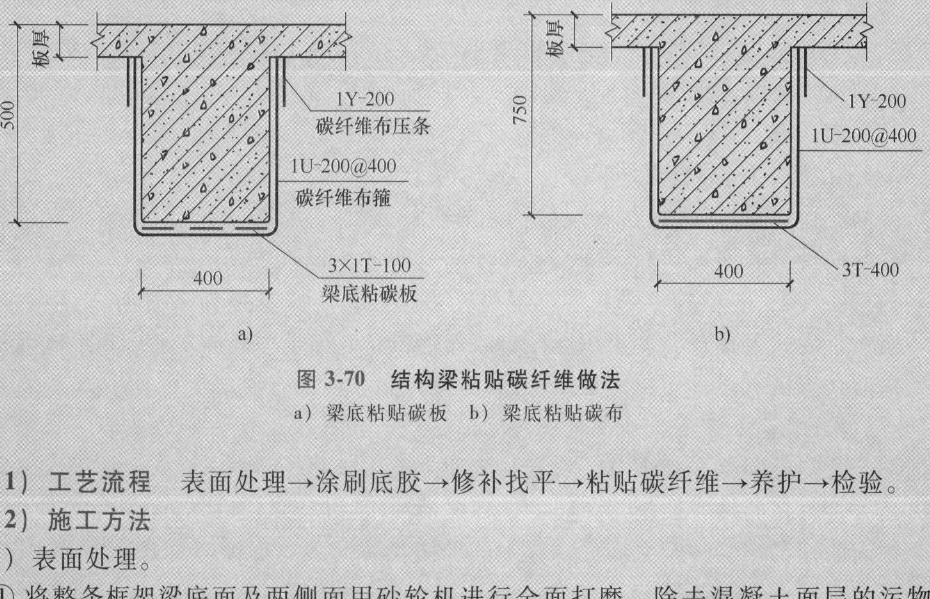

图 3-70　结构梁粘贴碳纤维做法

a）梁底粘贴碳板　b）梁底粘贴碳布

（1）工艺流程　表面处理→涂刷底胶→修补找平→粘贴碳纤维→养护→检验。

（2）施工方法

1）表面处理。

① 将整条框架梁底面及两侧面用砂轮机进行全面打磨，除去混凝土面层的污物、浮浆及松散结构，露出密实结构，并将其表面打磨平整。

② 将构件棱角部位打磨成圆弧状，圆弧半径不小于 20mm。

③ 用吹风机将表面灰尘和杂物清理掉，并用水及酒精清洗，需待混凝土表面充分干燥后方可进行下道工序施工。

2）涂刷底胶。

① 把底层树脂的主剂和固化剂按规定比例称量准确后放入专用容器内，先称量主剂，

然后加入固化催进剂，搅拌均匀，1~3min后再加入固化剂，并用搅拌器搅拌均匀；一次调和量应在可使用时间（30~40min）内用完。

② 用专用滚筒刷将底层树脂均匀地涂刷于混凝土表面，待树脂表面指触干燥（树脂表面达到固化硬结）后才能进行下一道工序的施工。

③ 底层树脂指触干燥或固化后，表面上的凸起部分（类似结露的露珠状）要用砂布或角磨机磨平。

3）修补找平。

① 配制环氧泥子（腻子）。泥子主剂、固化催进剂、固化剂按规定比例称量准确，装入容器，添加次序同底层树脂施工要求，用搅拌器搅拌均匀；一次调和量应在可使用时间（40~50min）内用完。

② 构件表面凹陷部位采用环氧泥子填平，并修复至表面平整、顺滑，无棱角。转角处也应修复为光滑的圆弧，圆弧半径不小于20mm。

③ 泥子涂刮后，表面存在的凹凸糙纹，应用砂纸打磨平整。

4）粘贴碳纤维。

① 按设计尺寸剪裁碳纤维布，应注意必须满足尺寸要求，并保证剪裁后的碳纤维方向与粘贴部位的方向一致。严禁斜向裁切碳纤维布，以防出现拉丝现象。裁剪后的碳纤维布宜卷成卷状，防止褶皱、弯折。

② 浸渍树脂的主剂和固化剂应按规定的比例称量准确，装入容器用搅拌器均匀搅拌；一次调和量应在可使用时间（50~60min）内用完。

③ 粘贴碳纤维前应对混凝土表面再次擦拭，确保粘贴面无粉尘后，将浸渍环氧树脂均匀地涂抹于要粘贴的部位。涂刷树脂时，必须做到“稳、准、匀”（稳，刷涂用力适度，尽量不流不坠不掉；准，在粘贴部位准确进行涂刷，满刷且不出控制线；匀，涂刷范围内薄厚均匀一致）。

④ 粘贴碳纤维布时，同样要“稳、准、匀”，要求做到用力适度，使碳纤维布不皱、不折、展延平滑顺畅。滚压碳纤维布时，必须用特制的滚筒从一端向另一端多次进行滚压，挤除气泡，不宜在一个部位反复滚压揉搓，滚压中应让浸渍环氧树脂充分渗透碳纤维布，做到浸润饱满。碳纤维布需要搭接时，搭接长度必须大于100mm，并保证搭接部位的树脂浸润质量。

⑤ 多层粘贴时，应在碳纤维织物表面指触干燥后立即进行下一层的粘贴。如超过40min，则应等12h后，再涂刷黏结剂粘贴下一层。

5）养护。粘贴碳纤维布后应进行养护，养护期间（特别是初期固化期间）应严格保证不受外界干扰和碰撞，养护期约1周。

4. 结构楼板粘钢加固

根据现场踏勘，地下室存在大量积水，且垫层已经施工。故必须提前抽排积水，通风除湿，保证具备粘钢条件；原有垫层需进行剔除，施工完成后尽快恢复。粘钢区域为设计图样所示的楼板（板底及板顶）加固。粘贴钢板宽度见设计图样，钢板厚度为4mm。粘钢用胶为进口品牌，小西粘钢胶，做法如图3-71所示：

（1）工艺流程　测量放线→钢板加工→混凝土和钢板表面处理→黏结剂配制→涂敷胶→粘贴→固定加压→固化→卸荷→表面防护。

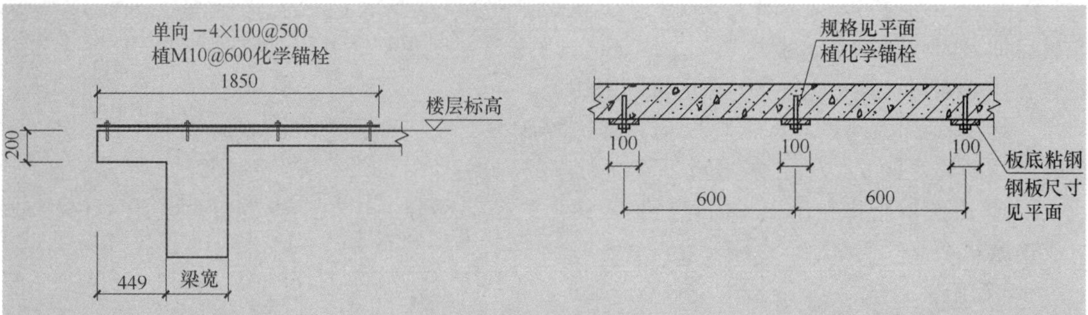

图 3-71　结构板粘钢加固做法

a）挑板加固立面图　b）楼板板底加固做法

（2）施工方法

1）现场复核。核对结构图样与实际结构是否有出入，有无影响正常加固的特殊情况（如粘钢位置有无管线等），若有，会同设计、监理、总包进行处理。

2）结构检查。对粘钢板结构部位进行检查，确认有无混凝土及其他质量缺陷。

3）测量放线。按图样要求尺寸确定钢板位置。

4）钢板下料。按照图样结构要求和现场尺寸提出准确钢板下料单。

5）混凝土表面处理。用角磨机打磨混凝土构件粘钢部位浮浆直至露出坚硬石子面（一般打磨厚度为 2~3mm）。打磨宽度大于钢板宽度 1cm 以上。目的是保证钢板粘贴在混凝土坚硬的基面。

6）钢板表面处理。用角磨机打磨钢板表面至露出金属光泽，打磨纹路应与受力方向垂直。

7）钢板开孔。在钢板上标出锚固螺栓孔位，使用台钻开孔，严格控制孔径及孔圆度。钢板孔径不得大于螺栓孔径 2mm。

8）结构胶配制、搅拌。将甲、乙组分按选定配比分别用台秤称量，倒入干净容器混合搅拌。使用机械搅拌器按同一方向搅拌，拌至稀稠、色泽完全均匀为止。

9）清洁。使用优质棉丝蘸酒精清洁钢板、蘸水清洁混凝土黏结面，以手触无粉尘、表面无棉丝毛为准。如果有粉尘会影响粘贴效果。

10）敷胶。在钢板及混凝土粘贴面上同时进行涂胶，胶层厚度应尽量均匀，且应两侧薄、中间厚。

11）粘贴。将钢板托起与混凝土面进行粘贴，在钻孔处用丝杠将钢板与混凝土构件顶紧，以冲击钻在钢板孔位处钻孔，防止钻孔作业产生的粉尘落入胶层。

12）紧固螺栓。将锚固螺栓固定拧紧的同时，用橡皮锤击打钢板，将胶液挤出。钢板四周挤出的胶液应随时清理干净，钢板边缘欠胶处要补胶。

13）固化养护。结构胶在常温下固化，5~7 天后即可受力使用。冬期施工时，固化时间应延长。

14）表面防护。清洁表面，在钢板表面刷防锈漆两道，再采用防护 1∶3 水泥砂浆 25mm 厚进行防护。

5. 楼板裂缝处理

当裂缝宽度不小于 0.2mm 时，采用环氧树脂浆液灌注处理；当裂缝宽度小于 0.2mm 时，采用表面封闭法处理。

1）裂缝基面处理。

① 混凝土表面处理法。在裂缝发生处的基体上，用钢丝刷扫除松散层、灰尘、污物等，然后用吹风机吹净待施工面，最后用丙酮沿裂缝走向擦洗以待后序施工。

② 凿槽法。对于混凝土构件上较宽的裂缝，用钢丝刷等工具清除裂缝表面的灰尘、浮渣及松散层等杂物，并沿裂缝用钢钎凿成深 2~4mm，宽 4~6mm 的 V 形槽，剔除缝口表面的松散杂物，用压缩空气清除槽内浮尘，然后用毛刷蘸甲苯或丙酮等有机溶液把 V 形槽口和沿裂缝两侧 30mm 范围内擦洗干净，并保持干燥，刷一层界面剂。

2）安装灌胶嘴。将配置好的封缝胶刮涂于灌胶嘴底座上，粘贴于裂缝基面上，应确保灌胶嘴中心孔对准裂缝，避免封缝胶堵塞灌胶孔，否则将直接影响注缝质量。

3）灌胶前应保证基面清洁和无积水。灌胶嘴的布置合理，封缝可靠；拌胶的配比和操作按产品说明进行。灌胶顺序和操作要求规范，确保灌胶密实度符合规范要求。

4）灌胶固化期间应严防受到干扰，如裂缝位置与钢筋重合，先封闭裂缝，后灌胶。

6. 结构柱包钢加固

柱包钢加固区域主要集中在地下二层 X22~X25/Y19~Y24 轴。材料：柱包钢采用钢材均为 Q235B，角钢规格∠160×14，缀板厚度为 6mm，宽度 100mm；焊接采用焊条为 E50 系列。灌钢胶采用进口品牌小西灌钢胶。结构柱包钢加固做法如图 3-72 所示。

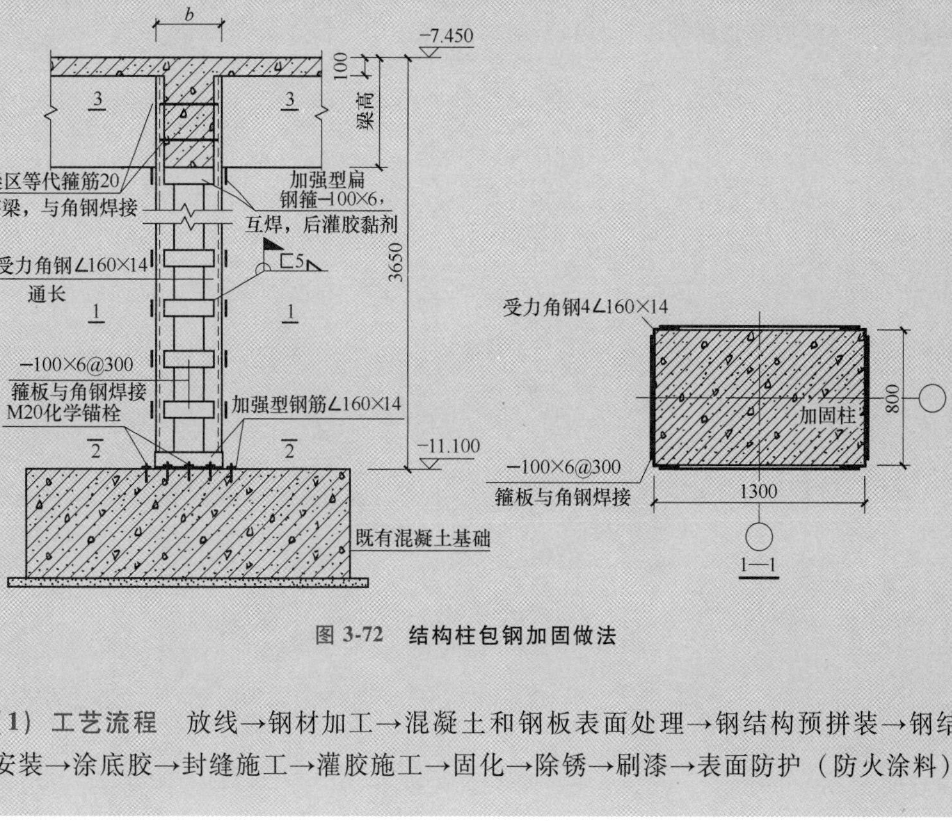

图 3-72　结构柱包钢加固做法

(1) 工艺流程　放线→钢材加工→混凝土和钢板表面处理→钢结构预拼装→钢结构焊接安装→涂底胶→封缝施工→灌胶施工→固化→除锈→刷漆→表面防护（防火涂料）。

（2）施工方法

1）裂缝处理。对出现裂缝的柱子，凿去裂缝周围混凝土保护层，用钢丝刷将钢筋上的锈蚀和污物清除干净。

2）柱表面处理。凿去结合面酥松层、碳化锈裂层及油污层，直至完全露出坚实基层。在此基础上将结合面打磨平整，四角磨出小圆角，并用钢丝刷刷毛，用压缩空气吹净。

3）表面修补。采用 MCI-2039 阻锈修补砂浆修补柱表面缺陷。

4）角钢打磨。用角磨机把角钢及箍板的结合面打磨出金属光泽，然后用丙酮擦净。用卡具将角钢及扁钢箍卡贴于构件预定结合面，经校准后彼此焊接固定。

5）焊接安装。根据图样或洽商要求结合现场实际情况对钢材进行组装焊接，角钢与既有结构柱尽量贴紧，竖向基本顺直，如既有结构柱出现较大偏差，应进行顺直处理，缀板与角钢搭接部位对接焊接，焊缝应符合设计及现行《建筑钢结构焊接规程》的要求。

6）环氧树脂灌浆。用环氧胶泥将型钢架全部构件边缘缝隙嵌补严密，并在有利于灌浆的部位预先留出灌浆嘴，同时留出排气孔，间距约 1m。待胶泥完全固结后，通气试压。以 0.2~0.4MPa 压力将环氧树脂浆从灌浆嘴压入；当排气孔出现浆液后停止加压，暂时封堵排气孔，并以较低压力维持 10min 以上，将灌浆嘴用环氧胶泥封堵，再从排气孔处加压灌浆。依次由下至上，由左至右，直至全部灌完为止。

7）表面防护。灌胶施工完成后，钢材表面应进行打磨除锈及清理，涂刷防锈漆两遍；采用防火涂料喷涂，要求耐火极限为 3h（楼板穿洞、包钢加固后应采用强度高于既有结构构件一级的灌浆料等修补材料及时修补恢复）。

砌体结构的加固 第4章

4.1 概述

砌体是用砌筑砂浆将块材砌在一起而形成的一种承重材料。砌体具有一定的抗压承载力，但其抗拉、抗剪、抗弯能力均很低。砌体结构尤其是无筋砌体结构整体性较差，承载力较低，易在外荷载下产生裂缝。

砌体出现裂缝是非常普遍的质量事故。轻微细小裂缝影响外观和使用功能，大的裂缝影响砌体的承载力，甚至引起倒塌。在很多情况下，裂缝的发生与发展往往是发生重大事故的先兆，对此必须认真分析，妥善处理。

砌体中发生裂缝的原因主要有地基不均匀沉降、地基不均匀冻胀、温度变化、地震及砌体本身承载力不足五个方面。砌体的轴心受拉破坏裂缝形态、受弯破坏裂缝形态、受剪破坏裂缝形态、受压破坏裂缝形态如图 4-1～图 4-4 所示。

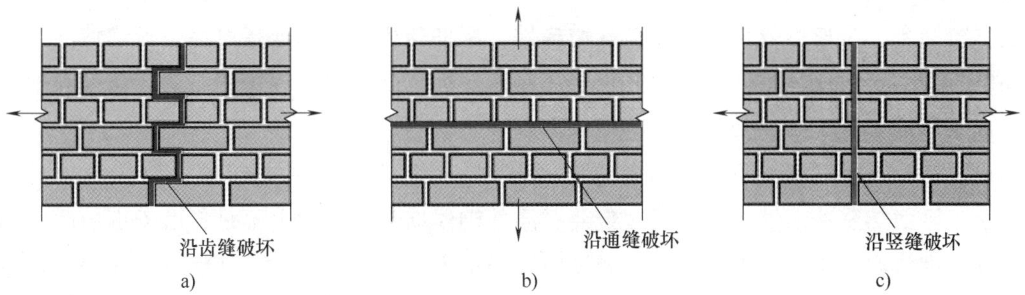

图 4-1　砌体的轴心受拉破坏裂缝形态

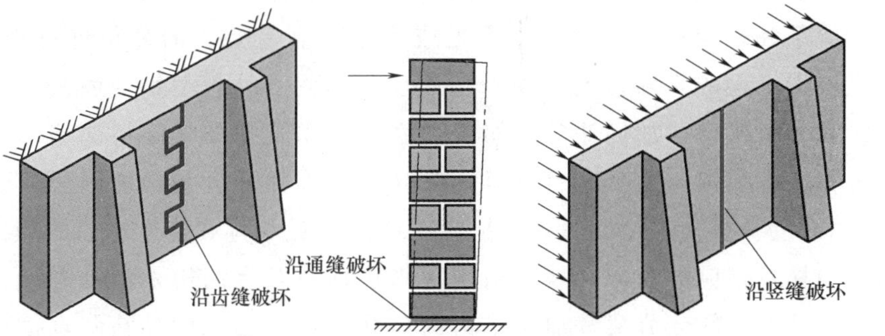

图 4-2　砌体的受弯破坏裂缝形态

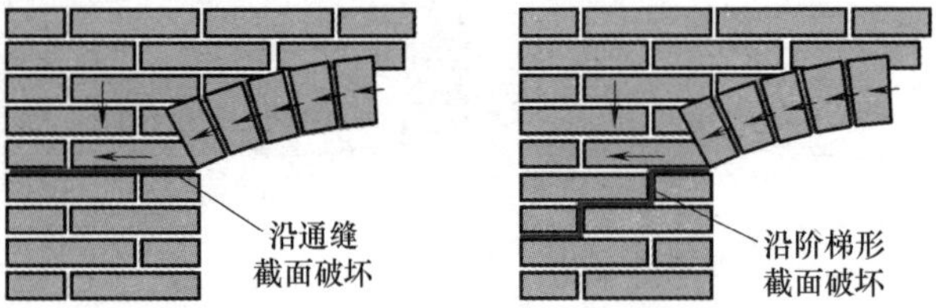

图 4-3　砌体的受剪破坏裂缝形态

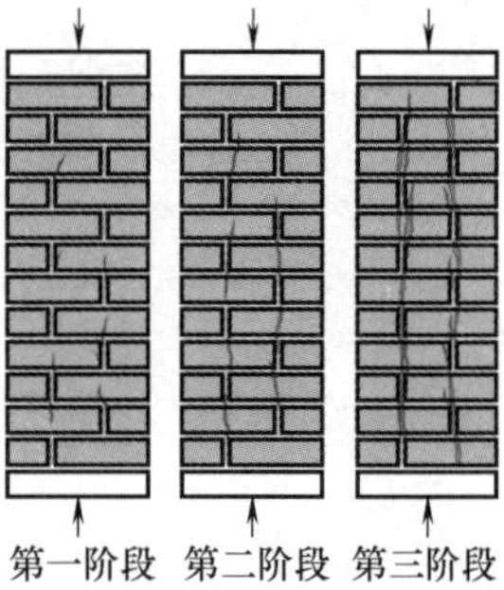

图 4-4　砌体的受压破坏裂缝形态

《砌体结构加固设计规范》（GB 50702—2011）规定：

1）砌体结构经可靠性鉴定确认需要加固时，应根据鉴定结论和委托方提出的要求，由有资质的专业技术人员按本规范的规定和业主的要求进行加固设计；加固设计的范围，可按整幢建筑物或其中某独立区段确定，也可按指定的结构、构件或连接确定，但均应考虑该结构的整体牢固性，并应综合考虑节约能源与环境保护的要求。

2）在加固设计中，若发现既有砌体结构无圈梁和构造柱，或涉及结构整体牢固性部位无拉结、锚固和必要的支撑，或这些构造措施设置的数量不足，或设置不当，均应在本次的加固设计中，予以补足或加以改造。

3）砌体结构的加固设计，应根据结构特点，选择科学、合理的方案，并应与实际施工方法紧密结合，采取有效措施，保证新增构件及部件与既有结构连接可靠，新增截面与原截面黏结牢固，形成整体共同工作；并应避免对未加固部分，以及相关的结构、构件和地基基础造成不利的影响。

砌体结构在下列情况下需要进行修复或加固：由于地基不均匀沉降，墙体产生沉降裂缝；由于屋面热胀冷缩墙体产生温度裂缝；局部砌体墙、柱承载力不足；由于房屋改建加层而使既有砌体房屋承载力不足；在抗震设防区经抗震鉴定，房屋抗震强度不足或房屋构造措施不满足要求；在地震发生房屋受损后的修复或加固。

砌体结构的加固可分为直接加固与间接加固两类，设计时，可根据结构特点、实际条件和使用要求选择适宜的加固方法及配合使用的技术。直接加固法，是不改变既有结构的承重体系和平面布置，对强度不足或构造不满足要求的部位进行加固或修复。直接加固宜根据工程的实际情况选用外加面层加固法、外包型钢加固法、粘贴纤维复合材加固法和外加扶壁柱加固法等。间接加固宜根据工程的实际情况选用外加预应力撑杆加固法和改变结构计算图形的加固方法（或者称为外套结构加固法和改变荷载传递加固法）。改变荷载传递加固法，是指改变结构布置及荷载传递途径的加固方法，常需增设承重墙柱及相应的基础。外套结构加固法即在既有结构外增设混凝土结构或钢结构，使既有结构的部分荷载及加层结构的荷载通过外套结构及基础直接传至地基的方法，主要用于改建加层工程。

4.2　砌体结构的加固方法

4.2.1　增设砌体扶壁柱加固法

1. 基本概念

增设砌体扶壁柱加固法就是沿砌体墙长度方向每隔一定距离将局部墙体加厚形成墙带垛加劲墙体的加固法。增设砌体扶壁柱加固法是砌体结构工程加固中最常用的墙体加固方法，不仅能提高墙体的承载力，还能减小墙体的高厚比，从而达到提高墙体稳定性的效果。这种加固方法适用于抗震设防烈度6度及以下地区的砌体墙加固设计。增设砌体扶壁柱加固法属于增大截面加固法，能提高砖墙的承载力和稳定性。根据材料不同，分砖扶壁柱法和混凝土扶壁柱法两种（图4-5）。增设的砖扶壁柱与既有砖墙的连接，可采用插筋法或挖镶法实现，以保证两者共同工作。

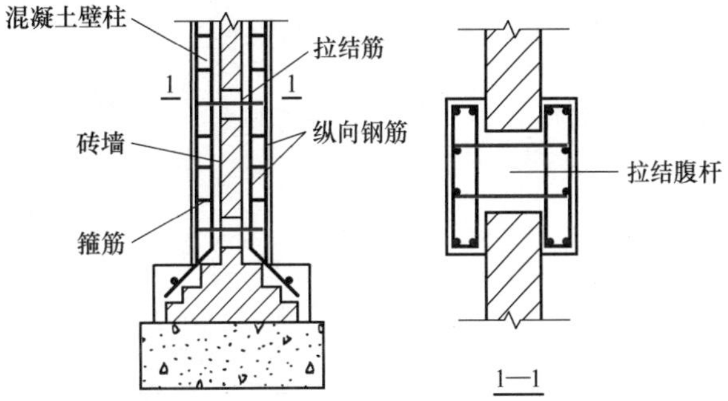

图4-5　增设砌体扶壁柱加固法加固砌体结构

2. 增设砌体扶壁柱加固法的计算

增设砌体扶壁柱加固墙体时，其承载力和高厚比的验算应按现行《砌体结构设计规范》（GB 50003—2011）的规定进行。当扶壁柱的构造及其与既有墙体的连接符合现行《砌体结构加固设计规范》规定时，可按整体截面计算。

当增设砌体扶壁柱用以提高墙体的稳定性时，其高厚比β可按下式计算

$$\beta = H_0 / h_T \tag{4.1}$$

当增设砌体扶壁柱加固受压构件时，其承载力应满足下式的要求

$$N \leqslant \varphi (f_{m0} A_{m0} + \alpha_m f_m A_m) \tag{4.2}$$

式中　H_0——墙体的计算高度；

h_T——带壁柱墙截面的折算高度，按加固后的截面计算；

N——构件加固后由荷载设计值产生的轴向力；

φ——高厚比β和轴向力的偏心距对受压构件承载力的影响系数，采用加固后的截面，按现行《砌体结构设计规范》的规定确定；

f_{m0}——既有砌体的抗压强度设计值；

f_m——新增砌体的抗压强度设计值；

A_{m0}——既有构件的截面面积；

A_m——构件新增砌体的截面面积；

α_m——扶壁柱砌体的强度利用系数，取0.8。

例4.1　某办公楼横墙厚度为240mm，房间进深为6m，层高为3m，楼板为120mm厚现浇钢筋混凝土楼板，经计算内横墙墙体所受的压力为188kN/m。经检测，砖的强度等级约为MU7.5，砂浆的强度等级约为M0.4。

解：1）既有砖墙承载力验算。查《砌体结构设计规范》，得砖砌体抗压强度设计值 f=0.79MPa。墙体计算高度 H_0，按刚性方案，由于 $s=2H$，s 为对验算墙体有侧向支撑作用的墙或壁柱的间距，也是房屋进深，查《砌体结构设计规范》表 4.1.3 得，$H_0=0.4s+0.2H=(0.4\times6+0.2\times3)\text{m}=3.0\text{m}$，则

$$\beta=\frac{H_0}{h}=\frac{3000}{240}=12.5<[\beta]$$

查该规范附表 5-4 得，$\varphi=0.59$，由此得既有砖墙的承载力设计值 N_0 为

$$N_0=\varphi f_{m0}A_{m0}=0.59\times0.79\times240\times1000\text{N}=111.8\text{kN}<N=188\text{kN}$$

由上计算结果得到，该砖墙必须进行加固。

2）加固设计。扶壁柱用 MU15 砖和 M10 混合砂浆砌筑，查该规范得扶壁柱砌体抗压强度设计值 $f_m=2.31\text{MPa}$。在既有墙体两侧每隔 1.5m 增设扶壁柱，一侧扶壁柱尺寸宽度为 240mm，厚度为 125mm（厚度为沿墙厚方向尺寸），如图 4-6 所示。

$$I=\frac{1}{12}[(150-24)\times24^3+24\times49^3]\text{cm}^4=3.80\times10^5\text{cm}^4$$

$$A=(150\times24+24\times25)\text{cm}^2=4200\text{cm}^2$$

折算厚度为

$$h_T=3.5i=3.5\sqrt{\frac{I}{A}}=33.3\text{cm}$$

$$\lambda=\frac{H_0}{h_T}=\frac{3000}{33.3}=9.0$$

查该规范附表 5-4 得，$\varphi=0.735$，根据式（4.2）有

$$\begin{aligned}N&=\varphi(f_{m0}A_{m0}+\alpha_m f_m A_m)\\&=0.735\times(0.79\times240\times1500+0.8\times2.31\times240\times250)\text{N}\\&=290\text{kN}>1.5\times188\text{kN}=282\text{kN}\end{aligned}$$

3. 构造要求

1）新增设扶壁柱的截面宽度不应小于 240mm，其厚度不应小于 120mm（图 4-7）。当用角钢-螺栓拉结时，应沿墙的全高和内外的周边，增设水泥砂浆或细石混凝土防护层（图 4-8）。当增设扶壁柱以提高受压构件的承载力时，应沿墙体两侧增设扶壁柱。

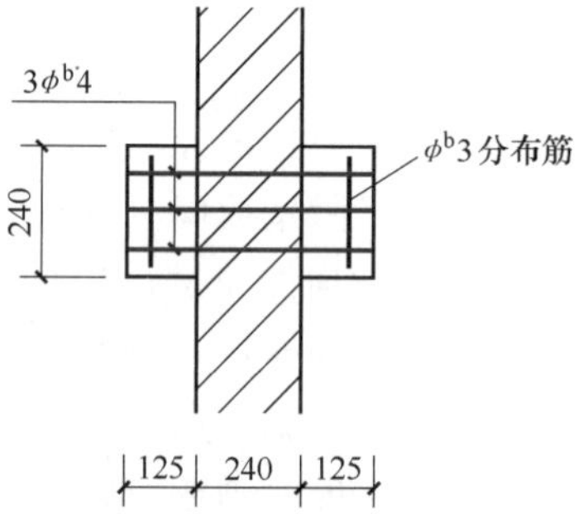

图 4-6　扶壁柱法加固某砖墙

2）加固用的块材强度等级应比既有结构的设计块材强度等级提高一级，不得低于 MU15，并应选用整砖（砌块）砌筑。加固用的砂浆强度等级，不应低于既有结构设计的砂浆强度等级，且不应低于 M5。

3）增设扶壁柱处，沿墙高应设置 $2\phi12$mm 带螺纹、螺母的钢筋与双角钢组成的套箍，将扶壁柱与既有墙体拉结；套箍的间距不应大于 500mm。

4）在既有墙体需增设扶壁柱的部位，应沿墙高每隔 300mm 凿去一皮砖块，形成水平槽口（图 4-9）。砌筑扶壁柱时，槽口处的既有墙体与新增扶壁柱之间应上下错缝，内外搭砌。砖砌体接槎时，必须将接槎处的表面清理干净，浇水湿润，用干捻砂浆将灰缝填实。

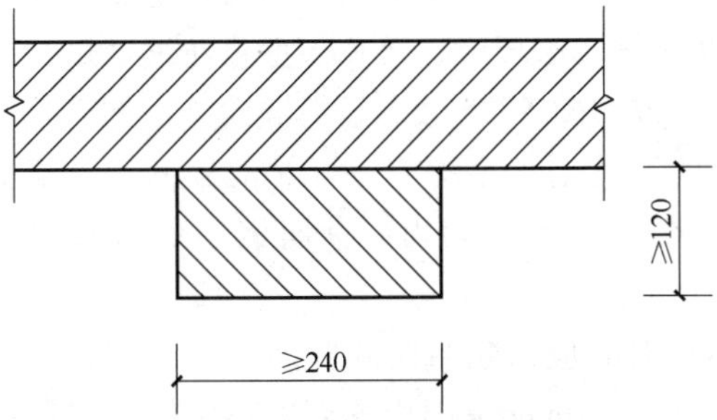

图 4-7　增设扶壁柱的截面尺寸

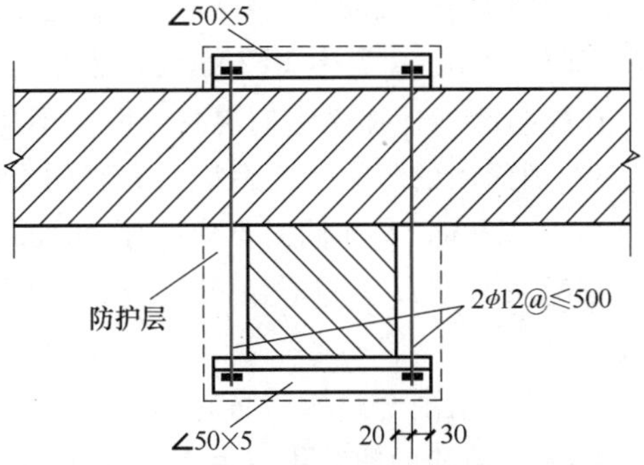

图 4-8　砌体墙与扶壁柱间的套箍拉结

5）扶壁柱应设基础，其埋深应与既有墙体基础相同。

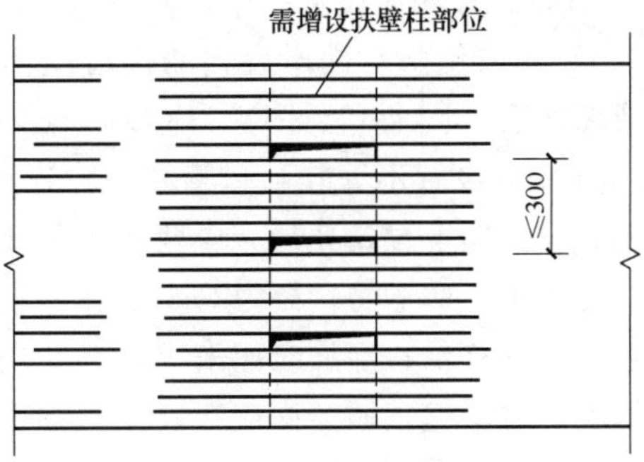

图 4-9　水平槽口

4.2.2　钢筋混凝土面层加固法

1. 基本概念

钢筋混凝土面层加固法是通过外加钢筋混凝土面层或钢筋网砂浆面层，以提高既有构件承载力和刚度的一种加固法。钢筋混凝土面层加固法适用于以外加钢筋混凝土面层加固砌体墙、柱的设计。采用钢筋混凝土面层加固砖砌体构件时，对柱宜采用围套加固的形式（图 4-10a）；对墙和带壁柱墙，宜采用有拉结的双侧加固形式（图 4-10b、c）。

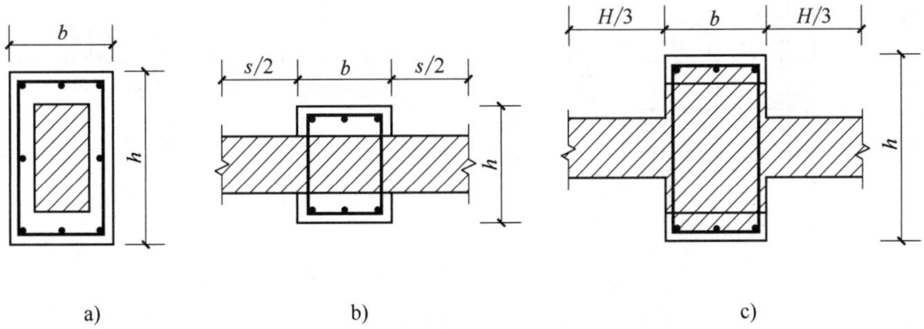

图 4-10　钢筋混凝土外加面层的形式

a）砖柱加固　b）砖墙加固　c）带壁柱砖墙加固

加固后的砌体柱，其计算截面可按宽度为 b 的矩形截面采用。加固后的砌体墙，其计算截面的宽度取为 $b+s$（b 为新增混凝土的宽度；s 为新增混凝土的间距）；加固后的带壁柱砌体墙，其计算截面的宽度取窗间墙宽度；但当窗间墙宽度大于 $b+2/3H$（H 为墙高）时，仍取 $b+2/3H$ 作为计算截面的宽度。当既有砌体与后浇混凝土面层之间的界面处理及其黏结质量符合规范的要求时，可按整体截面计算。

2. 构造规定

1）钢筋混凝土面层的截面厚度不应小于 60mm；当用喷射混凝土施工时，不应小于 50mm。

2）加固用的混凝土，其强度等级应比既有构件混凝土高一级，且不应低于 C20 级；当采用 HRB335 级（或 HRBF335 级）钢筋或受有振动作用时，混凝土强度等级不应低于 C25 级。在配制墙、柱加固用的混凝土时，不应采用膨胀剂；必要时，可掺入适量减缩剂。

3）加固用的竖向受力钢筋，宜采用 HRB335 级或 HRBF335 级钢筋。竖向受力钢筋直径不应小于 12mm，其净间距不应小于 30mm。纵向钢筋的上下端均应有可靠的锚固；上端应锚入有配筋的混凝土梁垫、梁、板或牛腿内；下端应锚入基础内。纵向钢筋的接头应为焊接。

4）当采用围套式的钢筋混凝土面层加固砌体柱时，应采用封闭式箍筋；箍筋直径不应小于 6mm。箍筋的间距不应大于 150mm。柱的两端各 500mm 范围内箍筋应加密，其间距应取为 100mm。若加固后的构件截面高 $h \geqslant 500$mm，尚应在截面两侧加设竖向构造钢筋（图 4-11），并相应设置拉结钢筋作为箍筋。

5）当采用两对面增设钢筋混凝土面层加固带壁柱墙或窗间墙（图 4-12、图 4-13）时，应沿砌体高度每隔 250mm 交替设置不等肢 U 形箍和等肢 U 形箍。不等肢 U 形箍在穿过墙上预钻孔后，应弯折成封闭式箍筋，并在封口处焊牢。U 形筋直径为 6mm；预钻孔的直径可取 U 形筋直径的 2 倍；穿筋时应采用植筋专用的结构胶将孔洞填实。对带壁柱墙，尚应在其拐角部位增设竖向构造钢筋与 U 形箍筋焊牢。

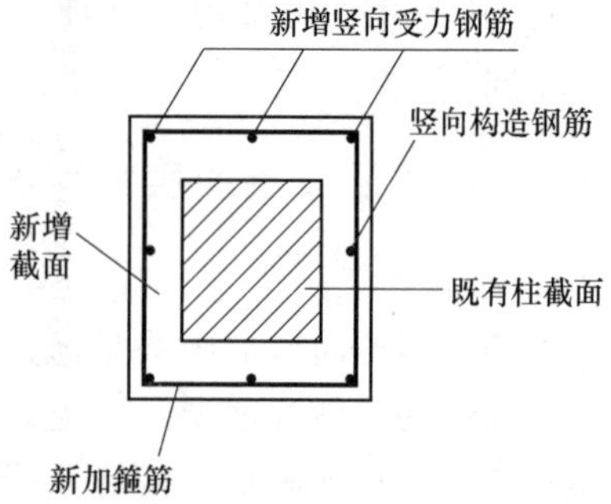

图 4-11　围套式面层的构造

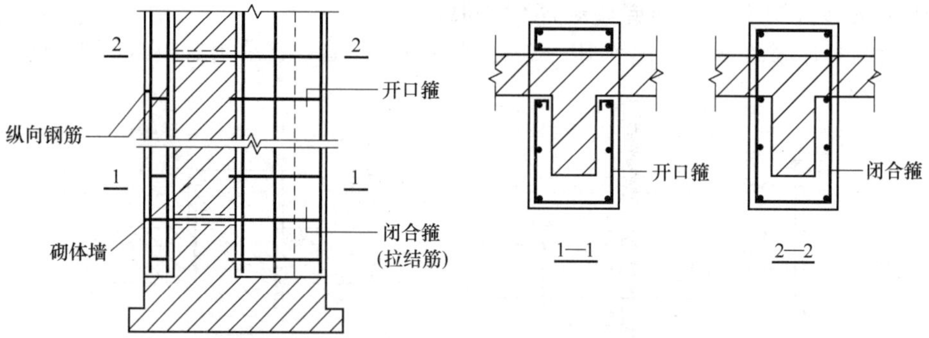

图 4-12　带壁柱墙的加固构造

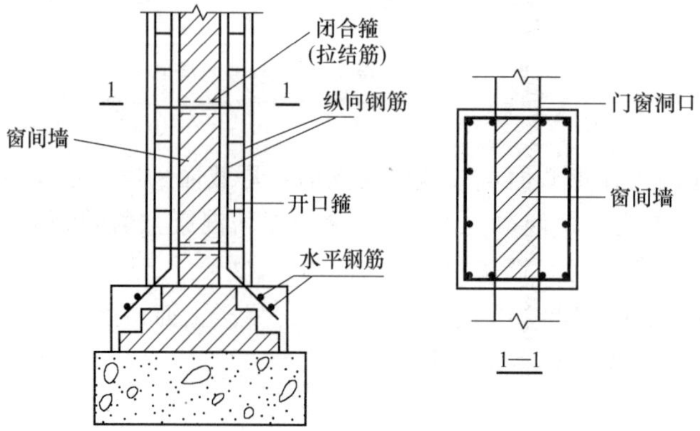

图 4-13　窗间墙的加固构造

6）当砌体构件截面任一边的竖向钢筋多于3根时，应通过预钻孔增设复合箍筋或拉结钢筋，并采用植筋专用结构胶将孔洞填实。

延伸阅读

某砖混结构办公楼的鉴定及抗震加固

砖混结构是一种混合结构体系，采用砖砌体和混凝土构件共同承重。因砌体结构和混凝土结构是两种不同的结构体系，工作机制不同，在承载力、抗震性能和刚度等方面也存在较大差异，两者不能很好地协同工作，不利于结构抗震。

某三层砖混结构办公楼建于20世纪70年代，建筑面积约$1594m^2$，建筑平面布置呈L形，层高由一层往上分别为4.5m、3.8m、3.1m。要求既有建筑在加固改造过程中尽量减少不必要的拆除和更换，原则上保留既有结构，且改造后建筑的使用功能不变。

根据对现场的查勘情况和检测结果的分析评定，得出鉴定结果如下：该结构安全性等级为C_{su}级；抗震不满足A类砌体房屋7度抗震设防要求。该房屋未按现行规范要求设构造柱、圈梁，整体性存在一定的缺陷，且年代久远，砌筑砂浆强度小于设计最低强度等级要求，整体结构危险构件综合比例在0~5%，依据《危险房屋鉴定标准》第6.3.6条，房屋危险性等级为B级。

根据现状结构布置查勘情况看，该办公楼是一种L形中心交通核与山墙采用砌体承重墙、交通核两翼与山墙之间一半砖柱一半混凝土柱承重的类框架体系。从结构体系的改造入手，通过改造山墙和交通核砌体，提高其强度及延性；通过改造承重砖柱，使其性能接近钢筋混凝土柱，进而改善交通核两翼与山墙之间大梁一侧砖柱支承一侧混凝土柱支承的受力体系，使其性能接近钢筋混凝土框架。该办公楼楼盖为预制多孔板，整体性差，不利于水平力传递，宜对楼板进行处理，增强楼盖整体性；通过有效措施将水平构件和竖向构件进行合理的连接，提高结构整体性和整体刚度，保证荷载的有效传递。通过上述四个方面的改造措施，将既有建筑混乱的结构体系规范成接近于框架-剪力墙的有利于抗震的体系。

通过相关加固手段使该砖混结构改造成为接近于框架-剪力墙的体系，并采用结构分析软件PKPM对结构进行整体抗震性能分析，最终得到加固方案：

1）对混凝土柱、砖柱采用增大截面法进行加固，并保证柱子下端嵌固于基础顶面。通过加固，可增强柱承载能力和延性，使得原来的砖柱能具有接近框架柱的性能。

2）对砖墙采用钢筋网水泥砂浆面层法进行加固，该方法普遍应用于砖墙加固，已具有成熟的工艺。对墙体裂缝处，采用压力注浆加固法对裂缝进行修复。为避免破坏外立面的原有装饰，外墙仅在内侧设置钢筋水泥砂浆面层加固，该做法可提高砖墙体的刚度、延性、强度，使得墙体的抗震性能得到提升。加固后抗震性能向剪力墙靠近。

3）砖墙、砖柱进行加固后，需与基础顶面有良好的连接。

4）楼面面层采用钢筋网水泥砂浆面层加固，提高楼板整体性。

5）对混凝土梁缺陷进行处理后，根据计算结果进行承载力加固，混凝土梁采用粘贴碳纤维布法和增大截面法加固；混凝土受损缺陷、保护层混凝土碳化、钢筋出现锈蚀的混凝土梁板构件采用粘聚合物砂浆进行抹面处理；梁身存在裂缝时，采用压力注浆法进行裂缝加固。

4.2.3 钢筋网水泥砂浆面层加固墙砌体

1. 基本概念

钢筋网水泥砂浆面层加固法适用于各类砌体墙、柱的加固。当采用钢筋网水泥砂浆面层加固法加固砌体构件时，既有砌体构件的砌筑砂浆强度等级应符合下列规定：①受压构件，原砌筑砂浆的强度等级不应低于 M2.5；②受剪构件，对砖砌体，原砌筑砂浆强度等级不宜低于 M1，但若为低层建筑，允许不低于 M0.4；对砌块砌体，原砌筑砂浆强度等级不应低于 M2.5。块材严重风化（酥碱）的砌体，不应采用钢筋网水泥砂浆面层进行加固。

2. 构造要求

1）当采用钢筋网水泥砂浆面层加固砌体承重构件时，其面层厚度，对室内正常湿度环境，应为 35~45mm；对于露天或潮湿环境，应为 45~50mm。

2）钢筋网水泥砂浆面层加固砌体承重构件的构造应符合下列规定：

① 加固受压构件所用水泥砂浆的强度等级不应低于 M15，加固受剪构件所用水泥砂浆的强度等级不应低于 M10。

② 在室内正常环境下，墙的钢筋网水泥砂浆保护层最小厚度为 15mm，柱为 25mm；在露天或室内潮湿环境下，墙的钢筋网水泥砂浆保护层最小厚度为 25mm，柱为 35mm。受力钢筋距砌体表面的距离不应小于 5mm。

3）结构加固用的钢筋，宜采用 HRB335 级钢筋或 HRBF335 级钢筋，也可采用 HPB300 级钢筋。

4）当加固柱和墙的壁柱时，其构造应符合下列规定：

① 竖向受力钢筋直径不应小于 10mm，其净间距不应小于 30mm；受压钢筋一侧的配筋率不应小于 0.2%；受拉钢筋的配筋率不应小于 0.15%。

② 柱的箍筋应采用封闭式，其直径不宜小于 6mm，间距不应大于 150mm。柱的两端各 500mm 范围内，箍筋应加密，其间距应取为 100mm。

③ 在墙的壁柱中，应设两种箍筋；一种为不穿墙的 U 形筋，但应焊在墙柱角隅处的竖向构造筋上，其间距与柱的箍筋相同；另一种为穿墙箍筋，加工时宜先做成不等肢 U 形箍，待穿墙后再弯成封闭式箍，其直径宜为 8~10mm，每隔 600mm 替换一支不穿墙的 U 形箍筋。

④ 箍筋与竖向钢筋的连接应为焊接。

5）加固墙体时，宜采用点焊方格钢筋网，网中竖向受力钢筋直径不应小于 8mm；水平分布钢筋的直径宜为 6mm；网格尺寸不应大于 300mm。当采用双面钢筋网水泥砂浆时，钢筋网应采用穿通墙体的 S 形或 Z 形钢筋拉结，拉结钢筋宜呈梅花状布置，其竖向间距和水平间距均不应大于 500mm（图 4-14）。

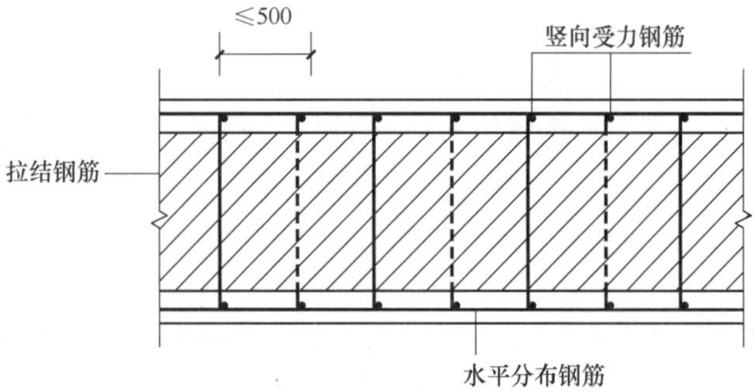

图 4-14　钢筋网砂浆面层

6）钢筋网四周应与楼板、大梁、柱或墙体可靠连接。墙、柱加固增设的竖向受力钢筋，其上端应锚固在楼层构件、圈梁或配筋的混凝土垫块中；其伸入地下一端应锚固在基础内。锚固可采用植筋方式。

7）当原构件为多孔砖砌体或混凝土小砌块砌体时，应采用专门的机具和结构胶埋设穿墙的拉结筋。混凝土小砌块砌体不得采用单侧外加面层。

8）钢筋网的横向钢筋遇有门窗洞时，对单面加固情形，宜将钢筋弯入洞口侧面并沿周边锚固；对双面加固情形，宜将两侧的横向钢筋在洞口处闭合，且尚应在钢筋网折角处设置竖向构造钢筋；此外，在门窗转角处，尚应设置附加的斜向钢筋。

延伸阅读

某多层砌体结构的加固改造

某多层砌体结构房屋设计于 1989 年，并于 1991 年完工。原为某轻工厂展销部，现要改造成某职业院校的图书馆。本楼体总面积为 377m^2，总长度为 16.14m，总宽度为 13.74m，建筑檐口的高度为 8.2m。其中，设计地上两层：首层高度为 4m、二层高度为 3.3m。内墙的厚度为 24cm，采取普通砖体混合砂浆进行烧结制造。结构基础采用墙下条形基础，采用混凝土空心板制作楼梯及屋盖。

根据现场检测结果的详细分析，按照我国关于建筑设计所公布的相关标准与规范，决定本次主体结构安全性和抗震性能的鉴定以 A 类建筑为标准。基于工程建筑的实际特征，该结构在建设期间决定设计为 30 年的使用年限，抗震强度设计为 7 度，改造后的地震加速度为 0.15g，建筑加固后由于其使用功能发生变化，因此，将楼面的活荷载更改为 4kN/m^2。使用 PKPM 进行加固模块模型的鉴定和分析。

根据计算结果分析，加固前抗力与荷载比值在 1 以下，表示该结构承载力不足，横向墙体是该问题主要集中的部位，大约占 70% 的比例；约占 10% 比例的结构中其抗体受压计算承载的能力不足，且比值结果接近于 1。所以，该结构加固的设计重点是提升结构的抗震性能。

既有砌体结构的加固方法较多，常用的有外包型钢法。当结构缺少相对应的承载力时，可采取外加预应力撑杆法，需要增设对角预应力钢撑杆来提升结构承载力，原理是通过钢撑杆可将既有结构所受到的荷载传到基础上。粘贴纤维复合材料的方法主要是应用于抗震加固结构和受剪结构。虽然在整体加固过程中钢筋混凝土板墙是最好的方法，但使用该方法的成本较高，很难大面积推广。

为了实现工程设计安全性与经济性的目标，按照《砌体结构加固设计规范》的要求，并结合结构抗震性的实际要求，最终选择钢筋水泥砂浆面层加固法来加固该结构。由于楼板位置建设的年限较长，因此需要凿除原有楼板的叠合层，重新使用 60mm 厚 C20 强度的细石混凝土作为新楼板叠合层的材料。

结合 PKPM 模型的计算结果，决定优先选择钢筋网水泥浆面层双面加固技术施工。每一侧的层面厚度设定为 40mm，选择 M15 强度的水泥砂浆和直径 8mm 的三级钢筋，内侧为横向钢筋，外侧为纵向钢筋，二者间距为 20cm，在此间距内以点焊的形式进行施工，并制作整体钢筋网片。为了发挥柱体的整体协同作用，需要用 S 形连接筋将墙体两侧的钢筋网进行互拉，二者间隔 90cm，以点状交错的形式分布，连接筋直径选择 8mm。同时，为确保墙体上层与下层的整体性，需采用直径 1.2cm、长度 110cm 的钢筋打穿楼板后进行焊接处理，将其作为连接筋使用。在此期间，要防止破坏既有混凝土结构中的钢筋，使用结构胶封堵打穿的孔洞。钢筋网延伸进入 C25 的混凝土浇筑墩中，浇筑墩高度为 50cm，端部厚度为 15cm。

结合该结构的勘察报告，构造性的加固措施比较适用，且建筑缺少构造柱和圈梁，所以，可用现浇混凝土圈梁进行代替，用钢拉杆加固内墙与外墙圈梁，与楼盖位置相齐，并在 T 形交界的位置将其闭合连接。然后，用 L 形锚筋连接原有墙体和圈梁，锚筋的规格为 14@ 600，植入原墙体内部 15cm。钢拉杆用直径 18mm 的螺纹钢代替，两端连接钢板，规格为 100mm×100mm×8mm，与新设钢筋圈梁形成一个整体结构。

利用双层钢筋网水泥砂浆面层加固墙体，使用螺纹钢来代替配筋的加强带，根据工程需要，可增加 4 根螺纹钢，直径为 14mm，以上下层贯通的方式施工，采取 S 形连接将螺纹钢固定。

在多层砌体结构的加固过程中，应采取有效且可靠的安全措施，主要包括：

1）定期检查加固施工支撑体系和工作平台的牢固性。

2）指派专职人员检查加固构件的变形、裂痕等情况。

3）如果在施工期间发现某个构件出现问题，如变形增大、裂缝数量增多、裂缝的宽度增大等，必须马上停止施工，做好工程支顶作业并及时发出书面通知，向安全负责人和相关安全管理部门与单位汇报，还需向设计单位通报并请他们采取有效措施处理。

4）施工现场不能出现任何烟气与火源，要结合实际需求配备足量的消防器材，如果工程需要动火操作，必须先向安全部门申请，待批准后方可实施。

5）多层砌体结构的加固方案和设计中应用的化学材料应密封存放并远离火源。

6）如果在施工过程中现场存在影响人员健康的因素，如高分贝噪声、粉尘、有害气体、危险操作等，需采取有效措施的同时保证施工人员的安全。

7）如果施工过程需动用一些化学浆液，要保障现场有良好的通风设施，防止化学气体扩散而影响工人的健康。

4.2.4　外包型钢加固法

1. 基本概念

当采用外包型钢加固矩形截面砌体柱时，宜设计成以角钢为组合构件四肢，以钢缀板围束砌体的钢构架加固方式（图 4-15），并考虑二次受力的影响。

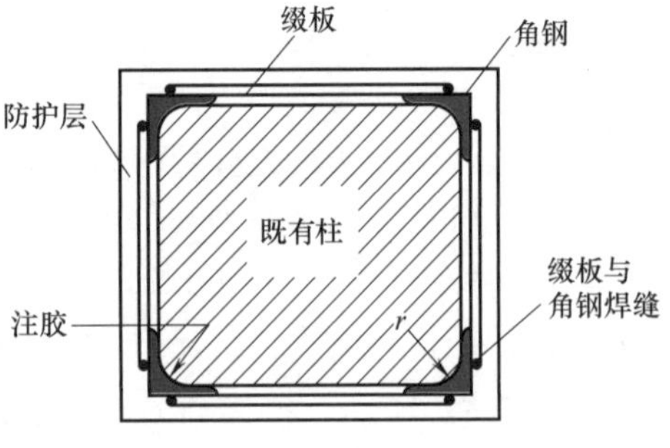

图 4-15　外包型钢加固

当采用外包型钢加固轴心受压砌体构件时，其加固后既有柱和外增钢构架的承载力应按下列规定验算：

1）既有柱的承载力，应根据其所承受的轴向压力值 N_m，按现行《砌体结构设计规范》的有关规定验算。验算时，其砌体抗压强度设计值，应根据可靠性鉴定结果确定。若验算结果不符合使用要求，应加大钢构架截面，并重新进行外力分配和截面验算。

2）钢构架的承载力，应根据其所承受的轴向压力设计值 N_a，按现行《钢结构设计标准》的有关规定进行设计计算。计算钢构架承载力时，型钢的抗压强度设计值，对仅承受静力荷载或间接承受动力作用的结构，应分别乘以强度折减系数 0.95 和 0.90。对直接承受动力荷载或振动作用的结构，应乘以强度折减系数 0.85。

3）外包型钢砌体加固后的承载力为钢构架承载力和既有柱承载力之和。不论角钢肢与砌体柱接触面处涂布或灌注任何黏结材料，均不考虑其黏结作用对计算承载力的提高。

2. 构造规定

1）当采用外包型钢加固砌体承重柱时，钢构架应采用 Q235 钢（3 号钢）制作；钢构架中的受力角钢和钢缀板的最小截面尺寸应分别为∠60mm×60mm×6mm 和 60mm×6mm。

2）钢构架的四肢角钢，应采用封闭式缀板作为横向连接件，以焊接固定。缀板的间距不应大于 500mm。

3）为使角钢及其缀板紧贴砌体柱表面，应采用水泥砂浆填塞角钢及缀板，也可采用灌浆料进行压注。

4）钢构架两端应有可靠的连接和锚固（图 4-16）；其下端应锚固于基础内；上端应抵紧在该加固柱上部（上层）构件的底面，并与锚固于梁、板、柱帽或梁垫的短角钢相焊接。在钢构架（从地面标高向上量起）的 $2h$ 和上端的 $1.5h$（h 为既有柱截面高度）节点区内，缀板的间距不应大于 250mm。与此同时，还应在柱顶部位设置角钢箍予以加强。

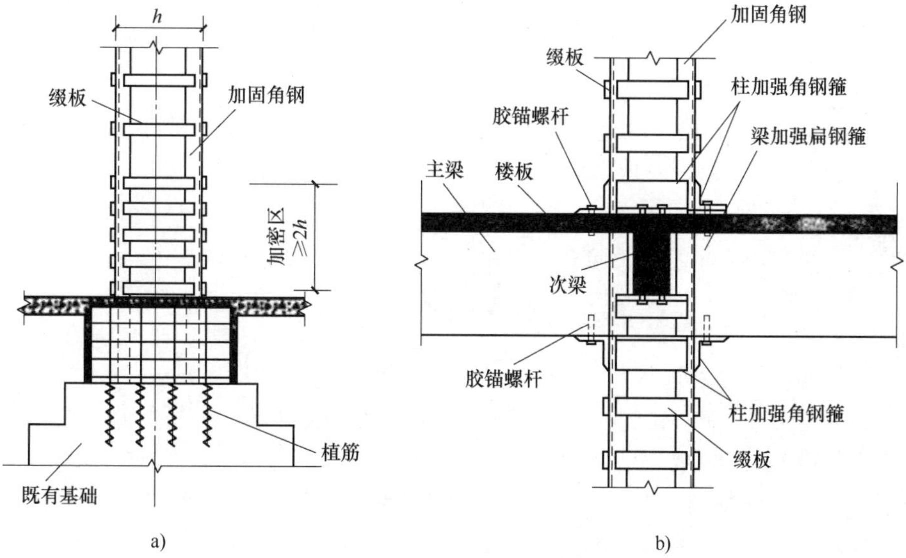

图 4-16　钢构架构造

a）柱基节点　b）楼层节点

5）在多层砌体结构中，若不止一层承重柱需增设钢构架加固，其角钢应通过开洞连续穿过各层现浇楼板；若为预制楼板，宜局部改为现浇，使角钢保持通长。

6）采用外包型钢加固砌体柱时，型钢表面宜包裹钢丝网并抹厚度不小于 25mm 的 1∶3 水泥砂浆做防护层。否则，应对型钢进行防锈处理。

4.2.5 外加预应力撑杆加固法

1. 基本概念

外加预应力撑杆加固法适用于烧结普通砖柱外加预应力撑杆加固的设计。当采用外加预应力撑杆加固法时，仅适用于6度及6度以下抗震设防区的烧结普通砖柱的加固；被加固砖柱应无裂缝、腐蚀和老化；被加固柱的上部结构应为钢筋混凝土现浇梁板，且能与撑杆上端的传力角钢可靠锚固；应有可靠的施加预应力的施工经验；仅适用于温度不大于60℃的正常环境中。当采用外加预应力撑杆加固砖柱时，宜选用两对角钢组成的双侧预应力撑杆的加固方式（图4-17）；不得采用单侧预应力撑杆的加固方式。

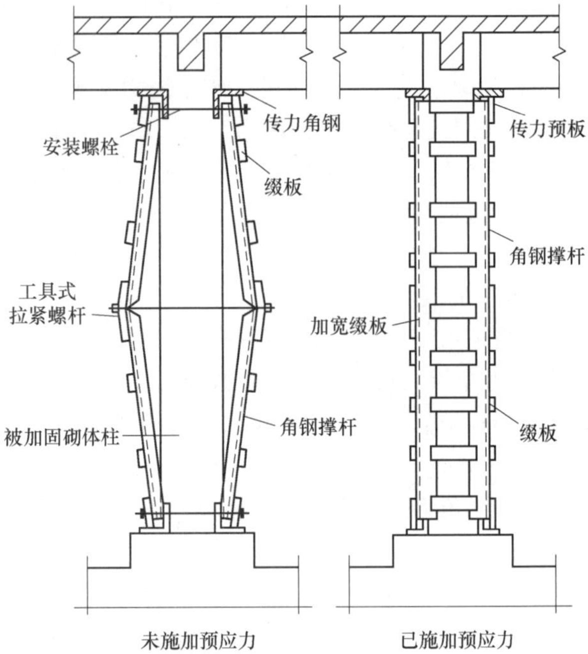

图4-17 预应力撑杆加固法

2. 构造规定

预应力撑杆用的角钢，其截面尺寸不应小于∠60mm×60mm×6mm。压杆肢的两根角钢应用钢缀板连接，形成槽形截面，缀板截面尺寸不应小于80mm×6mm。缀板间距应保证单肢角钢的长细比不大于40。

撑杆肢上端的传力构造及预应力撑杆横向张拉的构造，可参照现行《混凝土结构加固设计规范》进行设计，且传力角钢应与上部钢筋混凝土梁（或其他承重构件）可靠锚固。

延伸阅读

某砌体结构教学楼的抗震加固

某砌体结构教学楼建造于20世纪70年代，地上四层，无地下室，首层层高3.9m，其余各层层高均为3.6m，建筑物总高度为15.3m，建筑抗震设防类别为丙类，抗震设防烈度为8度（0.2*g*），场地类别为Ⅲ类。

根据该工程的抗震检测报告，内横墙厚度为240mm，外墙和内纵墙厚度均为360mm，为纵横墙混合承重体系。楼屋面板为现浇钢筋混凝土楼板，基础采用条形基础。既有砌体结构设计中未见圈梁、构造柱，黏土砖实测强度等级为MU10，一层砂浆强度推定值：外墙、D轴交①~④轴内纵墙、F轴内纵墙为3.0MPa，D轴交④~⑥轴内纵墙为1.0MPa，内横墙为0.3MPa；二层砂浆强度推定值：外墙为2.4MPa，内纵墙为1.9MPa，内横墙为0.4MPa；三层砂浆强度推定值：外墙、F轴内纵墙为1.5 MPa，D轴内纵墙、内横墙为0.4MPa；四层砂浆强度推定值：所有墙体均为0.6 MPa。

依据《建筑抗震鉴定标准》（GB 50023—2009）（简称抗震鉴定标准）第1.0.4.1条的规定：在20世纪70年代及以前建造的、经耐久性鉴定可继续使用的既有建筑，其后续使用年限不应少于30年。因此按照后续使用年限30年的标准，对该结构进行了一级抗震鉴定。由于结构不满足一级抗震鉴定，所以对结构进行了二级抗震鉴定计算，其中体型影响系数及局部影响系数值取自该结构的抗震鉴定报告。根据鉴定计算结果，一至四层纵、横墙的综合抗震能力指数均小于1，不满足抗震鉴定标准的规定，应进行整体结构的抗震加固。

该结构开间大于4.8m的房间面积之和占楼层总面积的比例超过50%，属于横墙很少的多层砌体结构，但房屋的总高度及层数满足规范限值，横墙间距也满足现行规范限值，满足刚性楼盖的假定。该结构横向墙体面积比纵向墙体面积约少40%，横墙砂浆强度远小于纵墙的砂浆强度，同时该结构为纵横墙混合承重，横墙的压应力较小，从二级抗震鉴定综合抗震能力指数也可看出，横墙抗剪承载力要明显小于纵墙抗剪承载力，抗剪承载力相差接近3倍，x向、y向刚度差异巨大。横向楼层的综合抗震能力指数很低，首层最小值仅为0.293，而首层纵向楼层的综合抗震能力指数为0.936，其余楼层纵向综合抗震能力指数是横向综合抗震能力指数的1.8倍以上，所以该结构的加固关键是提高横墙的抗震承载力。

从结构平面布置来分析，横墙布置不均匀，②、③轴横墙间距较小，④~⑥轴横墙间距大，结构的刚心和质心在x方向明显无法重合，质心与刚心偏离较大。加固方案应考虑既有结构的平面不规则性，减少偏心，以提高结构整体抗震性能。纵墙由于综合抗震能力指数均大于0.7，可以采用钢筋网水泥面层加固，当现场检测砂浆强度较低（<M2.5）时，采用面层加固就可以起到不错的效果。调整x向刚心的最佳办法是在④~⑥轴间增设抗震墙，但是由于建筑专业不允许增设抗震墙，因此只能通过优化加固方案来调整。

现选取三种加固方案进行比较：

1）面层加固。所有墙体均采用双面钢筋网砂浆面层加固，加固总厚度为70mm，砂浆强度等级为M10。

2）板墙加固。所有墙体均采用双面板墙加固，板墙总厚度140mm，局部采用140mm厚单面板墙加固，混凝土强度等级为C20。

3）混合加固。纵墙及②轴、③轴横墙采用双面钢筋网砂浆面层加固，加固总厚度为70mm，砂浆强度等级为M10；①轴、④~⑥轴横墙采用双面板墙加固，板墙总厚度为140mm，局部采用140mm厚单面板墙加固；混凝土强度等级为C20。

采用盈建科软件YJK2.0.0中的砌体抗震鉴定计算程序进行抗震鉴定计算，采用混合加固，4个楼层综合抗震能力指数均大于1，纵、横墙综合抗震能力指数接近；结构首层刚心与质心基本重合，此方案可有效解决原结构刚心与质心偏离的问题，从而降低地震的扭转效应，提高结构整体抗震性能。

4.2.6　粘贴纤维复合材料加固法

1. 基本规定

1）粘贴纤维复合材料加固法仅适用于烧结普通砖墙（以下简称砖墙）平面内受剪加固和抗震加固。

2）被加固的砖墙，其现场实测的砖强度等级不得低于MU7.5；砂浆强度等级不得低于

M2.5；现已开裂、腐蚀、老化的砖墙不得采用粘贴纤维复合材料加固法进行加固。

3）采用粘贴纤维复合材料加固法加固的纤维材料及其配套的结构胶黏剂，其安全性能应符合纤维复合材性能的要求。

4）外贴纤维复合材加固砖墙时，应将纤维受力方式设计成仅承受拉应力作用。粘贴在砖砌构件表面上的纤维复合材，其表面应进行防护处理。表面防护材料应对纤维及胶黏剂无害。

5）采用粘贴纤维复合材料加固法加固的砖墙结构，其长期使用的环境温度不应高于60℃；应用在处于特殊环境的砖砌结构时，除应按国家现行有关标准的规定采取相应的防护措施，尚应采用耐环境因素作用的胶黏剂，并按专门的工艺要求施工。

2. 构造规定

1）纤维布条带在全墙面上宜等间距均匀布置，条带宽度不宜小于100mm，条带的最大净间距不宜大于三皮砖块的高度，也不宜大于200mm。

2）沿纤维布条带方向应有可靠的锚固措施（图4-18）。

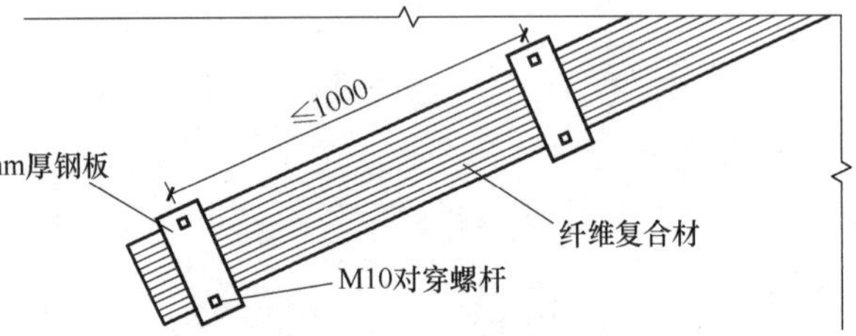

图4-18　沿纤维布条带方向设置拉结构造

3）纤维布条带端部的锚固构造措施，可根据墙体端部情况，采用对穿螺栓垫板压牢（图4-19）。当纤维布条带需绕过阳角时，阳角转角处曲率半径不应小于20mm。当有可靠的工程经验或试验资料时，也可采用其他机械锚固方式。

4）当采用搭接的方式接长纤维布条带时，搭接长度不应小于200mm，且应在搭接长度中部设置一道锚栓锚固。

5）当砖墙采用纤维复合材加固时，其墙、柱表面应先做水泥砂浆抹平层；层厚不应小于15mm且应平整；水泥砂浆强度等级应不低于M10；粘贴纤维复合材应待抹平层硬化、干燥后方可进行。

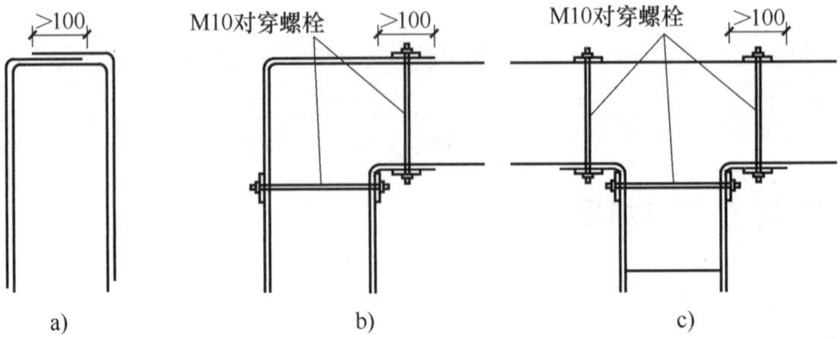

图4-19　纤维布条带端部的锚固构造

a）一字形墙端　b）L形墙端　c）T形墙端

延伸阅读

FRP 复合材料在砌体结构加固中的应用

相对混凝土结构，砖砌体的材料特性决定了其在长期暴露的空气环境中，更易受损或破坏。任何温度的变化、潮湿环境，以及冻融等其他环境因素，都可能引起砖砌体构件物理力学性能的显著下降。此外，尚存在大量砌体结构的历史保护性建筑物，它们均不具备抵抗诸如地震、强风、基础沉降、设备振动等外部荷载的作用。如果 FRP 复合材料能在这些建筑结构中恰当地应用，则能很好地解决许多工程问题，有效增强砌体结构的耐久性、延性及强度。

在砌体结构加固领域，FRP 复合材料主要适用于：抗震或抗风加固，修正设计、施工的缺陷，以及修补受损区域等。它能有效提高砌体构件的抗弯及抗剪承载力，或者恢复其与之相当的受损承载力。对修补而言，可沿裂缝采取“打补丁”方式缝合裂缝来重建其整体性。另外，FRP 也可用来缠绕约束砌体构件，增强其稳定性，防止坍塌。

与传统加固工艺相比，采取 FRP 复合材料的主要优点在于：①不需大型机械设备，施工成本低（不含材料费用）；②FRP 复合材料为柔性，与被加固构件的协调性强；③对构件截面尺寸几乎无影响；④在抗震加固中不增加自重；⑤施工过程中，能最低程度地降低对既有结构的居住及使用影响。

应用 FRP 材料进行砌体结构加固的方法常有两种：外粘 FRP 片材与近表面粘贴 FRP 筋。其中，FRP 片材又包括织物与板材两种形式，前者未浸渍树脂，后者为预浸成型。近表面粘贴 FRP 筋，多为矩形或圆形断面的预成型纤维树脂复合材料，施工时，沿灰缝开槽后，可嵌入 FRP 筋，对外观则几乎没任何影响。槽内的填充物一般采用环氧类或改性水泥基类黏结剂，施工时，轻轻压入 FRP 筋以黏结剂溢出为限。

加固后，砌体墙身的透气性是选择 FRP 材料加固砌体结构需考虑的一个因素。由于 FRP 片材一般粘贴在墙的表面，往往影响到墙体的干、湿特征，而 FRP 筋因嵌入灰缝内，对墙体的外观及潮湿度的影响则可忽略。由于透气性是影响砌体结构耐久性的一个重要因素，因此，对一些历史保护性建筑，往往选用 FRP 筋进行砌体结构的加固。就材料而言，目前工程领域常用的纤维类型主要有碳纤维、芳纶纤维及玻璃纤维三种。

在混凝土结构加固中，往往优先采用碳纤维材料，这主要因为它具有较高的弹性模量。但对砌体结构加固而言，多数情况下则应优先选用玻璃纤维。这主要因为砌体本身弹性模量较低，低模量的玻璃纤维在砌体结构的加固中并无任何不利之处。相反，其更大的极限变形能力能更好地适应砌体的开裂变形。试验研究也表明，相比玻璃纤维，在砌体墙的加固中，碳纤维并不具有相应的优越性。从经济角度分析，玻璃纤维的费用显著低于碳纤维及芳纶纤维。

FRP 复合材料加固砌体结构与混凝土结构的主要区别在于基层处理。对 FRP 片材而言，砖块表面需打磨平整，清理干净后，需先涂抹一层环氧修补胶泥，再进行后续纤维片材的粘贴。若面积较大，有时也可采用聚合物改性砂浆代替环氧修补胶泥，待其硬化后，再进行后续纤维片材的粘贴施工。对近表面粘贴 FRP 筋系统，则需先在墙体表面或沿灰缝开槽，槽深度一般为 20~30mm，且比 FRP 筋宽度略大。槽清理干净后，可注入相应黏结树脂或聚合物改性砂浆，并在其固化前嵌入相应的 FRP 筋。

4.3 砌体结构构造性加固法

4.3.1 增设圈梁加固

当无圈梁或圈梁设置不符合现行设计规范要求，或纵横墙交接处咬槎有明显缺陷，或房屋的整体性较差时，应增设圈梁进行加固。

外加圈梁，宜采用现浇钢筋混凝土圈梁或钢筋网水泥复合砂浆砌体组合圈梁，在特殊情况下，也可采用型钢圈梁。对内墙圈梁还可用钢拉杆代替。钢拉杆设置间距应适当加密，且应贯通房屋横墙（或纵墙）的全部宽度，并设在有横墙（或纵墙）处，同时锚固在纵墙（或横墙）上。

外加圈梁应靠近楼（屋）盖设置。钢拉杆应靠近楼（屋）盖和墙面。外加圈梁应在同一水平标高交圈闭合。变形缝处两侧的圈梁应分别闭合，如遇开口墙，应采取加固措施使圈梁闭合。

采用外加钢筋混凝土圈梁时，应符合下列规定：

1）外加钢筋混凝土圈梁的截面高度不应小于180mm、宽度不应小于120mm。纵向钢筋的直径不应小于10mm；其数量不应少于4根。箍筋宜采用直径为6mm的钢筋，箍筋间距宜为200mm；当圈梁与外加柱相连接时，在柱边两侧各500mm长度区段内，箍筋间距应加密至100mm。

2）外加钢筋混凝土圈梁的混凝土强度等级不应低于C20，圈梁在转角处应设2根直径为12mm的斜筋。钢筋混凝土外加圈梁的顶面应做泛水，底面应做滴水沟。

3）外加钢筋混凝土圈梁的钢筋外保护层厚度不应小于20mm，受力钢筋接头位置应相互错开，其搭接长度为40d（d为纵向钢筋直径）。任一搭接区段内，有搭接接头的钢筋截面面积不应大于总面积的25%；有焊接接头的纵向钢筋截面面积不应大于同一截面钢筋总面积的50%。

采用钢筋网水泥复合砂浆砌体组合圈梁时，应符合下列规定：

1）梁顶平楼（屋）面板底，梁高不应小于300mm。

2）穿墙拉结钢筋宜呈梅花状布置，穿墙筋位置应在丁砖上（对单面组合圈梁）或丁砖缝（对双面组合圈梁）。

3）面层材料和构造应符合下列规定：

① 面层砂浆强度等级：水泥砂浆不应低于M10，水泥复合砂浆不应低于M20。

② 钢筋网水泥复合砂浆面层厚度宜为30~45mm。

③ 钢筋网的钢筋直径宜为6mm或8mm，网格尺寸宜为120mm×120mm。

④ 单面组合圈梁的钢筋网，应采用直径为6mm的L形锚筋；双面组合圈梁的钢筋网，应采用直径为6mm的Z形或S形穿墙筋连接；L形锚筋间距宜为240mm×240mm；Z形或S形锚筋间距宜为360mm×360mm。

⑤ 钢筋网的水平钢筋遇有门窗洞时，单面圈梁宜将水平钢筋弯入洞口侧面锚固，双面圈梁宜将两侧水平钢筋在洞口闭合。

⑥ 对承重墙，不宜采用单面组合圈梁。

采用钢拉杆代替内墙圈梁时，应符合下列规定：

1）横墙承重房屋的内墙，可用两根钢拉杆代替圈梁；纵墙承重和纵横墙承重的房屋，钢拉杆宜在横墙两侧各设一根。钢拉杆直径应根据房屋进深尺寸和加固要求等条件确定，但不应小于 14mm，其方形垫板尺寸宜为 200mm×200mm×15mm。

2）无横墙的开间可不设钢拉杆，但外加圈梁应与进深方向梁或现浇钢筋混凝土楼盖可靠连接。

3）每道内纵墙均应用单根拉杆与外山墙拉结，钢拉杆直径可视墙厚、房屋进深和加固要求等条件确定，但不应小于 16mm，钢拉杆长度不应小于两个开间。

外加钢筋混凝土圈梁与砖墙的连接，应符合下列规定：

1）宜选用结构胶锚筋，也可选用化学锚栓或钢筋混凝土销键。

2）当采用化学植筋或化学锚栓时，砌体的块材强度等级不应低于 MU7.5，砌体砖的强度等级不应低于 MU7.5，其他要求按压浆锚筋确定。

3）压浆锚筋仅适用于实心砖砌体与外加钢筋混凝土圈梁之间的连接，砌体砖的强度等级不应低于 MU7.5，砂浆的强度等级不应低于 M2.5。

4）压浆锚筋与钢拉杆的间距宜为 300mm；锚筋之间的距离宜为 500~1000mm。

钢拉杆与外加钢筋混凝土圈梁可采用下列方法之一进行连接：钢拉杆埋入圈梁，埋入长度为 $30d$（d 为钢拉杆直径），端头应做弯钩；钢拉杆通过钢管穿过圈梁，应用螺栓拧紧；钢拉杆端头焊接垫板埋入圈梁，垫板与墙面之间的间隙不应小于 80mm。

角钢圈梁的规格不应小于∠80mm×6mm 或∠75mm×6mm，并应每隔 1~1.5m 与墙体用普通螺栓拉结，螺杆直径不应小于 12mm。

4.3.2　其他加固方法

其他的加固方法有增设构造柱加固、增设梁垫加固、砌体局部拆砌。

（1）增设构造柱加固法　当无构造柱或构造柱设置不符合现行设计规范要求时，应增设现浇钢筋混凝土构造柱或钢筋网水泥复合砂浆组合砌体构造柱。构造柱的材料、构造、设置部位应符合现行设计规范要求。增设的构造柱应与墙体圈梁、拉杆连接成整体，若所在位置与圈梁连接不便，也应采取措施与现浇混凝土楼（屋）盖可靠连接。

（2）增设梁垫加固法　当大梁下砌体被局部压碎或在大梁下墙体出现局部竖向或斜向裂缝时，应增设梁垫进行加固。新增设梁垫的混凝土强度等级，现浇时不应低于 C20，预制时不应低于 C25。梁垫尺寸应按现行设计规范的要求，经计算确定，但梁垫厚度不应小于 180mm；梁垫的配筋应按抗弯条件计算配置。当按构造配筋时，其用量不应少于梁垫体积的 0.5%。增设梁垫应采用“托梁换柱”的方法进行施工。

（3）砌体局部拆砌法　当墙体局部破裂但在查清其破裂原因后尚未影响承重及安全时，可将破裂墙体局部拆除，并按提高一级砂浆强度等级用整砖填砌。分段拆砌墙体时，应先砌部分留槎，并埋设水平钢筋与后砌部分拉结。局部拆砌墙体时，新旧墙交接处不得凿水平槎或直槎，应做成踏步槎接缝，缝间设置拉结钢筋以增强新旧的整体性。

延伸阅读

某砖混结构房屋的改造加固

某地上三层砖混内框架结构房屋，建成于 1997 年，建筑平面呈方形，其总长×宽尺寸为 22.00m×22.20m，建筑面积约为 1370.6m^2，各层层高约为 3.80m。结构采用现浇混凝土梁和预制混凝土板，屋盖为三角形木屋架、木檩条、木板基层组成的坡瓦屋面。设计抗震设防烈度为 7 度，设计基本地震加速度为 0.10g，设计地震分组为第一组，特征周期为 0.45s。结构原始平面图如图 4-20 所示。

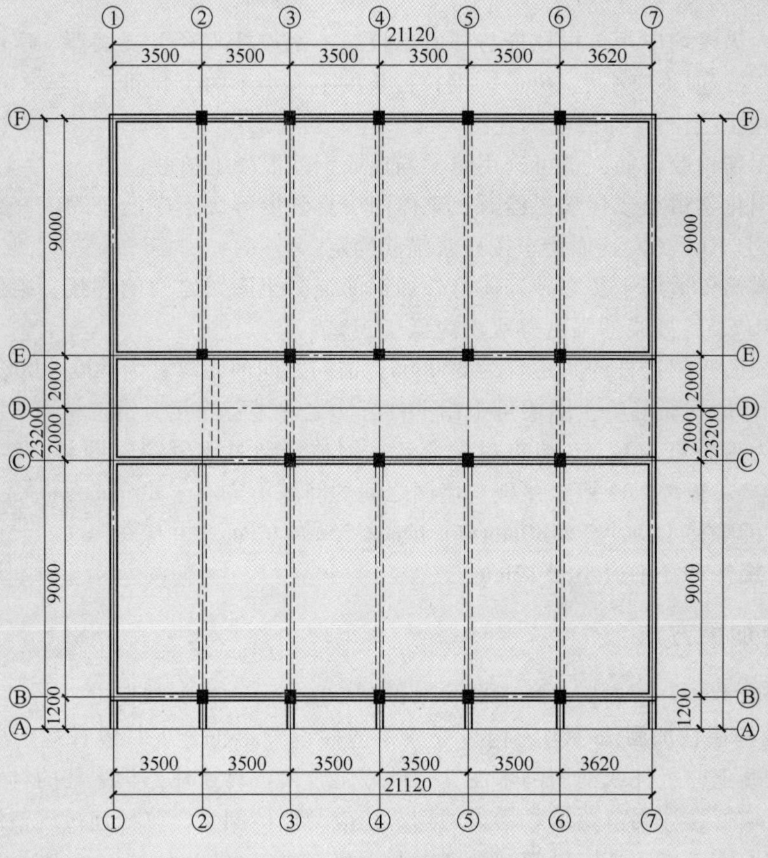

图 4-20　结构原始平面图

该建筑原使用功能为中学食堂，因食堂及其他基础配套设施均难以满足师生的使用和安全要求，拟对该建筑进行全方位的加固改造，改造内容为局部墙体拆除和加固、楼梯拆改、新增楼板等，使得原食堂变为大空间、多餐位、安全的就餐场所。通过详细的安全性及抗震鉴定，该建筑存在材料强度低、构造措施不足、构件外观质量差等问题。经检测墙体砌筑用砂浆强度为 0.5～0.6MPa，低于《建筑抗震鉴定标准》（GB 50023—2009）的要求。考虑结构体系影响系数，采用 PKPMV5.1 结构计算软件 SARWAE 模块按结构后续使用年限为 30 年 A 类建筑，抗震设防类别为乙类，进行抗震验算。验算表明，结构抗震承载力已不能满足现有规范要求。

结合检测鉴定和复核验算结果，墙体材料强度偏低，仅设置圈梁，未有构造柱，抗震横墙间距过大，导致结构整体抗震水平偏低，且按现有规范乙类设防要求，结构的抗震能力显然已不符合现行规范要求。对于结构采用内框问题，由于有框架和砌体两种受力特性的组合，通过改善内框架结构的延续性和整体性，同时从加强砖墙的承载力的概念出发，采取砖柱混凝土围套加固，增补构造柱，墙体钢筋网聚合物砂浆面层加固进行该结构加固。

墙体均为 240mm 厚，结构所有未拆墙体均采用双面钢筋网聚合物砂浆面层加固。该技术为面层采用 45mm 厚聚合物砂浆，ϕ8@200 单层双向钢筋网片，加固后的墙体承载力得到提高，弥补因砂浆强度不足带来的安全缺陷。

因现行规范的荷载组合系数及荷载增大，既有结构砖柱不能满足现状，为提高既有砖柱的承载力，同时，确保后续设计钢筋混凝土双梁托换具有足够的支撑尺寸，对砖柱采用混凝土围套加固，即在砖柱四周围套厚度不低于 70mm 的钢筋混凝土层，充分利用围套截面内的混凝土与纵筋增大砖柱承载力。注意箍筋应采用封闭式，遇梁阻碍时，用等代箍筋穿梁。既有结构仅设置圈梁未设置构造柱，整体刚度较差，抗震能力不足，通过在局部位置新增构造柱，包括纵横墙交界处、墙长中部位置。

为实现食堂满足更多师生同时就餐的需要，需将部分结构进行拆改，形成大空间。因需要对部分承重墙体进行拆除，所以采用在墙体下方增设托换结构，用来承受原墙上部荷载，并且，考虑到原圈梁截面尺寸和钢筋面积小，采用大截面积托梁。因砖柱加固设计已考虑托梁方案，因此托梁可与砖柱围套同时现浇，结构整体性得到加强，结构刚度提高幅度更大。

4.3.3　砌体裂缝修补法

砌体结构裂缝的修补应根据其种类、性质及出现的部位进行设计，选择适宜的修补材料、修补方法和修补时间。常用的裂缝修补方法有填缝法、压浆法、外加网片法和置换法等。根据工程的需要，这些方法还可组合使用。

1. 填缝法

填缝法适用于处理砌体中宽度大于 0.5mm 的裂缝。

修补裂缝前，首先应剔凿干净裂缝表面的抹灰层，然后沿裂缝开凿 U 形槽。对凿槽的深度和宽度，应符合下列规定：

1）当为静止裂缝时，槽深不宜小于 15mm，槽宽不宜小于 20mm。

2）当为活动裂缝时，槽深宜适当加大，且应凿成光滑的平底，以利于铺设隔离层；槽宽宜按裂缝预计张开量 t 加以放大，通常可取为（15mm+5t）。另外，槽内两侧壁应凿毛。

3）当为钢筋锈蚀引起的裂缝时，应凿至钢筋锈蚀部分完全露出为止，钢筋底部混凝土凿除的深度，以能使除锈工作彻底进行。

对静止裂缝，可采用改性环氧砂浆、改性氨基甲酸乙酯胶泥或改性环氧胶泥等进行充填（图 4-21a）。对活动裂缝，可采用丙烯酸树脂、氨基甲酸乙酯、氯化橡胶或可挠性环氧树脂等为填充材料，并可采用聚乙烯片、蜡纸或油毡片等为隔离层（图 4-21b）。

对锈蚀裂缝，应在已除锈的钢筋表面上先涂刷防锈液或防锈涂料，待干燥后再充填封闭裂缝材料。对活动裂缝，其隔离层应干铺，不得与槽底有任何黏结。其弹性密封材料的充填，应先在槽内两侧表面上涂刷一层胶黏剂，以使充填材料能起到既密封又能适应变形的作用。

修补裂缝应符合下列规定：

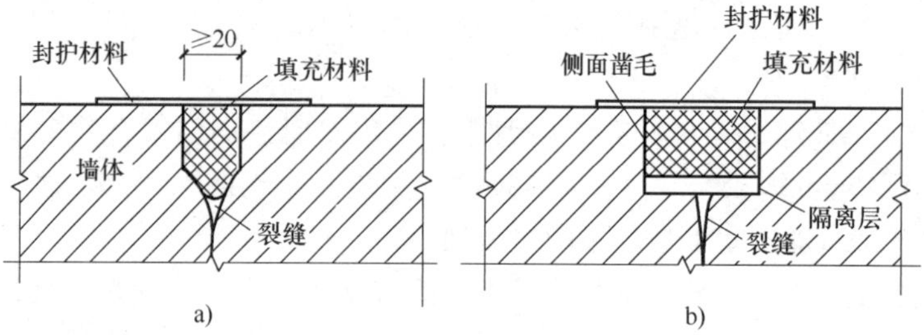

图 4-21　填缝法修补裂缝

1）充填封闭裂缝材料前，应先将槽内两侧凿毛的表面浮尘清除干净。

2）采用水泥基修补材料填补裂缝，应先将裂缝及周边砌体表面润湿。

3）采用有机材料不得湿润砌体表面，应先在槽内两侧面涂刷一层树脂基液。

4）充填封闭材料应采用搓压的方法填入裂缝中，并修复平整。

2. 压浆法

压浆法即压力灌浆法，适用于处理裂缝宽度大于 0.5mm 且深度较深的裂缝。压浆的材料可采用无收缩水泥基灌浆料、环氧基灌浆料等。压浆工艺的流程为清理裂缝→安装灌浆嘴→封闭裂缝→压气试漏→配浆→压浆→封口处理。

压浆法的操作应符合下列规定：

1）清理裂缝时，应先在砌体裂缝两侧不少于 100mm 范围内，将抹灰层剔除（若有油污也应清除干净）；然后用钢丝刷、毛刷等工具清除裂缝表面的灰土、浮渣及松软层等污物；最后用压缩空气清除缝隙中的颗粒和灰尘。

2）灌浆嘴安装应符合下列规定：

① 灌浆嘴间距。当裂缝宽度在 2mm 以内时，灌浆嘴间距可取 200~250mm；当裂缝宽度在 2~5mm 时，可取 350mm；当裂缝宽度大于 5mm 时，可取 450mm，且应设在裂缝端部和裂缝较大处。

② 钻孔。应按标示位置钻深度 30~40mm 的孔眼，孔径宜略大于灌浆嘴的外径。钻好后应清除孔中的粉屑。

③ 灌浆嘴固定。灌浆嘴应在孔眼用水冲洗干净后进行固定。固定前先涂刷一道水泥浆，然后用环氧胶泥或环氧树脂砂浆将灌浆嘴固定，当裂缝较细或墙厚超过 240mm 时，应在墙的两侧均安放灌浆嘴。

3）封闭裂缝。应在已清理干净的裂缝两侧，先用水浇湿砌体表面，再用纯水泥浆涂刷一道，最后用 M10 水泥砂浆封闭，封闭宽度约为 200mm。

4）试漏。应在水泥砂浆达到一定强度后，采用涂抹皂液等方法压气试漏。对封闭不严的漏气处应进行修补。

5）配浆。应根据灌浆料产品说明书的规定及浆液的凝固时间，确定每次配浆数量。浆液稠度过大，或者出现初凝情况，应停止使用。

6）压浆。应符合下列要求：

① 压浆前应先灌水。

② 空气压缩机的压力宜控制在 0.2~0.3MPa。

③ 将配好的浆液倒入储浆罐，打开喷枪阀门灌浆，直至邻近灌浆嘴（或排气嘴）溢浆

为止。

④ 压浆顺序应自下而上，边灌边用塞子堵住已灌浆的嘴，灌浆完毕且已初凝后，即可拆除灌浆嘴，并用砂浆抹平孔眼。

压浆时应严格控制压力，防止损坏边角部位和小截面的砌体，必要时，应做临时性支护。

3. 外加网片法

外加网片法适用于增强砌体抗裂性能，限制裂缝开展，修复风化、剥蚀砌体。外加网片所用的材料应包括钢筋网、钢丝网、复合纤维织物网等。当采用钢筋网时，其钢筋直径不宜大于 4mm。当采用无纺布替代纤维复合材料修补裂缝时，仅允许用于非承重构件的静止细裂缝的封闭性修补。

网片覆盖面积除应按裂缝或风化、剥蚀部分的面积确定，尚应考虑网片的锚固长度。网片短边尺寸不宜小于 500mm。网片的层数：对钢筋和钢丝网片，宜为单层；对复合纤维材料，宜为 1~2 层；设计时可根据实际情况确定。

4. 置换法

置换法适用于砌体受力不大，砌体块材和砂浆强度不高的开裂部位，以及局部风化、剥蚀部位的加固（图 4-22）。

置换用的砌体块材可以是既有砌体材料，也可以是其他材料，如配筋混凝土实心砌块等。

置换砌体时应符合下列规定要求：

1）把需要置换部分及周边砌体表面抹灰层剔除，然后沿着灰缝将被置换砌体凿掉。在凿打过程中，应避免扰动不置换部分的砌体。

2）把粘在砌体上的砂浆剔除干净，清除浮尘后充分润湿墙体。

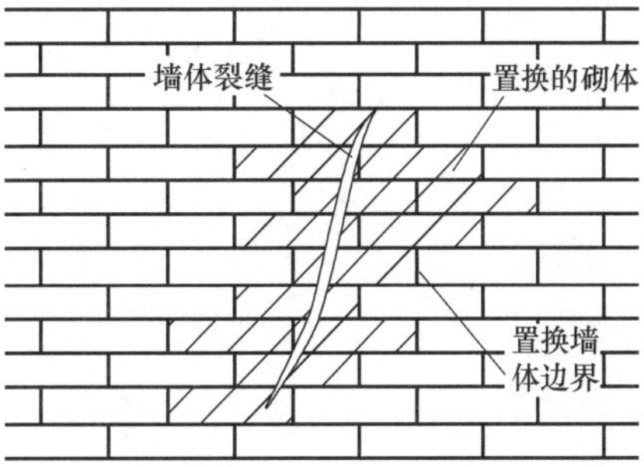

图 4-22　置换法处理裂缝

3）修复过程中应保证填补砌体材料与既有砌体可靠嵌固。

4）砌体修补完成后，再做抹灰层。

延伸阅读

某砖混结构阳台挑梁的加固

某砖混住宅楼建于 2007 年，6 层砖混结构，建筑面积为 4400m^2，楼面除卫生间和厨房为现浇楼板，其余卧室、客厅、阳台等均为预应力钢筋混凝土空心板，每层设圈梁，基础为钢筋混凝土条形基础，混凝土构件强度设计等级均为 C20。在主体结构验收时，发现混凝土质量存在问题，经当地质量监督站回弹测试，部分阳台挑梁混凝土强度等级达不到设计要求，抽检的混凝土构件的强度等级均大于 10MPa，个别混凝土强度等级低于 C15，最低的混凝土强度仅为 11.2MPa，实际强度只达到设计强度的 56%，存在安全隐患，经过计算，混凝土强度达不到设计要求的挑梁不满足承载力要求。因此为保证结构安全，需对挑梁进行加固处理。

根据加固设计经验及计算，提出了以下三种加固方案：

1）凿掉重浇。该方法要将挑梁凿掉重新浇筑，支模复杂，无法解决挑梁根部的问题，而且施工缝留在弯矩和剪力都最大的挑梁根部对受力也不利。

2）增设支柱法加固。在阳台悬挑梁端部由下至上层层设置支柱，达到减小挑梁内力，提高挑梁结构承载能力的目的。该方法简单可靠，但由于混凝土强度等级达不到设计要求的构件只是一部分，层数及位置分布没有规律，如果每个挑梁端均增加支柱，增设的柱需要单独做基础，而且由于挑梁增加支柱后变为简支梁，经过结构复核，挑梁底部钢筋不满足承载力的要求也需要加固，加固费用比较高。

3）增设支架法加固。在阳台悬挑梁底部设置三角形型钢支架，型钢支架用螺栓分别锚固生根于挑梁、外纵墙及混凝土圈梁，达到减小挑梁内力，提高挑梁结构负荷能力的目的。此加固方法节点比较多，三角形型钢支架生根不容易处理，钢构件暴露在空气中容易发生锈蚀，影响结构的耐久性从而降低结构的使用年限，而且此阳台为非封闭阳台，建筑效果不理想。

通过上述加固方案的分析比较，并考虑了施工工艺、节点连接等方面的技术要求及建筑效果，最终选择了增加钢拉杆及粘贴碳纤维布的加固方案。

钢结构的加固 第5章

5.1 概述

在20世纪70年代以前，我国钢结构从设计、制造、安装和使用管理等方面的技术水平都是比较落后的。主要原因是钢材规格不全，常用的沸腾钢偏析严重，大部分钢结构都是采用这样的板材和型钢利用手工或部分自动焊接建造起来的；加上管理经验不足，质量检验与质量控制手段不高，因而在这些钢结构中存在的质量问题还是比较突出的。随着使用时间的增长，钢结构的工程事故不断出现，严重地影响了建筑物的安全使用。

钢结构经过检测和可靠性鉴定后，可靠性鉴定结果所评的等级为 C_u 级、D_u 级构件及 C_u 级、D_u 级时，就需要进行加固处理。钢结构一般可通过焊接或采用高强螺栓连接来实施加固，因而是一种便于加固的结构。在出现以下一些情况时，需要进行加固：

1）由于使用条件的变化，荷载增大。

2）由于设计或施工工作中的缺陷，结构或其局部的承载力达不到设计要求。

3）由于磨损、锈蚀，结构或节点受到削弱，结构或其局部的承载力达不到原来的要求。

4）有时出现结构损伤事故，需要修复。修复工作也带有加固的性质。

按加固的对象，钢结构的加固可分为钢柱的加固、钢梁的加固、钢屋架或托架的加固、钢网架结构的加固、钢框架（排架、刚架）结构的加固及吊车系统的加固、连接和节点的加固、裂纹的修复和加固等。

按加固的范围，钢结构的加固又可分为两大类：一是局部加固，只对某些承载能力不足的杆件或连接节点进行加固；二是全面加固，对整体结构进行加固。

5.2 钢结构加固方法和加固计算的基本规定

5.2.1 钢结构加固方法及其选择的原则

钢结构的加固方法主要有：增加截面法；改变结构计算简图法；减轻荷载法；增加构件、支撑和加劲肋法；增强连接等。钢结构加固方法主要根据施工方法、现场条件、施工期限和加固效果来选择。加固件与既有结构要能够协调工作，并且不过多地损伤既有结构和产生过大的附加变形。

按受力方式，钢结构的加固方法主要可分为两大类：

（1）不改变结构计算简图的加固 在不改变结构计算简图的前提下，对既有结构的构件截面和连接进行补强的方法，称为增加截面法。

（2）改变结构计算简图的加固 采用改变荷载分布状况、传力途径、节点性质和边界条件、增设附加杆件和支撑、施加预应力、考虑空间协同作用等措施对既有结构进行加固的方法，称为改变结构计算简图法。

按施工流程，钢结构的加固方法大致也可分为两类：

（1）在负荷状态下加固 这是加固工作量最小也是最简单的方法。但为保证结构的安全，应要求既有结构的承载力应有不少于20%的富余。在负荷状态下加大较小焊缝厚度时，既有焊缝在扣除焊接热效应影响区长度后的承载能力，应不小于外荷载产生的内力，并且构件应没有严重的损伤。此外，有时也可通过改用轻质材料或其他减小荷载的方法来提高钢结构的可靠性，从而达到加固的目的。

（2）卸载加固 结构损伤较严重或构件及接头的应力很高，或者补强施工不得不临时削弱承受很大内力的构件及连接时，需要暂时减轻其负荷时，采用卸载加固法。对某些主要承受移动荷载的结构（如吊车梁），可限制移动荷载，这就相当于部分卸载了。若结构损坏严重或既有结构的构件（杆件）的承载力过小，不宜就地补强，则需考虑将构件拆下补强或更换，此时应采取措施使构件完全卸载。

此外，减轻荷载、加强连接、阻止裂纹扩展也可以算作是对既有结构或构件的加固。

结构或构件的加固是一项极其复杂的工作，需要考虑的因素很多，有时采用单一的方法即可，有时则需分别或者同时采用几种方法才行。选择加固方法应从施工方便、生产受干扰少、经济合理、效果明显等方面来综合考虑。选择的原则如下：

1）钢结构是否需要加固，应经结构可靠性鉴定确认。《工业建筑可靠性鉴定标准》和《民用建筑可靠性鉴定标准》是通过实测、验算并辅以专家评估才做出可靠性鉴定的结论，因而较为客观、稳健，可以作为钢结构加固设计的基本依据；但须指出的是钢结构加固设计所面临的不确定因素远比新建工程多而复杂，况且还要考虑产权人的种种要求。

2）钢结构经可靠性鉴定确认需要加固时，应根据鉴定结论并结合产权人提出的要求，按《钢结构加固设计标准》（GB 51367—2019）的规定进行加固设计。加固设计的范围，可按整幢建筑物或其中某独立区段确定，也可按指定的结构、构件或连接确定，但均应考虑该结构的整体稳固性。

3）众多的工程实践经验表明，承重结构的加固效果，除了与其所采用的方法有关，还与该建筑物现状有着密切的关系。一般而言，结构经局部加固后，虽然能提高被加固构件的安全性，但这并不意味着该承重结构的整体承载便一定是安全的。因为就整个结构而言，其安全性还取决于既有结构方案及其布置是否合理，结构构件之间的支撑、连接、拉结、锚固是否系统而可靠，其原有的构造措施是否得当与有效等；而这些就是结构整体稳固性的内涵，其综合作用就是使结构具有足够的延性和冗余度。因此，专业技术人员在承担结构加固设计时，应对该承重结构的整体稳固性进行检查与评估，以确定是否需作相应的加强。

4）加固后的钢结构的安全等级，应根据结构破坏后果的严重程度、结构的重要性和下一个使用期的具体要求，由委托方和设计者按实际情况商定。

5）钢结构的加固设计，应与实际施工方法紧密结合，采取有效措施，保证新增构件及部件与既有结构连接可靠，新增截面与原截面结合牢固，形成整体共同工作，且不应对未加固部分，以及相关的结构、构件和地基基础造成不利影响；应充分考虑现场条件对施工方法、加固效果和施工工期的影响，应采取减小构件在加固过程中产生附加变形的加固措施和施工方法。

6）由高温、高湿、冻融、冷脆、腐蚀、振动、温度应力、收缩应力、地基不均匀沉降等原因造成的结构损坏，在加固时，应采取有效的治理对策，从源头上消除或限制其有害的作用。与此同时，尚应正确把握处理的时机，使之不致对加固后的结构重新造成损坏。一般而言，应先治理后加固，但也有一些防治措施可能需在加固后采取。因此，在加固设计时，应合理地安排好治理与加固的工作顺序，以使这些有害因素不至于复发。这样才能保证加固后结构的安全和正常使用。

7）钢结构的加固设计，应综合考虑其技术经济效果，不应加固适修性很差的结构，且不应导致不必要的拆除或更换。适修性很差的结构是指其加固总费用达到新建结构总造价70%以上的结构，但不包括文物建筑和其他有历史价值或艺术价值的建筑。

8）对加固中可能出现倾斜、失稳或者倒塌等不安全因素的钢结构，在加固施工前，应采取相应的临时性安全措施，以防止事故的发生。加固实施过程中，工程技术人员应加强对实际结构的检查工作，发现与鉴定结论不符或检测鉴定时未发现的结构缺陷和损伤，及时采取措施消除隐患，最大限度地保证加固的效果和结构的可靠性。

钢结构的加固设计使用年限，应按下列原则确定：

1）结构加固后的使用年限，应由产权人和设计单位共同商定。

2）当结构加固使用的是传统材料（如型钢、钢板和混凝土等），且其设计计算和构造符合标准的规定时，可按产权人要求的年限，但不高于现行《建筑结构可靠性设计统一标准》（GB 50068—2018）的规定进行确定。当使用的加固材料含有合成树脂（如常用的结构胶）或其他聚合物成分时，其设计使用年限宜按30年确定。若产权人要求结构加固的设计使用年限为50年，其所使用的合成材料的黏结性能，应通过耐长期应力作用能力的检验。检验方法应按标准《工程结构加固材料安全性鉴定技术规范》（GB 50728—2011）的规定执行。

3）使用年限到期后，当重新进行的可靠性鉴定认为该结构工作正常，仍可继续延长其使用年限。

4）对使用胶粘方法或掺有聚合物材料加固的结构、构件，尚应定期检查其工作状态；检查的时间间隔可由设计单位确定，但第一次检查时间不应迟于10年。

5）当为局部加固时，应考虑既有建筑物剩余设计使用年限对结构加固后设计使用年限的影响。

6）在钢结构加固设计文件中，应注明该结构加固后的设计使用年限。设计应明确结构加固后的用途和使用环境，在加固设计使用年限内，未经技术鉴定或设计许可，不得改变加固后结构的用途和使用环境。

7）结构加固时，尽可能做到不停产或少停产，因为停产的损失有可能是加固费用的几倍或者几十倍。能否在负荷下不停产加固，取决于结构应力应变状态，一般当构件内应力小于钢材设计强度80%，且构件损坏、变形等不太严重时，可采用负载不停产加固方法。

① 在负荷状态下进行焊接非常危险。《建筑钢结构焊接技术规程》（GB 50661—2011）明确规定，在负荷状态下进行加固补强时，除必要的施工荷载和难以移动的固定设备或装

置，其他活动荷载都必须卸除。用圆钢、小角钢制成的轻钢结构因杆件截面较小，焊接加固时易使既有构件因焊接加热而丧失承载能力，所以不宜在负荷状态下采用焊接加固。特别是圆钢拉杆，严禁在负荷状态下焊接加固。

② 负荷状态下进行补强与加固工作时，应卸除作用于待加固结构上的可变荷载和可卸除的永久荷载；应根据加固时的实际荷载（包括必要的施工荷载），对结构、构件和连接进行承载力验算，当待加固结构实际有效截面的名义应力与其所用钢材的强度设计值之间的比值β符合下列规定时应进行补强或加固：对承受静态荷载或间接承受动态荷载的构件，$\beta \leqslant 0.8$；对直接承受动态荷载的构件，$\beta \leqslant 0.4$。

③ 在负荷状态下进行焊接补强或加固时，可根据具体情况采取下列措施：必要的临时支护及合理的焊接工艺。

8）应减少对既有建筑的损伤，尽量利用既有结构的承载能力。在确定加固方案时，应尽量减少对既有结构或构件的拆除和损伤。对既有结构或构件，在经结构检测和可靠性鉴定分析后，对其结构组成和承载能力等有全面了解的基础上，应尽量保留并利用。大量拆除既有结构构件，对保留的既有结构部分可能会带来较严重的损伤，新旧构件的连接难度较大，这样既不经济，又有可能给加固后的结构留下隐患。

5.2.2 加固计算的基本规定

钢结构加固设计可采用线弹性分析方法计算结构的作用效应，并应符合现行《钢结构设计标准》（GB 50017—2017）的有关规定。

钢结构加固，可按照下列原则进行承载能力及正常使用极限状态验算：

1）结构的计算简图应该根据实际的支承条件、连接情况和受力状态确定，有条件时，可考虑结构的空间计算。

2）加固设计的计算应该分加固过程中和加固后两阶段进行。两阶段结构构件的计算分别采用相应的实际有效截面。加固过程中的计算，应该考虑加固过程中拆除原有零部件、增设螺栓孔和施焊过程等造成既有结构承载能力的降低，并且只考虑加固过程中出现的荷载。加固后的计算，应该考虑加固后在预期寿命内的全部荷载。另外，应考虑结构在加固时的实际受力状况，即既有结构的应力超前和加固部分的应变滞后特点，以及加固部分与既有结构共同工作的程度。

3）对相关构件、连接及建筑物地基基础，应该考虑结构加固后引起自重及内力变化等不利因素的影响，重新进行必要的验算。

5.3 钢结构加固方法

钢结构的加固可分为直接加固与间接加固两类，设计时，可根据实际条件和使用要求选择适宜的加固方法及配合使用的技术。

直接加固宜根据工程的实际情况选用增大截面加固法、粘贴钢板加固法和组合加固法。间接加固宜根据工程的实际情况采用改变结构体系加固法、预应力加固法。

钢结构加固的连接方法宜采用焊缝连接、摩擦型高强螺栓连接；也可采用焊缝与摩擦型高强螺栓的混合连接等。

与结构加固方法配合使用的技术应采用符合《钢结构加固设计标准》（GB 51367—2019）规定的连接技术和修复、修补技术。

5.3.1　改变结构体系加固法

改变结构体系的加固方法，主要是通过改变传力途径、荷载分布、节点性质、边界条件、增设附加构件或支撑、施加预应力、考虑空间协同工作等手段，改变结构体系或计算图形，以调整既有结构内力，使结构按设计要求进行内力重分配，从而达到加固的目的。

改变结构体系的加固设计，除应考虑结构、构件、节点、支座中的内力重分布与二次受力，尚应考虑新体系对相关部分的地基基础和结构造成的影响。

采用调整内力的方法加固结构时，应在加固设计图中规定调整应力或位移的限值及允许偏差，并规定其监测部位及检验方法。

采用增设支点的方法改变结构体系时，应根据被加固结构的构造特点和工作条件，选用刚性支点加固法或弹性支点加固法。

采用改变结构体系加固法时，其设计应与施工紧密配合；未经设计允许，不得擅自修改设计对施工的要求。

当选用改变结构或构件刚度的方法对钢结构进行加固时，可选用下列方法：

1）可增设支撑系统形成空间结构并按空间受力进行验算（图 5-1）。

2）可增设支柱或撑杆增加结构刚度（图 5-2）。

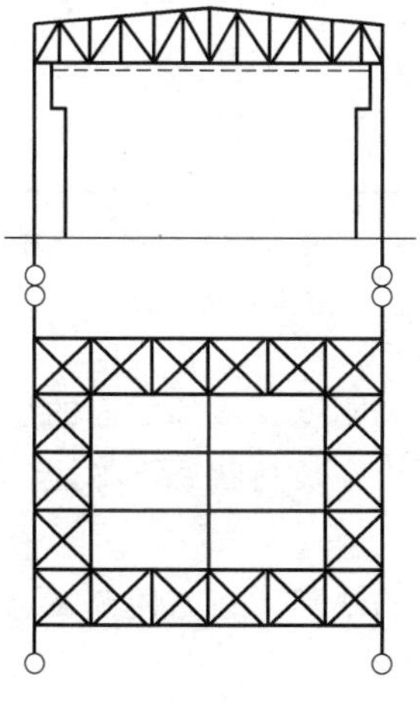

图 5-1　增设支撑系统以形成空间作用

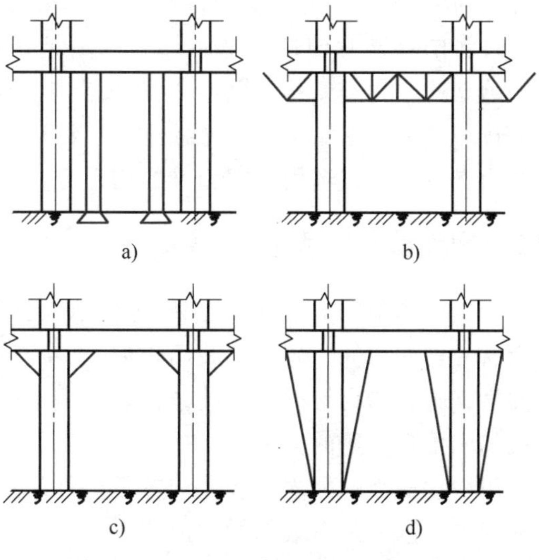

图 5-2　增设支柱或撑杆以改变体系

a）增设梁支柱　b）增设梁撑架　c）增设角撑　d）增设斜立柱

3）可增设支撑或辅助杆件使构件的长细比减小，提高稳定性（图 5-3）。

4）在排架结构中，可重点加强某柱列的刚度（图 5-4）。

5）可通过将一个集中荷载转化为多个集中荷载改变荷载的分布。

6）在桁架中，可通过将端部铰接支承改为刚接（图 5-5），改变其受力状态。

7）可增设中间支座，或将简支结构端部连接成连续结构（图 5-6）；对连续结构，可采取措施调整结构的支座位置。

8）在空间网架结构中，可通过改变网络结构形式提高刚度和承载力；也可在网架周边加设托梁，或增加网架周边支撑点，改善网架受力性能。

9）可采取措施使加固构件与其他构件共同工作或形成组合结构进行加固（图 5-7）。

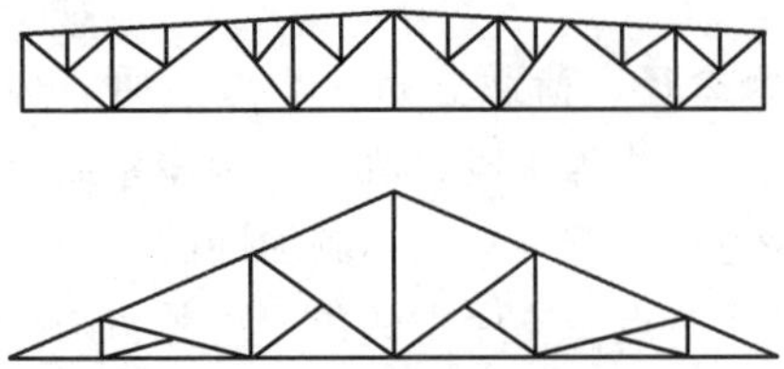

图 5-3　用再分杆加固桁架

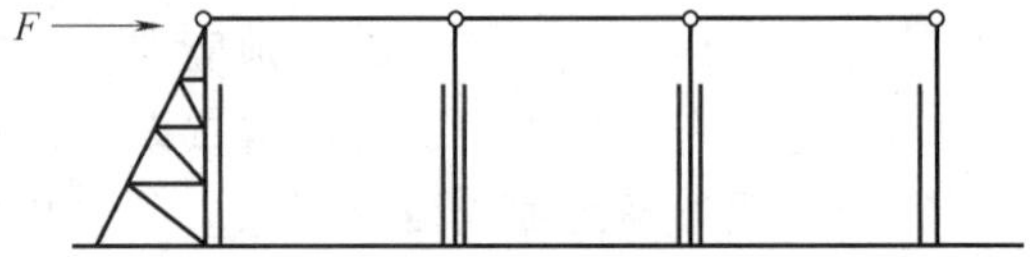

图 5-4　加强边柱柱列刚度

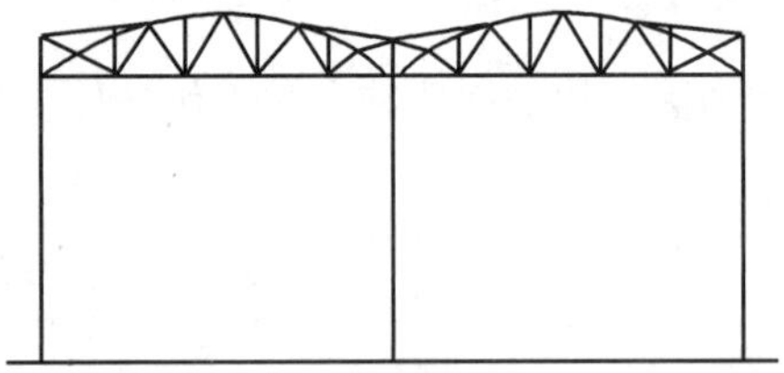

图 5-5　桁架端支承由铰接改变为刚接

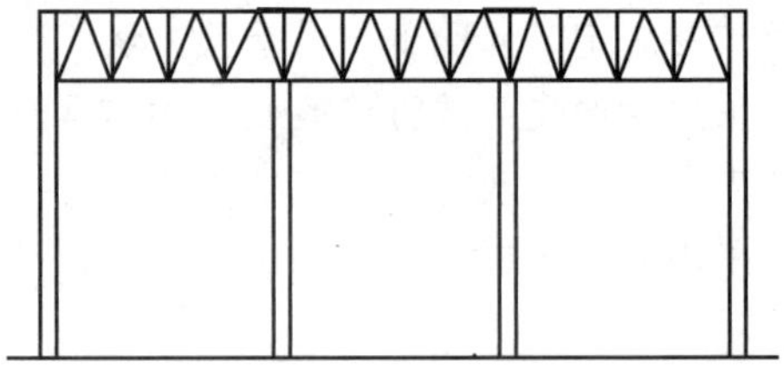

图 5-6　托架增设中间支座

改变结构体系所采用的支柱、支撑、撑杆等，其端部应与被加固结构构件可靠连接，且连接的构造不应过多削弱既有构件的承载能力。钢结构加固所使用的支柱、支撑、撑杆等，当直接支承于基础时，可按一般地基基础构造进行处理；当其端部以梁、柱为支承时，宜选用型钢套箍的构造方式。

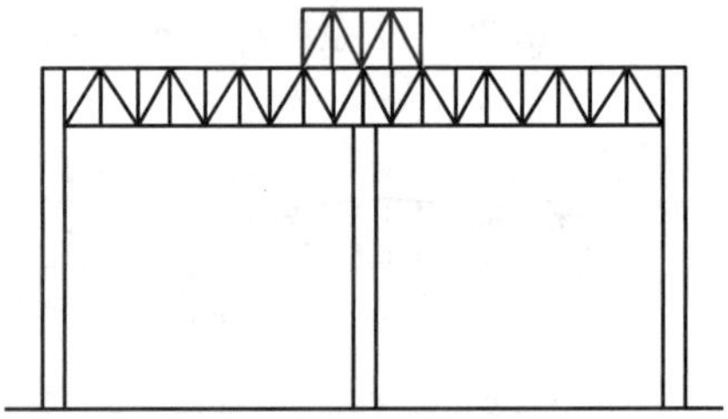

图 5-7　使天窗架与屋架连成整体共同受力

5.3.2　增大截面加固法

增加截面的加固方法，就是在既有结构的杆件上增设新的加固构件，使杆件截面积加大，从而提高承载能力和刚度。增加截面的加固方法涉及面窄，施工较为简便，尤其是在满足一定前提条件下，还可在负荷状态下加固，因此是钢结构加固中最常用的方法。

采用增加截面的加固方法，应考虑构件的受力情况及存在的缺陷，在方便施工、连接可靠的前提下，选取最有效的加固形式。

受拉构件、受压构件和受弯构件的截面加固可采用规定的形式（图 5-8～图 5-10）或其他形式。

弯矩不变号偏心受力构件的截面加固可采用不对称的形式（图 5-11a～e）。若弯矩可能变号，应采用对称的截面形式（图 5-11f）。

增大截面加固方法的构造要求：

1）应保证加固构件有明确、合理的传力途径，保证加固件与既有构件能够共同工作。

2）对轴心受力、偏心受力构件和非简支受弯构件，其加固件应与既有构件支座或节点有可靠的连接和锚固。

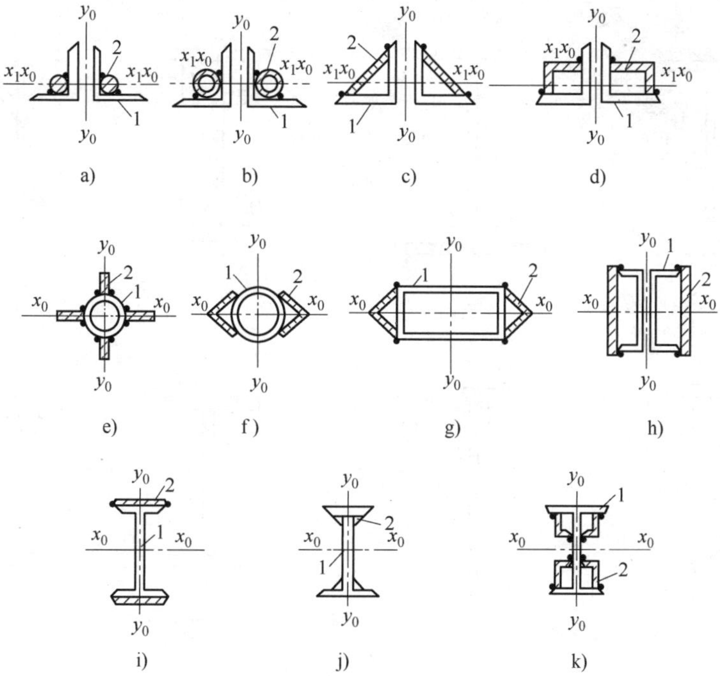

图 5-8　受拉构件的截面加固形式

1—既有截面　2—增加截面

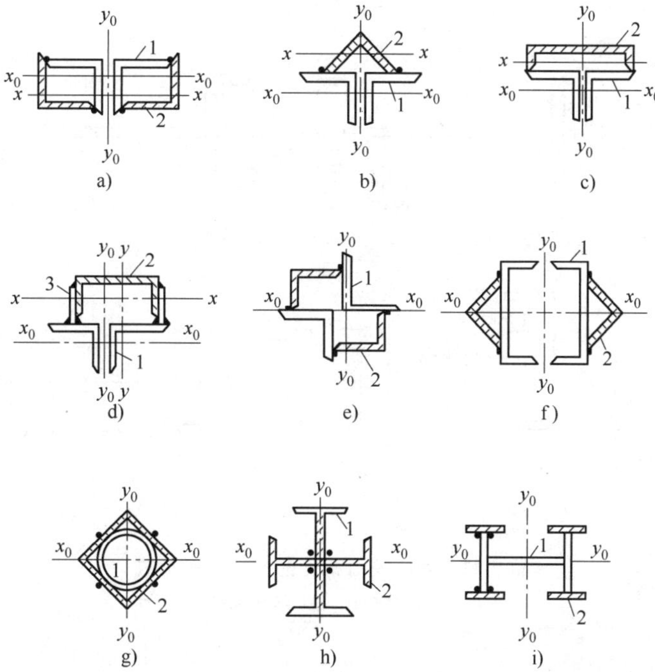

图 5-9　轴心受压构件的截面加固形式

1—既有截面　2—增加截面　3—辅助板件

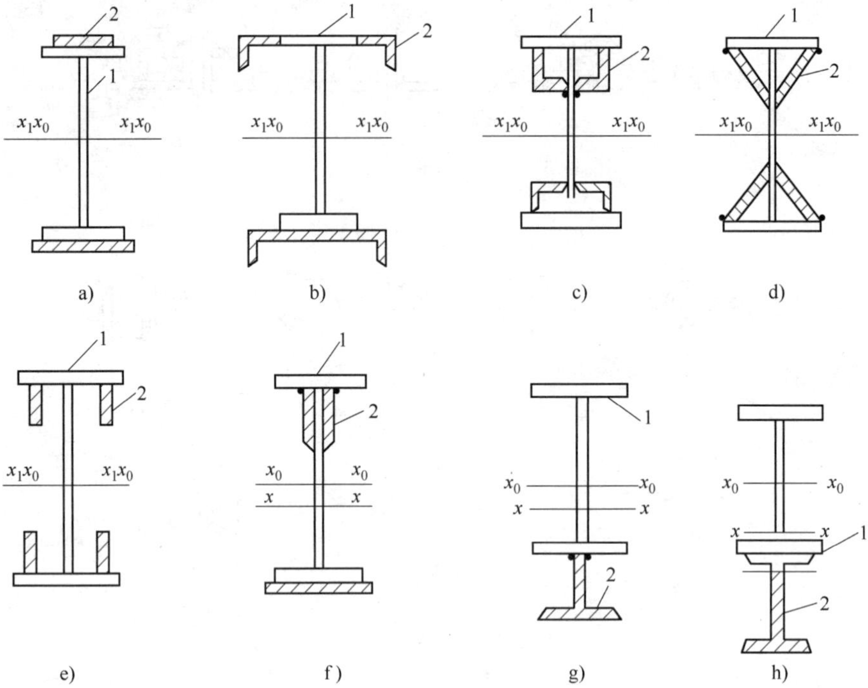

图 5-10　受弯构件的截面加固形式

1—既有截面　2—增加截面

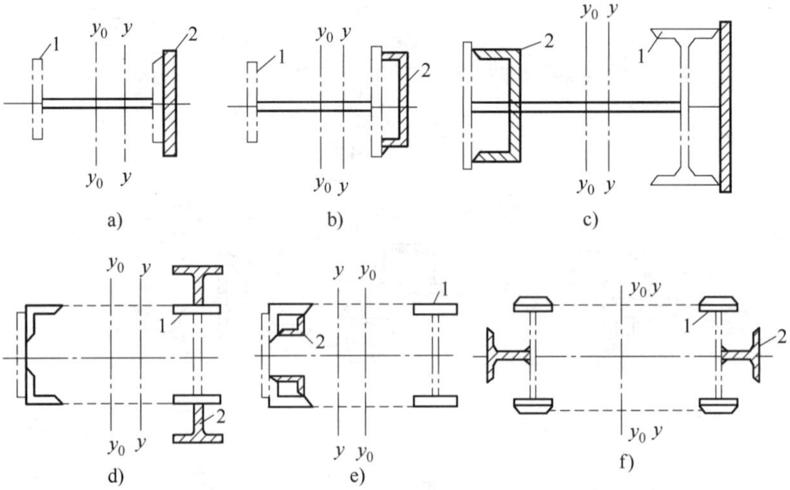

图 5-11　偏心受力构件的截面加固形式

1—既有截面　2—增加截面

3）加固件的布置不宜采用导致截面形心偏移的构造方式；加固件的切断位置，应以最大限度减小应力集中为原则，并保证未被加固处的截面在设计荷载作用下仍处于弹性工作阶段；

4）负荷状态下，钢构件的焊接加固，应根据既有构件的使用条件，校核其最大名义应力 $\sigma_{0\max}$，使其符合表 5-1 应力比限值的规定。

表 5-1　焊接加固构件的使用条件及其应力比限值

类别	使用要求	应力比限值 $\sigma_{0\max}/f_y$
Ⅰ	特繁重动力荷载作用下的结构	≤0.20
Ⅱ	除Ⅰ外直接承受动力荷载或振动作用的结构	≤0.40
Ⅲ	间接承受动力荷载作用，或仅承受静力荷载的结构	≤0.65
Ⅳ	承受静力荷载作用，并允许按塑性设计的结构	≤0.80

5）负荷状态下，采用螺栓连接或铆钉连接加固钢结构时，既有构件最大名义应力 $\sigma_{0\max} \leqslant 0.85f_y$。在负荷状态下进行加固补强时，除必要的施工荷载和很难移动的固定设备或装置，其他活动荷载都必须卸除。用圆钢、小角钢制成的轻钢结构因杆件截面较小，焊接加固时易使既有构件因焊接加热而丧失承载能力，所以不宜在负荷状态下采用焊接加固。特别是圆钢拉杆，严禁在负荷状态下焊接加固。采用螺栓或铆钉连接方法增大钢结构构件截面时，加固与被加固板件应相互压紧，并从加固件端部向中间逐次做孔和安装、拧紧螺栓或铆钉，且不应造成加固过程中截面的过大削弱。

5.3.3　粘贴钢板加固法

粘贴钢板加固法，用于钢结构受弯、受拉、受剪实腹式构件的加固及受压构件的加固。粘贴钢板加固钢结构构件时，加固钢结构构件表面宜采取喷砂方法处理。粘贴在钢结构构件表面上的钢板，其最外层表面及每层钢板的周边均应进行防腐蚀处理。钢板表面处理用的清洁剂和防腐蚀材料不应对钢板及结构胶黏剂的工作性能和耐久性产生不利影响。

采用此方法加固的钢结构，其长期使用的环境温度不应高于 60℃；处于高温、高湿、介质侵蚀、放射等特殊环境的钢结构采用此方法加固时，除应按国家现行有关标准的规定采取相应的防护措施，尚应采用耐环境因素作用的胶黏剂，并按专门的工艺要求进行粘贴。

采用粘贴钢板对钢结构进行加固时，宜在加固前采取措施卸除或大部分卸除作用在结构上的活荷载，同时应符合《建筑设计防火规范》（GB 50016—2014）耐火等级及耐火极限的规定，并对胶黏剂和钢板进行防护。

当工字形钢梁的腹板局部稳定需要加固时，可采用在腹板两侧粘贴 T 形钢件的方法进行加固（图 5-12），其中 T 形钢件的粘贴宽度不应小于板厚的 25 倍，T 形钢件的厚度不应小于 6mm。对 T 形钢件粘贴宽度的要求是为了保证腹板与 T 形钢翼缘板有足够的粘贴面积，以满足可靠连接，并通过分区构造提高被加固钢构件腹板的局部稳定承载力。

在受弯构件的受拉边或受压边钢构件表面上进行粘钢加固时，粘贴钢板的宽度不应超过加固构件的宽度；其受拉面沿构件轴向连续粘贴的加固钢板宜延长至支座边缘，且应在包括截断处的钢板端部及集中荷载作用点的两侧设置不少于 2M12 的连接螺栓（图 5-13），作为粘钢端部的机械锚固措施；对受压边的粘钢加固，尚应在跨中位置设置不少于 2M12 的连接螺栓。

采用手工涂胶粘贴的单层钢板厚度不应大于 5mm，采用压力注胶粘贴的钢板厚度不应大于 10mm。宜将粘贴钢板端部削成 30°斜坡角，且不应大于 45°，可以有效缓解加固端由于截面突变造成的应力集中而提前破坏，使得纵向剪力的传递平缓一些。

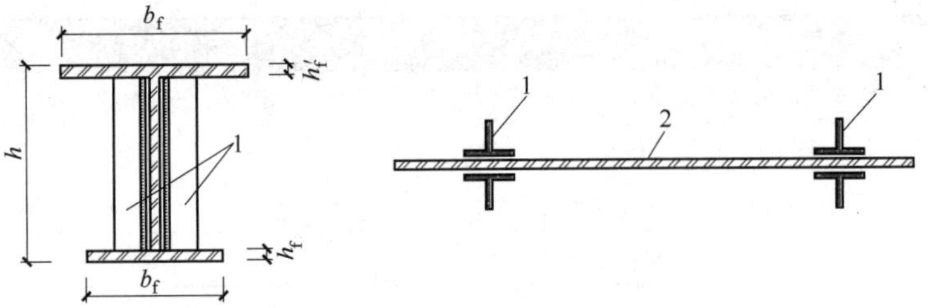

图 5-12 工字形截面腹板局部稳定加固

1—T 形钢件 2—腹板

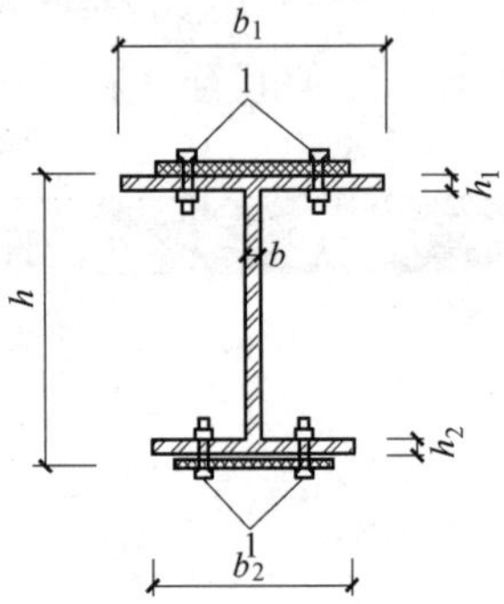

图 5-13 工字形截面受弯加固端部构造

1—M12 螺栓

加固件的布置不宜采用引起截面形心轴偏移的形式，不可避免时，应在加固计算中考虑形心轴偏移的影响。加固件引起截面形心轴的偏移，应按新的截面特性进行设计验算，并在验算中考虑附加偏心引起的附加弯矩。

5.3.4 外包钢筋混凝土加固法

外包钢筋混凝土加固法虽适用于加固各类压弯和偏压型钢构件，但由于其湿作业工作量大、养护期长、占用建筑空间较多，故一般仅用于需要大幅度提高承载能力的实腹式型钢构件加固。

采用外包钢筋混凝土加固型钢构件时，宜采取措施卸除或大部分卸除作用在结构上的活荷载。

型钢构件采用符合标准设计规定的外包钢筋混凝土加固后，在进行结构整体内力和变形分析时，其截面弹性刚度可按下列公式确定：

$$E_t I_t = E I_0 + E_c I_c$$

$$E_t A_t = E A_0 + E_c A_c$$

$$G_t A_t = G A_0 + G_c A_c$$

式中 $E_t I_t$、$E_t A_t$、$G_t A_t$——加固后组合截面抗弯刚度、轴向刚度和抗剪刚度；

EI_0、EA_0、GA_0——既有型钢构件的截面抗弯刚度、轴向刚度和抗剪刚度；

$E_c I_c$、$E_c A_c$、$G_c A_c$——新增钢筋混凝土部分的截面抗弯刚度、轴向刚度和抗剪刚度。

采用外包钢筋混凝土加固法时（图 5-14），混凝土强度等级不应低于 C30；外包钢筋混凝土的厚度不宜小于 100mm。外包钢筋混凝土内纵向受力钢筋的两端应有可靠的连接和锚固。对于过渡层、过渡段及钢构件与混凝土间传力较大部位经计算需要在钢构件上设置抗剪连接件时，宜采用栓钉。钢筋混凝土部分的其他构造尚应符合现行《混凝土结构设计规范》的有关规定。

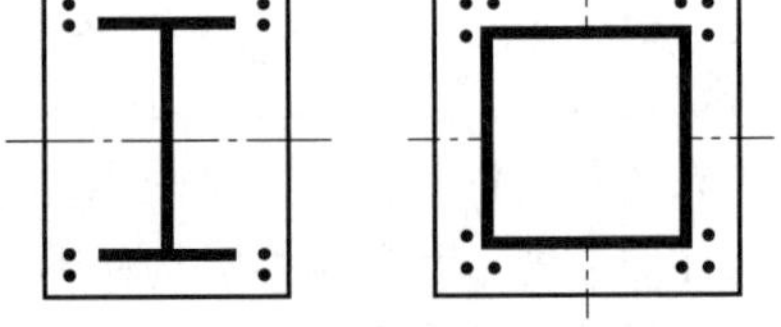

图 5-14 外包钢筋混凝土对称配筋截面

5.3.5 钢管构件内填混凝土加固法

采用内填混凝土加固法的钢管构件应符合下列条件：

1）圆形钢管的外直径 D 不宜小于 200mm，钢管壁厚 t 不宜小于 4mm。

2）方形钢管的截面边长不宜小于 200mm，钢管壁厚不宜小于 6mm。

3）矩形截面钢管的高宽比 h/b 尚不应大于 2。

4）被加固钢管构件应无显著缺陷或损伤；若有显著缺陷或损伤，应在加固前修复。

采用内填混凝土加固法时，混凝土宜采用无收缩混凝土或自密实混凝土，其强度等级不应低于 C30，且不宜高于 C80。当采用普通混凝土时，应通过添加减缩剂减小混凝土收缩的不利影响。

对有抗震设防要求的结构，采用内填混凝土加固钢管构件，其相关设计、计算和构造尚应符合现行《建筑抗震设计规范》的规定。

设计对管内新填混凝土施工的要求：

1）混凝土浇筑之前，应配合混凝土浇筑方法在原钢管构件上选定合适位置开混凝土浇筑口和排气孔，待混凝土浇筑完毕后，应再将浇筑口和排气孔补焊封闭。当负荷较大时，应考虑开口或开孔对被加固件的截面削弱的影响，并采取加强措施。

2）管内混凝土浇筑可根据实际情况采用常规浇捣法、泵送顶升浇筑法或自密实免振捣法施工；当采用泵送顶升浇筑法或自密实免振捣法浇筑混凝土时，宜根据现行《钢管混凝土结构技术规范》的有关规定加强浇筑过程控制。

3）内填混凝土钢管构件中的混凝土宜采用无收缩混凝土。混凝土的配合比，除应满足强度指标，尚应控制混凝土坍落度。混凝土配合比应根据混凝土的设计强度等级计算，并通过试验确定。对泵送顶升浇筑法，混凝土配合比尚应符合可泵性规定。

4）圆形钢管的直径不宜过小，以保证混凝土浇筑质量。方形钢管包括正方形钢管和矩形钢管。为保证钢管与混凝土共同工作，矩形钢管截面边长之比不宜过大。为避免加固后形成的矩形钢管混凝土构件在丧失整体承载能力之前钢管壁板件局部屈曲，除应要求钢管壁厚不小于 6mm，尚应保证钢管全截面有效，故钢管截面高宽比不应大于 2。

5.3.6 预应力加固法

钢结构体系或构件的加固可采用预应力加固法。加固钢结构、构件的预应力构件，可采用中高强度的钢丝、钢绞线、钢拉杆、钢棒、钢带或型钢，也可采用碳纤维棒或碳纤维带，但应根据实际加固条件通过构造和计算进行选择。

采用预应力对钢结构进行整体加固时，可通过张拉加固索、调整支座位置及临时支撑卸载等方法施加预应力。

钢结构预应力加固设计，宜根据被加固结构、构件的实际受力状况、构造和使用环境确定预应力构件的布置、锚固节点构造及张拉方式。施加预应力的技术方案及预应力大小的确定，应遵守结构或构件的卸载效应大于结构或构件的增载效应的原则。

采用预应力加固钢结构构件时，可选择下列方法：

1）对正截面受弯承载力不足的梁、板构件，可采用预应力水平拉杆进行加固，也可采用下撑式预应力拉杆进行加固。若工程需要且构造条件允许，尚可同时采用水平拉杆和下撑式拉杆进行加固。

2）对受压承载力不足的轴心受压柱、小偏心受压柱及弯矩变号的大偏心受压柱，可采用双侧预应力撑杆进行加固；若偏心受压柱的弯矩不变号，也可采用单侧预应力撑杆进行加固。

3）对桁架中承载力不足的轴心受拉构件和偏心受拉构件，可采用预应力杆件进行加固。

钢结构构件预应力加固法，可用于单个钢构件的加固，也可用于连续跨的同一种构件的加固。常用的加固方法宜包括：预应力钢索加固法、预应力钢索加撑杆加固法（图 5-15）、预应力撑杆加拉杆加固法（图 5-16）及钢梁预应力钢索吊挂加固法，且可用于钢梁、拱、托架和桁架加固（图 5-17）。

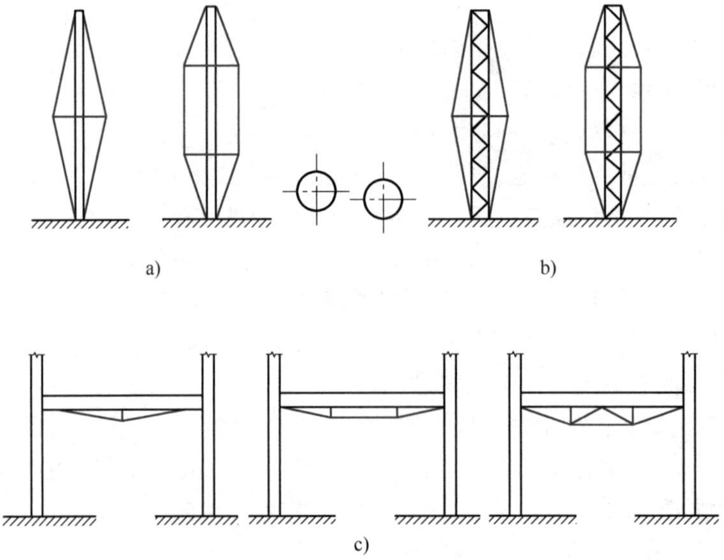

图 5-15　预应力钢索加撑杆加固法

a）柱加固形式　b）桁架加固形式　c）梁加固形式

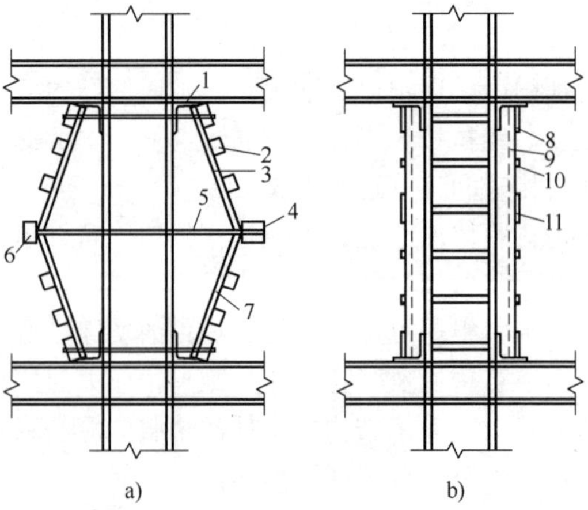

图 5-16　双侧刚性预应力撑杆加固法

a）未施加预应力　b）已施加预应力

1—衬垫角钢　2、10—箍板　3、7、9—撑杆　4、6—工具式拉紧装置

5—预应力拉杆　8—顶板　11—加宽箍板

结构整体预应力加固：钢结构整体预应力加固法，宜用于大跨度及空间结构体系。加固方法宜采用预应力钢索加固法、预应力钢索加撑杆加固法、预应力钢索斜拉法或悬索吊挂加固法（图 5-18）。

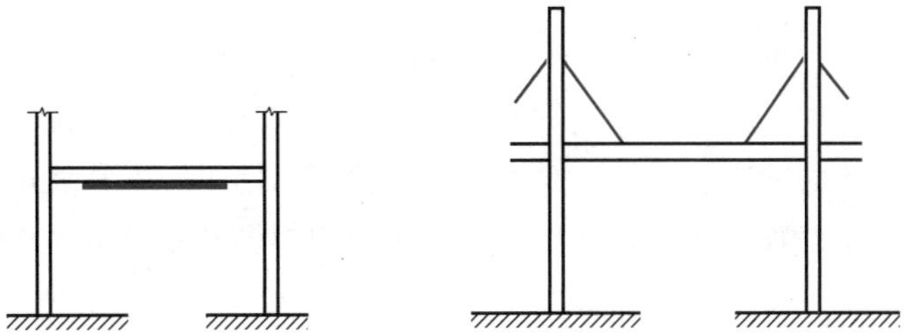

a)　　　　b)

图 5-17　钢构件预应力加固法

a）梁（桁架）预应力钢索加固法　b）梁（桁架）预应力拉杆吊挂加固法

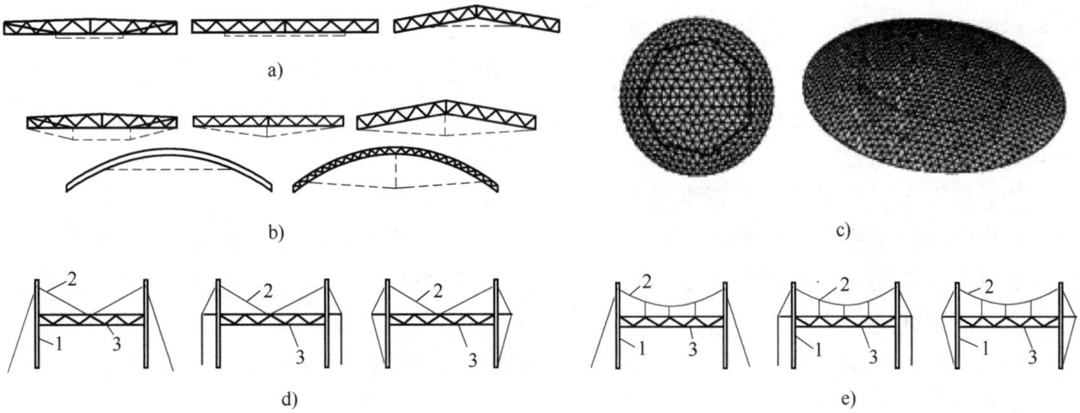

图 5-18　整体预应力加固法

a）预应力钢索加固法　b）预应力钢索加撑杆加固法　c）空间网络结构预应力钢索加固法

d）预应力钢索斜拉加固法　e）预应力悬索吊挂加固法

1—塔架　2—索　3—既有结构

用于结构整体预应力加固的预应力构件及节点，宜布置在被加固钢结构或结构单元的范围内，且应具有明确的传力路径和计算简图。预应力拉索的转折点、锚固节点及撑杆的支点，应位于既有结构的节点或支座。

对结构整体预应力加固的预应力构件宜对称布置，预应力加固的效应宜使既有结构多数杆件内力减少、少数杆件内力增加。对内力增加的杆件，当其内力组合设计值超过构件承载力设计值时宜先行加固，再施加预应力。

采用预应力钢索和撑杆加固时，与同一根预应力环索相连的撑杆长度宜相等，或斜索与撑杆的夹角宜相等。用于施加预应力的构件及其锚固节点宜对称布置，用于锚固预应力索的钢构件及其节点不宜偏心受力。与撑杆连接的既有结构节点应重新设计。现场增设撑杆连接零件时，应采取必要的防护措施，确保既有结构的安全。

5.4 连接与节点的加固

5.4.1 连接的加固

钢结构连接的加固方法，可依据既有结构的连接方法和实际情况选用焊接、铆接、普通螺栓或高强度螺栓连接的方法。在同一受力部位连接的加固中，不宜采用焊缝与铆钉或普通螺栓共同受力的刚度相差较大的混合连接方法，可采用焊缝和摩擦型高强螺栓在一定条件下共同受力的并用连接。

负荷下连接的加固，当采用端焊缝或螺栓加固而需要拆除既有连接，或需要扩大既有钉孔，或增加钉孔时，应采取合理的施工工艺和安全措施，并核算结构、构件及其连接在负荷下加固过程中是否具有施工所要求的承载力。

1. 焊缝连接的加固

负荷状态下焊接补强或加固施工时，对结构最薄弱的部位或构件应先进行补强或加固；加大焊缝厚度时，必须从既有焊缝受力较小部位开始施焊。道间温度不应超过 200℃，每道焊缝厚度不宜大于 3mm；应根据钢材材质，选择相应的焊接材料和焊接方法。应采用合理的焊接顺序和小直径焊材及小电流、多层多道焊接工艺；焊接补强或加固的施工环境温度不宜低于 10℃。

加固焊缝宜对称布置，不宜密集、交叉，在高应力区和应力集中处，不宜布置加固焊缝。新增焊缝宜布置在应力集中最小、远离既有构件的变截面及缺口、加劲肋的截面处；应使焊缝对称于作用力，并避免使之交叉；新增的对接焊缝与既有构件加劲肋、角焊缝、变截面等之间的距离不宜小于 100mm；各焊缝之间的距离不应小于被加固板件厚度的 4.5 倍。

用盖板加固有动力荷载作用的构件时，盖板端应采用平缓过渡的构造措施，并应减少应力集中和焊接残余应力。

2. 螺栓或铆钉连接的加固

更换螺栓或铆钉或新增加固连接件时，宜采用适宜直径的高强度螺栓连接。当负荷下进行结构加固，需要拆除结构既有受力螺栓、铆钉，或增加孔数及扩大栓、钉孔径时，除应验算结构既有和新增连接件的承载力，还应校核板件的净截面面积的强度。

当用高强度摩擦型螺栓更换结构既有连接的部分铆钉，组成高强度螺栓与铆钉的并用连接时，应保证连接受力均匀，与缺损铆钉对称布置的非缺损铆钉应一并更换。

用高强度螺栓更换有缺损的铆钉或螺栓时，可选用直径比既有钉孔小 1~3mm 的高强度螺栓，且其承载力应满足加固设计计算的要求。

高强度螺栓摩擦型连接的板件连接接触面处理应按设计要求和现行《钢结构设计标准》（GB 50017—2017）及《钢结构工程施工质量验收规范》（GB 50205—2020）的规定进行。当不能满足要求时，应进行摩擦面的抗滑移系数试验，并复核加固连接的设计计算。

除焊接盖板加固方法，钢结构梁柱节点加固还可选用焊接侧向盖板加固（图 5-19）、梁翼缘加腋加固（图 5-20）、梁翼缘增设肋板加固（图 5-21）、高强度螺栓连接加固（图 5-22）等方案，其设计方法应与焊接盖板加固方法设计方法一致，但应对加固件承载力折减系数进行专项论证。

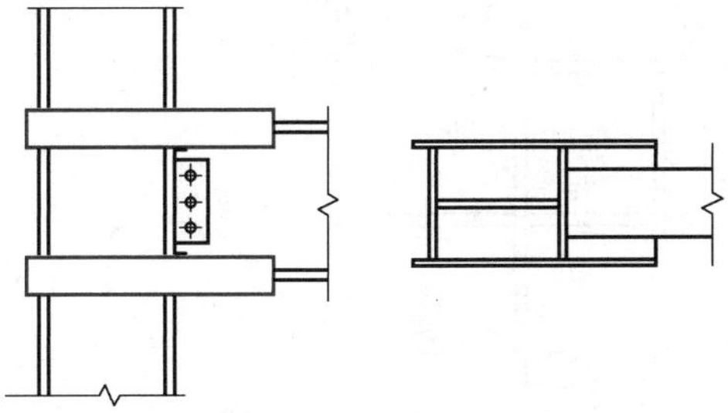

a) b)

图 5-19 焊接侧向盖板加固

a）侧视图 b）俯视图

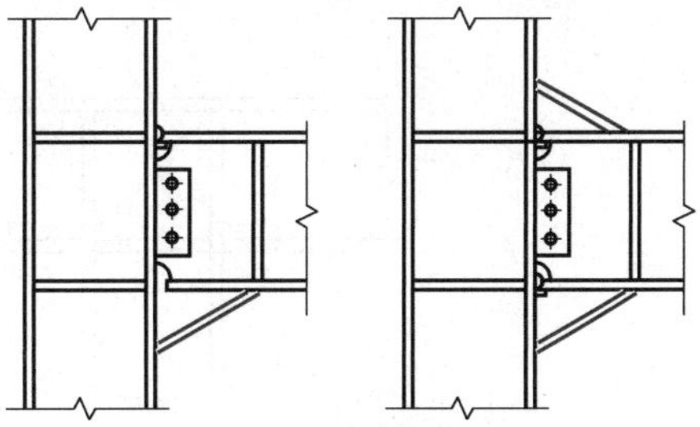

a) b)

图 5-20 梁翼缘加腋加固

a）梁下翼缘加腋 b）梁上下翼缘加腋

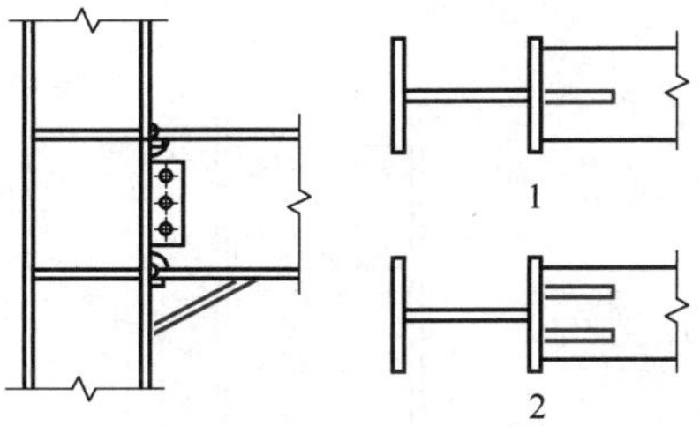

a) b)

图 5-21 梁翼缘增设肋板加固

a）侧视图 b）仰视图

1—设置一道肋板 2—设置两道肋板

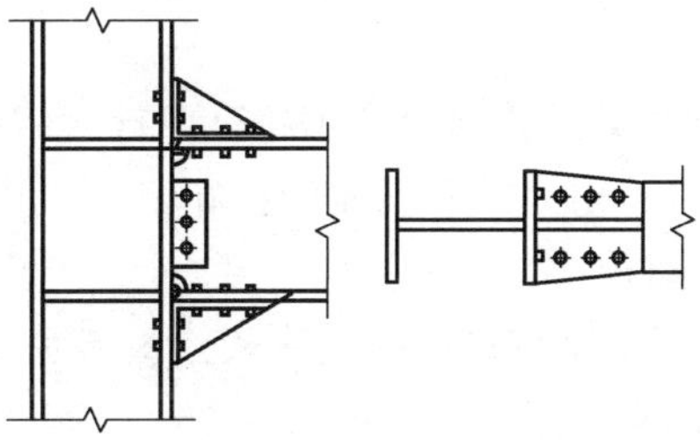

a) b)

图 5-22 高强度螺栓连接加固

a）侧视图 b）俯视图

5.4.2 节点的加固

当端板连接节点承载力不足时，可采用侧面角焊缝加固或围焊加固（图 5-23）；当受弯承载力满足要求时，宜采用侧面角焊缝加固。

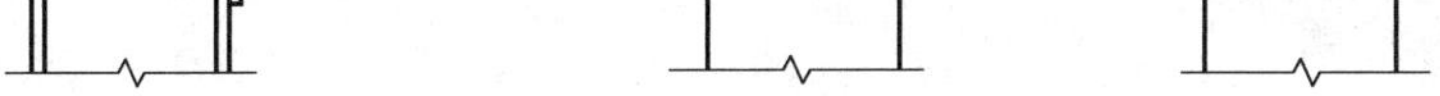

a) b) c)

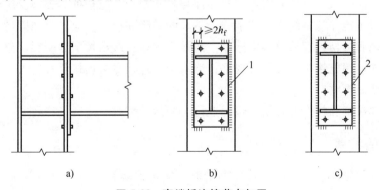

图 5-23 高端板连接节点加固

a）端板连接节点加固 b）侧面角焊缝加固 c）围焊加固

1—侧面角焊缝 2—端板围焊

当端板连接的节点域不满足设计要求时，宜采用增设节点域加劲肋的加固方式。中柱对应的节点域不满足设计要求时，应增设交叉加劲肋（图 5-24a）；角柱对应的节点域不满足设计要求时，应沿节点域主压应力迹线增设加劲肋（图 5-24b）。

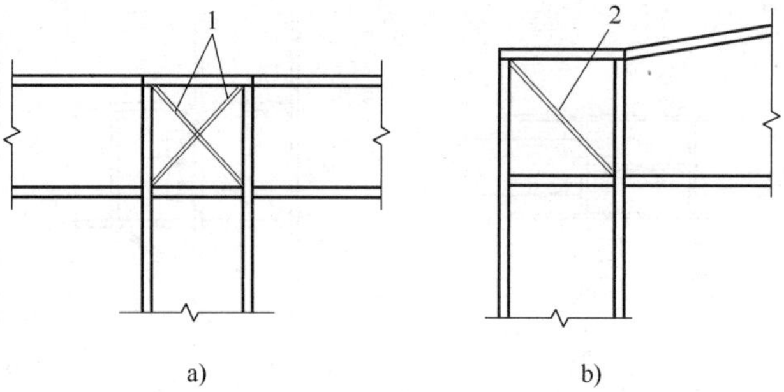

图 5-24 端板连接节点域加固

a）中柱节点域加固 b）角柱节点域加固

1—加劲肋 2—加劲肋

当梁柱节点域厚度不符合现行《钢结构设计标准》的有关规定时，对 H 形截面柱节点域可采用下列补强措施（图 5-25）：

1）加厚节点域的柱腹板。腹板加厚的范围应伸出梁的上下翼缘不小于 150mm。

2）节点域处焊贴补强板加强。补强板与柱加劲肋和翼缘可采用角焊缝连接；并应与柱腹板采用塞焊连成整体；塞焊点之间的距离不应大于较薄焊件厚度的 $21\sqrt{235/f_y}$ 倍。

3）对轻型结构，可设置节点域斜向加劲肋加强。

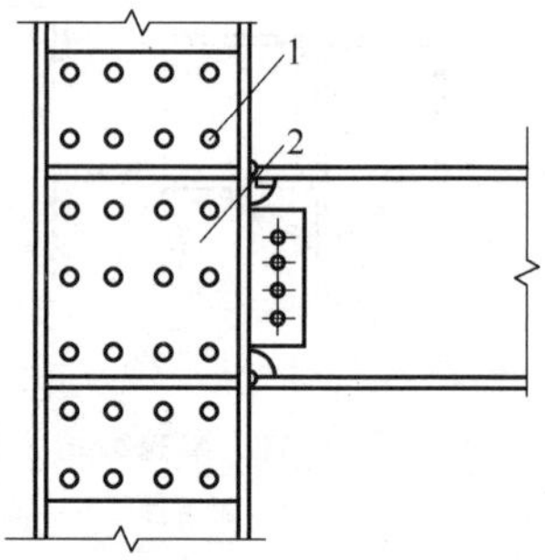

图 5-25 梁柱节点域焊贴补强板加强

1—塞焊 2—补强板

5.5 钢结构局部缺陷和损伤的修缮

经可靠性鉴定确认可以修复的钢结构局部缺陷和损伤，应根据其类型及产生原因进行专项修复设计。对可能导致钢结构整体承载力不足的缺陷和损伤，应采取加固措施进行处理。

对下列缺陷和损伤，宜采取拆换措施：高强度螺栓连接出现延迟断裂现象；承受动力荷载的摩擦型高强度螺栓连接出现滑移现象；钢结构节点板弯折损伤伴有裂纹；承受动力荷载的钢构件出现疲劳裂纹。

钢结构局部缺陷和损伤的修缮，包括连接、变形、裂纹、涂装等修缮。

5.5.1 连接的修缮

钢结构焊缝的修复：焊缝实际尺寸不足时，应根据验算结果在既有焊缝上堆焊辅助焊缝；焊缝出现裂纹时，宜采用碳弧气刨或风铲刨掉既有焊缝后重焊，并做防腐蚀处理；焊缝出现气孔、夹渣、咬边时，对常温下承受静载或间接动载的结构，若无裂纹或其他异常现象，可不做处理；焊缝内部的夹渣、气孔等超过现行《钢结构焊接规范》规定的外观质量要求时，应采用碳弧气刨或风铲将有缺陷的焊缝清除，然后以同型号焊条补焊，补焊长度不宜小于 40mm。

由螺栓漏拧或终拧扭矩不足造成摩擦型高强度螺栓连接的滑移，可采用补拧并在盖板周边加焊进行修复。

铆钉连接的修复：对松动或漏铆的铆钉应更换或补铆；更换铆钉时，宜采用气割割掉铆钉头且不应烧伤主体金属；不得采用焊补、加热再铆合方法处理有缺陷的铆钉。修复时，可采用高强度螺栓代替铆钉，其直径换算按等强度确定。当采用高强度螺栓替换铆钉修复时，若铆钉孔缺陷不妨碍螺栓顺利就位，可不处理铆钉孔；当孔壁倾斜度超过 5°，且螺栓不能与连接板表面紧贴时，应扩钻铆钉孔或采用楔形垫圈。

5.5.2　变形的修缮

钢结构构件的变形可采用热加工方法矫正。当矫正有困难时，应予拆换或加固。

钢结构弯曲变形的处理，应符合下列规定：压杆弯曲变形的处理，当其变形难以矫正时，应以杆件的最大内力和实际的弯曲尺寸，按偏心受压杆件验算。验算时，其承载力设计值应乘以表 5-2 规定的折减系数。若验算结果尚能满足承载要求，可不予处理；当不满足承载要求时应予以加固。

表 5-2　受压杆件弯曲变形的承载力折减系数

杆件的弯曲矢高	$\leqslant l/450$	$l/350$	$l/300$	$l/250$	$l/200$
承载力折减系数	1.0	0.9	0.8	0.7	0.5

注：当弯曲矢高为中间值时，承载力折减系数按线性内插法确定；表中 l 为杆件计算长度。

钢结构腹板局部凹凸的处理，应符合下列规定：

1）当梁、柱腹板的受压区有局部凹凸时，应进行承载力验算。验算结果满足承载要求时，可不予处理。当不满足要求时应予加固。当局部凹凸位于腹板受拉区且无裂纹时，可不予处理。

2）当局部凹凸对腹板受力有影响时，应进行修复。修复方法宜采用机械矫正法，当不能校平，可采用火焰法校平。对腹板的凹凸部分也可采用增设加劲肋的方法处理，并使加劲肋与腹板相贴一面的形状与腹板变形的轮廓一致。

钢结构节点板弯折变形的处理，应符合下列规定：当节点板弯折处无裂纹时，可在矫正后加设加劲肋；当节点板弯折处存在轻微裂纹，且节点板受力较小时，可用堵焊法修补裂纹；当节点板弯折变形不满足规定时，应予以更换。

5.5.3　裂纹的修缮

结构因荷载反复作用及材料选择、构造、制作、施工安装不当产生的具有扩展性或脆断倾向性裂纹损伤时，应对结构进行修复。在修复前，必须分析产生裂纹的原因及其影响的严重性，制定加固方案，采取修复加固措施；对不宜采取修复加固措施的构件，应予拆除更换。在对含裂纹构件进行修复加固设计时，宜采用断裂力学方法进行抗脆断验算。

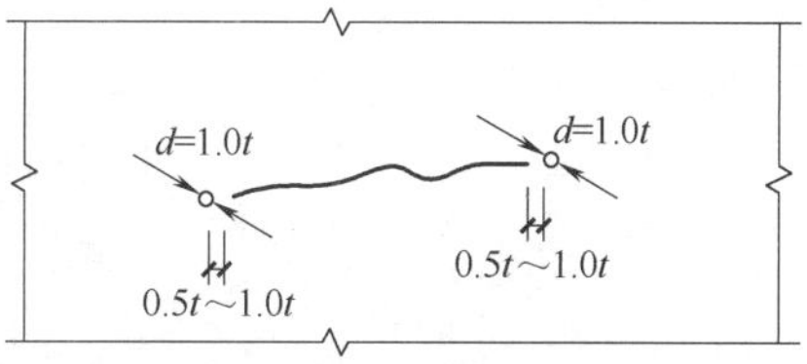

图 5-26　裂纹两端钻止裂孔

t—板厚

在钢结构构件上发现裂纹时，作为临时应急措施之一，可在裂纹端部以外（0.5～1.0）t 处钻孔（图 5-26），防止裂纹进一步急剧扩展，并根据裂纹性质及扩展倾向采取修复加固措施。

承受静载或间接动载钢结构构件的裂纹修复应符合下列规定：

1）修复裂纹时应优先采用焊接方法：对网状、分叉裂纹区和有破裂、过烧或烧穿等缺陷的梁、柱腹板部位，宜采用焊接的嵌板修补（图 5-27）；用附加盖板修补裂纹时，宜采用双层盖板，裂纹两端应钻孔。

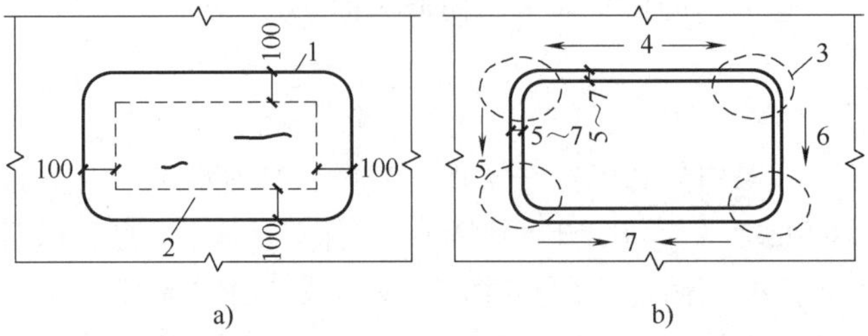

图 5-27　裂纹的嵌板法修复

a）缺陷部位的切除　b）预热部位及焊接顺序

1—切割线　2—缺陷的界限　3—预热区域　4~7—焊接顺序

2）当盖板用焊接连接时，应将加固盖板压紧，其厚度应与原钢板等厚，焊脚尺寸应等于板厚。

3）当用摩擦型高强度螺栓连接时，应在裂纹的每侧用双排螺栓，盖板宽度应能布置螺栓，盖板长度每边应超出裂纹端部 150mm。

5.5.4　涂装的修缮

钢结构构件涂装的修复应根据构件实际锈蚀、腐蚀程度采取修缮措施。当构件截面削弱程度不足以影响结构安全时，可采取表面除锈、增加防腐涂层的修复方法；当构件截面削弱程度已影响结构安全时，应采取相应加固措施进行修复。

钢结构构件表面除锈可采用手工除锈、机械除锈或喷砂除锈。锈蚀、腐蚀缺陷的修复，应在重做防护措施前，采取酸洗、喷砂机械打磨等处理措施清除锈蚀、旧涂层和污垢等；新涂层的品种、涂刷层数和厚度应根据产品要求和耐久性要求确定。

木结构的加固 第6章

6.1 概述

6.1.1 我国木结构的发展史

我国木结构房屋建筑历史辉煌且悠久，是中华文明的重要组成部分，且对日本、朝鲜等国产生过重要影响。早在旧石器时代晚期，已经有中国古人类“掘土为穴”（穴居）和“构木为巢”（巢居）的原始营造遗迹。而分别代表两河流域文明的浙江余姚河姆渡遗址（图6-1）和西安半坡遗址（图6-2）则表明，中国古代木结构建造技术达到了相当高的水平。

图6-1 浙江余姚河姆渡遗址建筑复原图

图6-2 西安半坡遗址木结构复原图

我国木结构房屋建筑于唐代趋于成熟。宋代李诫所著《营造法式》（1103年）从建筑设计、结构设计，到施工建造，全面系统地阐述了我国当时建筑体系（木结构）的设计与建造规则。山西应县木塔（图6-3，建于1056年，高达67.31m，现存最高最古老的木塔）和山西五台县南禅寺大殿（图6-4，大殿建于782年，现存最早的木结构建筑）在国际上久享盛名，具有极高的历史、艺术和科学价值。

木材是传统的建筑材料，在古建筑和现代建筑中都得到了广泛应用。在结构上，木材主要用于构架和屋顶，如梁、柱、椽、望板、斗拱等。在古建筑中木材广泛应用于寺庙、宫殿、寺塔及民房建筑中。在现代土木建筑中，木材主要用于建筑木结构、木桥、模板、电杆、枕木、门窗、家具、建筑装修等。我国有许多木结构建筑物，它们在建筑技术和艺术上均有很高的水平，并具独特的风格。另外，木材在建筑工程中还常用做混凝土模板及木桩等。

图 6-3　应县木塔

图 6-4　南禅寺大殿

尽管在钢筋混凝土材料高度普及的今天，木材料也是被赋予独特东方建筑文化的本位价值的特殊材料。在古老的东方土地上，古人用木材料造出了一批又一批精美的建筑。

6.1.2　木结构的连接方式

连接是木结构的关键部位，设计与施工的要求应严格，传力应明确，韧性和紧密性良好，构造简单，检查和制作方便。常见的连接方法有榫卯连接、齿连接、螺栓连接和钉连接、键连接（图 6-5）等。

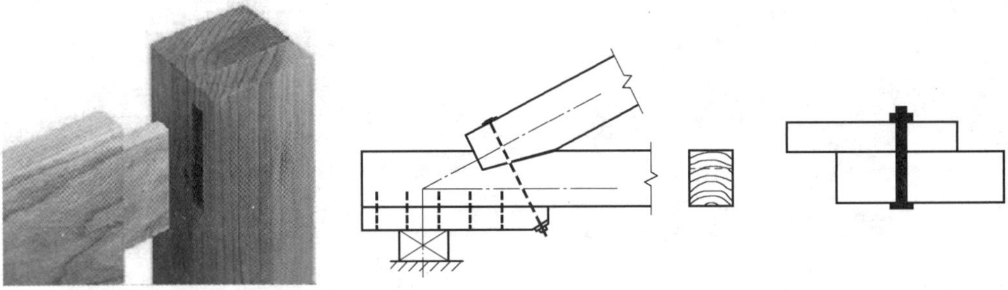

a)　　b)　　c)

图 6-5　木结构的连接方式

a）榫卯连接　b）齿连接　c）销连接

榫卯是在两个木构件上采用的一种凹凸结合的连接方式。凸出部分叫榫（或榫头）；凹进部分叫卯（或榫眼、榫槽），榫和卯咬合，起到连接作用。最基本的榫卯结构由两个构件组成，其中一个的榫头插入另一个的卯眼中，使两个构件连接并固定。榫头伸入卯眼的部分被称为榫舌，其余部分则称为榫肩。

榫卯是极为精巧的发明，这种构件连接方式，使得中国传统的木结构成为超越了当代建筑排架、框架或者刚架的特殊柔性结构体，不但可以承受较大的荷载，而且允许产生一定的变形，在地震荷载下通过变形吸收一定的地震能量，减小结构的地震响应。

中国传统木结构建筑是由柱、梁、檩、枋、斗拱等大木构件形成框架结构，承受来自屋面、楼面的荷载及风力、地震力。公元前2世纪的汉代就形成了以抬梁式和穿斗式为代表的两种主要形式的木结构体系。这种木结构体系的关键技术是榫卯结构，即木质构件间的连接不需要其他材料制成的辅助连接构件，主要依靠两个木质构件之间的插接。这种构件间的连接方式使木结构具有柔性的结构特征，抗震性强，并具有可以预制加工、现场装配、营造周期短的明显优势。而榫卯结构早在距今约七千年的河姆渡文化遗址建筑中就已见端倪。销连接是采用销轴类紧固件将被连接的构件连成一体的连接方式。销连接也称为销轴类连接。销轴类紧固件包括螺栓、销、六角头木螺钉、圆钉和螺纹钉。

古建筑木结构卯榫节点经历7000多年的发展，至宋代其构造基本定型，明清时代，卯榫连接技术得到进一步完善。卯榫节点从位置上来看，可分为连接横向构件的卯榫，如燕尾榫、直榫等，其中直榫又分为透榫和半榫；连接竖向构件的卯榫，如连接平板枋的馒头榫、连接础石的管脚榫等。

斗拱在整个建筑中是最结实的部分，它相当于现代抗震的圈梁，又具有柔性，斗拱之间的榫卯能够变形，吸收很多能量，因而抗震性能好。斗拱是中国古代建筑所特有的构件，方形木块叫斗，弓形短木叫拱，斜置长木叫昂，总称斗拱。一般置于柱头和额枋（位于两檐柱之间，用于承托斗拱）、屋面之间，用来支撑荷载梁架、挑出屋檐，兼具装饰作用。斗拱由斗形木块、弓形短木、斜置长木组成，纵横交错层叠，逐层向外挑出，形成上大下小的托座。明清时期，斗拱的结构作用已逐渐消失，成了纯粹的装饰、等级标志。

6.1.3 传统木结构的主要结构形式

传统木结构的主要结构形式有穿斗式、抬梁式、井干式和干阑式等（图6-6）。

1）穿斗式，沿进深方向布柱，柱比较密，而柱径略小，不用梁，用“穿”贯于柱间，上可立短柱，柱顶直接承檩。

2）抬梁式，沿进深方向布置石础，础上立柱，柱上架梁，梁上立瓜柱，架短梁，最上是脊瓜柱，构成一屋架；在屋架之间用横向的枋联系柱顶，梁头与瓜柱顶做横向的檩，檩上承受椽子和屋面，使屋架完全连成一个整体。

3）井干式，将圆木或半圆木两端开凹榫，组合成矩形的木框，层层相叠作为墙壁（实际是木承重结构墙）。

4）干阑式，又叫“干栏式”，其典型特征是一层架起，只有柱子支撑，四周并无墙体，一般作为养牲畜或者储藏杂物使用，二层开始住人。也有些是混合式，即山墙处用穿斗式梱架，而中间用抬梁式，多位于南方的庙宇等大型建筑中。

6.1.4 木结构的特点

木材作为建筑材料有其独特的优势：节能、绿色环保、可再生、可降解、施工简易、工期短、冬暖夏凉、抗震性能优良，隔声性能、耐久性能好。

1）使用寿命长。只要维护得当，可存在几百甚至上千年，如山西五台县南禅寺大殿（图6-4）建于782年，距今1240年；山西五台山佛光寺东大殿，建于公元857年，距今1160多年；山西应县木塔（图6-3），建于1056年，高达67.31m，距今960多年。

2）施工简单，建设工期短。一幢现代木结构建筑最短一星期就可完工。如北京故宫是我国现存保存最为完整的木结构建筑群，以三大殿为中心，占地面积约72万m^2，建筑面积

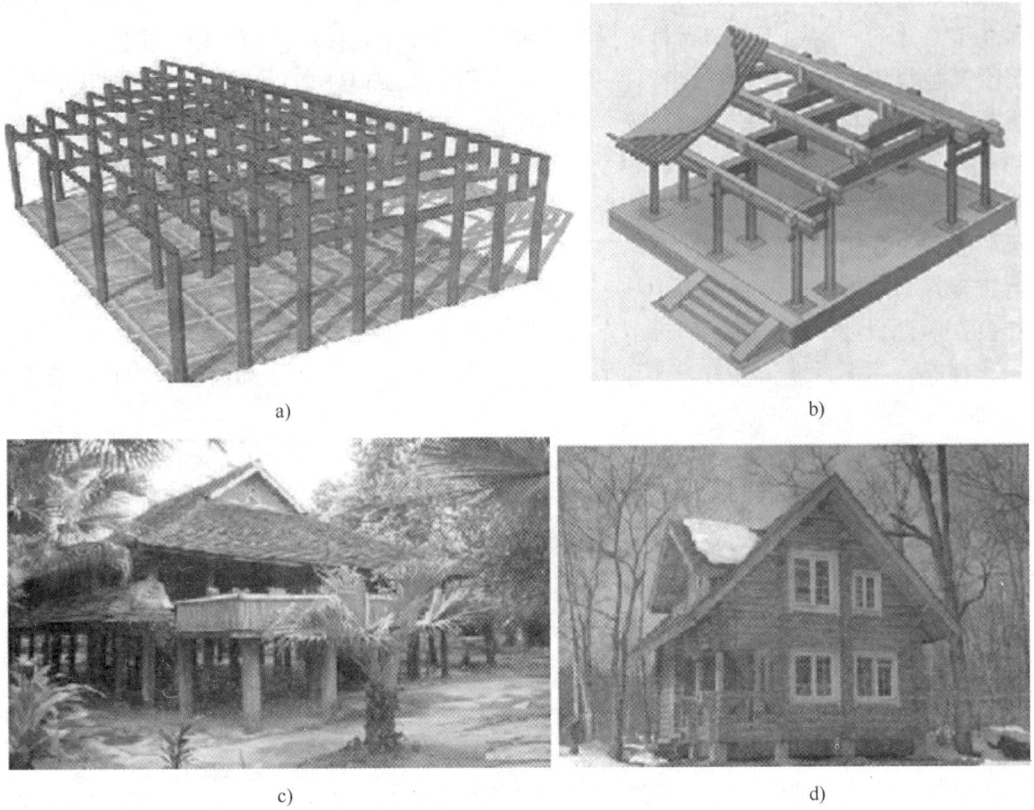

图 6-6　传统木结构的主要结构形式

a）穿斗式模型　b）抬梁式模型　c）干阑式　d）井干式

约 15 万 m^2，有大小宫殿七十余座，房屋九千余间。于明成祖永乐四年（1406 年）开始建设，以南京故宫为蓝本营建，到永乐十八年（1420 年）建成。对比梵蒂冈的圣彼得大教堂，重建于 1506—1626 年，修建时间长达 120 年，建筑规模 2.3 万 m^2。木结构采用装配式施工，对气候的适应能力较强，不会像混凝土工程那样需要很长的养护期，另外，木结构还适应低温作业，因此冬期施工不受限制。

3）具有极佳的抗震性能，在很多国家作为抗震重要措施。

4）节能，特别在使用过程中有保温隔热作用。木结构的墙体和屋架体系由木质规格材、木基结构覆面板和保温棉等组成，测试结果表明，150mm 厚的木结构墙体，其保温能力相当于 610mm 厚的砖墙，木结构建筑相对混凝土结构，可节能 50%～70%。

5）环保。木材是唯一可再生的主要建筑材料，在能耗、温室气体、空气和水污染及生态资源开采方面，木结构的环保性远优于砖混结构和钢结构，是公认的绿色建筑。

6）得房率高。由于墙体厚度的差别，木结构建筑的实际得房率（实际使用面积）比普通砖混结构要高出 5%～8%。

7）舒适（冬暖夏凉）。由于木结构优异的保温特性，人们可以享受到木结构住宅的冬暖夏凉。

8）可拆卸，便于运输，可循环使用。

9）木材可再生，对环境影响小。

10）具个性化室内外设计：亲近自然、造型别致。

11）木材为天然材料，绿色无污染，不会对人体造成伤害，材料透气性好，易于保持室内空气清新及湿度均衡。

当然木结构也有很多缺点，如易遭受火灾，白蚁侵蚀，雨水腐蚀，成材的木料由于施工量的增加而紧缺，梁架体系较难实现复杂的建筑空间等。

6.1.5　现代木结构的发展

现代木结构建筑与传统木结构建筑已经完全不同。现代木结构建筑的设计更符合力学原理，建筑用材也做到了工业化生产。产品主要包括：规格木材（实心木）和强度更高、用途更广的复合工程木材以及用来做面板的天然板材、胶合板和定向结构板等。现代木结构构件之间的连接方式也不再用榫卯，而多靠金属连接件，以钉子或螺栓固定，施工便捷且强度更高。某些复杂的节点或结构构件，还可以在工厂中加工，这样既可以节省施工时间，又有助于确保工程质量。

现代木结构分为重型梁柱木结构和轻型桁架木结构。重型木结构是指用较大尺寸或断面的工程木产品作为梁、柱的木框架，墙体采用木骨架等组合材料的建筑结构，其承载系统由梁和柱构成。轻型木结构是指用规格材、木基结构板材制作的木构架墙体、楼板和屋盖系统构成的单层或多层建筑结构。在北美，85%的人居住在现代木结构房屋里。目前，每年在北美新建的 150 万套房屋中，采用木框架结构的超过 90%，英国、澳大利亚、新西兰、北欧、日本等国也普遍采用木结构。

木结构的发展应用呈现两个特点：一是木结构产品生产的标准化和规格化，生产效率提高。轻型木结构（图 6-7）即代表这一特点。轻型木结构所用规格材和木基结构板，都是标准化和规格化的工业产品，可以大批量生产，价格低廉；轻型木结构用钉连接，是木结构中最简捷的连接方式，施工效率高。二是人工改良的木材即工程木的发展及其结构应用。胶合木等工程木产品代表了这一发展趋势，适用于建造大型复杂木结构。例如，建于 1997 年的日本秋田县大馆市树海体育馆（图 6-8），钢木结构（采用胶合木），高 52m，主轴上跨度 178m，次轴上跨度 157m，是木结构跨度之最。大跨空间木结构（图 6-9）是一个国家木结构技术发展水平的标志。

图 6-7　轻型木结构

a)

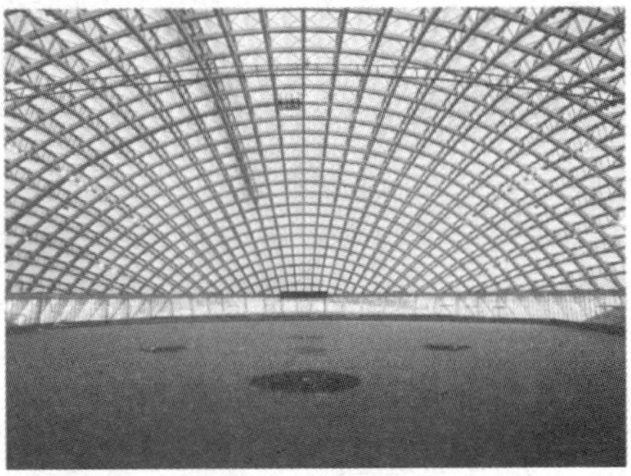

b)

图 6-8 日本秋田县大馆市树海体育馆

a）外观 b）室内

图 6-9 西班牙塞维利亚的大都会阳伞和瑞典的 34 层太阳能高层木建筑

6.2 木结构加固的原因及加固原则

6.2.1 木结构加固的原因

1. 因木材缺陷的危害引起的结构加固

木材中的木节、斜纹、裂缝、翘曲等都是木材的缺陷。这些缺陷随其尺寸大小和所在部位的不同对木材强度会产生不同程度的削弱，有些缺陷会危及木结构的承载力，应进行加固（图 6-10）。

2. 因虫害、菌害引起的结构加固

虫害是各种虫类主要是白蚁对木结构的危害。菌害是由木腐菌导致结构木材腐朽的危害（图 6-11）。木材腐朽后木材的力学性质改变，造成结构损坏。

3. 化学性侵蚀引起的结构加固

在现代工业生产中，有些厂房车间（如酸洗车间、纺织厂的漂染车间及有侵蚀性气体的化工车间等）在生产过程中会散发含有侵蚀性介质的气体，这种气体使厂房中的木结构受到腐蚀，使木结构强度降低，以致不能正常使用。

图 6-10　有危害性缺陷的示例

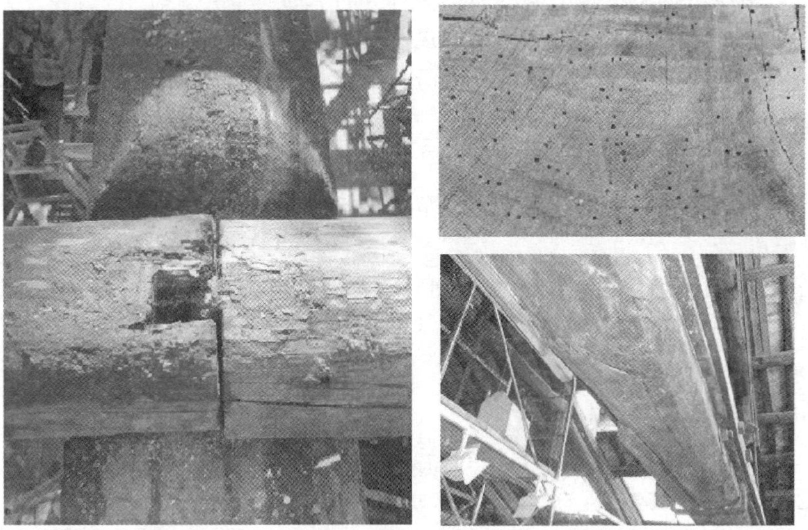

图 6-11　虫害及菌害的示例

4. 因风、火灾、地震灾害引起的结构加固

在特大的风荷载作用下，木结构房屋会发生揭顶，木柱被吹折，木结构房屋原有的损害会加剧。木结构房屋由于各地的木材质量不一，且用材大小、构造方式、施工质量等差别较大，所以在地震作用下，木结构房屋损害不一，常见的损害有：

1）节点松动、拔榫或劈裂，个别杆件脱落。

2）木骨架歪斜，柱脚产生移动，围护墙倒塌。

3）结构支撑失效，造成结构失稳。

4）原有的损害因地震作用而加重。

5. 改变木结构房屋使用要求而需要进行的结构加固

房屋使用要求改变，任意改建搭建等使房屋的荷载增加或荷载的不合理集中等，这类房屋在改变使用要求前，应进行结构加固。

6. 因设计、施工的过失而引起的结构加固

在设计中，容易引起的失误是结构内力不合理、构造疏忽等。

在木结构施工中，容易引起的质量事故主要是节点结合松弛、尺寸失误造成构件强度不足、屋架节点不牢、杆件劈裂、槽齿做法不符合构造要求等。

6.2.2 木结构加固的基本原则

引起木结构加固的原因较多，由于地区和建造年代的不同，木结构构造做法各异，所以加固方法在各地区和不同的工程各不相同，不能盲目套用。木结构加固应在满足使用要求的前提下，因地制宜，采用经济简便的办法消除危害，以达到安全使用的目的。木结构的加固要点如下：

1. 可靠性鉴定

木结构加固前应对既有结构和构件进行可靠性鉴定，对木结构及其材料使用状况进行调查，其主要内容包括：

1）木结构房屋所选用木材的物理力学特性和材质特性。

2）木构件上的缺陷对其强度的影响程度和特征。

3）检查腐朽、虫害的部位和特征，并分析对结构的危害程度。

4）木结构所处环境的温度、湿度情况。

5）对木结构所处环境中有侵蚀介质的化学成分的了解和测定。

6）承重构件的受力和变形状态，主要节点连接的工作状态。

2. 消除隐患

加固以前，必须全面分析引起木结构加固的各种原因，并首先解决影响木结构安全的要害问题，同时对其他各种原因造成的损坏，提出相应的处理方法。加固时还应充分考虑这些原因是否可能再次造成危害，彻底消除隐患。

3. 木结构加固所选用的材料

木结构加固所选用的木材、钢材应符合国家现行有关标准，承重构件加固用的连接木材，应采用无缺陷的直纹木材，严格控制含水率。

利用旧木材加固承重木结构或旧构件的复用（复用构件指木柱、木檩条、木格栅等木构件的重新使用），必须经检验符合有关标准及设计要求。

4. 巩固和改善结构受力体系的加固方法

根据结构受力状况、加固要求、材料供应情况、施工场地及可能的施工条件等，木结构加固可分为巩固现状和改善现状两类。这里所说的“现状”，主要指结构受力体系的现状。

（1）巩固现状 结构整体情况基本完好，但局部范围或个别部位有危害迹象，若任其发展，就会危及结构的安全使用，只要及时采取措施消除局部危害或控制这些危害的继续发展，就能保证安全，维持原结构的可靠性。

这一类的加固主要是着眼于木结构本身，例如：

1）当屋架或支撑的个别杆件失效或个别接头处的夹板损坏时，更换符合标准的新构件或夹板即可解决。

2）杆件和节点的个别部位损坏或木材个别缺陷偏大时，进行局部加固后即可保证安全使用。

3）个别支座处木材表面初期腐朽，内层材质完好，且木材已干燥，通风良好时只需将腐朽部分彻底刮除，且对表层和内层进行药物防腐处理就可维持正常使用。

4）原有木拉杆失效时，可用钢拉杆代替。

5）屋架歪斜或个别压杆有较大平面外变形时，用角钢和螺栓等纠正变形，并适当加设支撑，一般即能满足使用要求。

（2）改善现状 由于超载、使用条件改变、设计或施工差错、杆件缺陷等原因，致使结构或杆件的承载能力或空间刚度不足时，针对主要原因加以改善，甚至对既有结构加以改造，达到继续正常使用的目的。这类加固既可针对木结构的本身，也可改造其荷载或支承条件或改善其所处环境，就能保证结构安全使用。例如：

1）屋架或柱的支座处普遍受潮而又被封闭，导致木材表面腐朽，此时需要刮除腐朽的部分，并做药物防腐处理，但更重要的是要改造支座处的构造，保证其通风良好并防止受潮。如果支座部分的木材腐朽严重，已不能再使用，则应采取措施切除腐朽范围的木材，而用新的木构件代替。如果支座处日后仍难以防潮，则切除已腐朽部分后用型钢的焊成件或预制钢筋混凝土的节点构件代替。

2）温度、湿度较高且通风不良的房屋，屋盖木结构经常受潮，导致木结构挠度增大或腐朽，此时，除对木结构本身进行加固外，主要应改善木结构所处的环境，保证木结构经常处于干燥的正常环境中。

3）结构因改变用途或超载使杆件负荷过大时，应选用更轻质的材料来更换原较重材料，当条件允许时也可适当增加支柱，减小结构的原有跨度，以降低既有结构构件的应力，此时应注意因增设支座引起既有结构构件的应力变化情况。

4）改造、加强或增设原不足的空间支撑系统。

5）加固改造既有墙、柱等支撑结构，保证木结构正常工作。

5. 木结构加固设计要点

1）加固设计应综合考虑其经济效果，尽量不损伤既有结构，保留有利用价值的结构构件。

2）结构的计算简图应根据结构上的作用或实际受力状况确定。

3）木材长期使用后，材料强度有所降低，应根据实际情况将材料强度折减。

4）必须正确掌握既有结构的变形、截面变更、缺陷构件、节点位移等情况，作为计算的依据。

5）利用既有结构的有利条件，改善其不合理结构。

6）尽可能以钢代木，用钢材做拉杆、夹板等。

6. 木结构加固施工要点

加固施工前应先制定结构施工方案，按先支撑后加固的顺序进行施工。

按设计和构件实际尺寸制作足尺样板，逐件编号，严格按样板制作加固构件。

采用木夹板加固构件时，加固用的材料及螺栓直径、数量、位置等应符合设计要求，构件拼接钻孔时应临时固定，一次钻通孔眼，确保各构件孔位对应一致。受剪螺栓孔的直径不应大于螺栓直径 1mm。系紧螺栓孔的直径不应大于螺栓直径 2mm。

加固用圆钢拉杆的接头应用双绑条焊接，绑条圆钢直径应大于或等于拉杆直径的 0.75 倍，绑条在接头一侧的长度应大于或等于拉杆直径的 5 倍。

7. 木结构抗震加固

1）木结构房屋抗震加固时可不进行抗震验算。

2）木结构房屋的抗震加固应提高木构架的抗震能力，可根据实际情况，采取减轻屋盖重力、加固木构架、加强构件连接、增设柱间支撑、增砌砖抗震墙等措施。增设的柱间支撑或抗震墙在平面内应均匀布置。

木结构房屋抗震加固的重点是木结构的承重体系。

6.3 木结构的破坏类型和加固方法

6.3.1 木结构的破坏类型

木结构在长期使用过程中，由于受荷时间长，木材老化等原因，会导致木结构性能不同程度的降低，最终发生破坏。

1. 开裂

木材在加工过程中水分没有完全蒸发，木材表层和内部干燥速率不同，导致木纤维内外收缩不一致，从而产生裂缝；木结构在使用过程中，由于长时间受荷，加之木材老化，其抗拉、抗压、抗弯、抗剪性能下降，从而在外力下产生裂缝（图6-12）。

图6-12 构件开裂及腐朽示意

2. 腐朽

木材的主要成分为纤维素、半纤维素多糖和木质素等，当木材长期处于潮湿环境时，会滋生真菌的繁殖，从而导致木材产生腐朽，遭受彻底破坏。常见的腐朽部位有柱脚、柱头、柁头和后檐檩等。腐朽会使构件的受力截面积减小，承载力降低，对结构非常不利（图6-12）。

木质结构长时间暴露于自然环境下，极易受到各类自然因素和生物因素的干扰，导致木材的材质逐渐老化，结构功能降低。主要的影响因素有温度、湿度、侵蚀性物质和生物四个方面，其中温度、湿度和侵蚀性物质是由表及里进行木材的损害，导致其有效横截面减小，进而难以负担建筑物荷载。而生物破坏则是贯穿性破坏，主要破坏内部结构，导致其结构性损坏，进而发生力学性能的降低或丧失。

3. 变形

木结构在荷载作用下会产生变形，但由于木材老化，造成承载力下降，或者结构负荷过重，可能导致变形超过规范允许值。构件变形过大，不但影响美观，也给结构安全带来很大隐患。

4. 拔榫

卯榫连接是古建筑木结构连接的主要形式，常用于柱与柱、柱与梁、梁与梁之间的连接。在长期受荷情况下，加上木材自身的收缩等因素，卯榫节点容易松动，发生拔榫现象。

拔榫使梁柱的受力截面积变小，承载力降低，对结构整体产生不利影响。

5. 虫蛀

侵蚀木材的主要对象是白蚁，白蚁喜阴，多数分布于南方，所以南方木结构易遭虫蛀，北方相对较少。虫蛀属于生物破坏。

6.3.2 木结构的加固方法

硬木结构的加固措施有很多种，一般情况下都是多种方案相互结合使用，下面主要从整体加固和构件加固两个方面对其进行阐述。

1. 木构架的整体维修与加固

木构架的整体维修与加固，应根据其残损程度分别采用下列方法：

（1）落架大修　即全部或局部拆落木构架，对残损构件或残损点逐个进行修整，更换残损严重的构件，再重新安装，并在安装时进行整体加固。落架大修的工程，应先揭除瓦顶，再自上而下分层拆除望板、椽、檩及梁架。在拆除过程中，应防止榫头折断或劈裂，并采取措施，避免磨损木构件上的彩画和墨书题记。这种方法适用于梁架构件拔榫、弯曲、腐朽、劈裂非常严重，必须更换构件或使榫卯归位的维修工程，不足之处是可能对结构的原貌造成损伤。

（2）打牮拨正　即在不拆落木构架的情况下，使倾斜、扭转、拔榫的构件复位，再进行整体加固。对个别残损严重的梁枋、斗拱、柱等应同时进行更换或采取其他修补加固措施。对木构件打牮拨正时，应先揭除瓦顶，拆下望板和部分椽，并将檩端的榫卯缝隙清理干净，如有加固铁件应全部取下，对已严重残损的檩、角梁、平身科斗等构件，也应先行拆下。这种方法适用于建筑外闪严重但大木构件完好、不需要换件或仅需换个别件的维修工程。

（3）修整加固　即在不揭除瓦顶和不拆动构架的情况下，直接对木构架进行整体加固。这种方法适用于木构架变形较小，构件位移不大，不需打牮拨正的维修工程。

2. 结构构件的加固方法

（1）嵌补加固法　对于木柱的干缩裂缝，当裂缝深度不超过柱径（或该方向截面尺寸的 1/3）时，可按嵌补方法进行修整。当裂缝宽度不大于 3mm 时，可在柱的油饰或断白过程中，用泥子勾抹严实；当裂缝宽度在 3～30mm 时，可用木条嵌补，并用耐水性胶黏剂黏牢；当裂缝宽度大于 30mm 时，除用木条以耐水性胶黏剂补严黏牢，尚应在柱的开裂段内加铁箍 2～3 道，若柱的开裂段较长，则箍距不宜大于 0.5m，铁箍应嵌入柱内，使其外皮与柱外皮齐平。

对于梁枋的干缩裂缝，当水平裂缝深度（当有对面裂缝时，用两者之和）小于梁宽或梁直径的 1/4 时，可采用嵌补的方法进行修整，即先用木条和耐水性胶黏剂，将缝隙嵌补黏结严实，再用 2 道以上铁箍或玻璃钢箍紧。

（2）墩接加固法　当柱脚腐朽严重，但自柱底面向上未超过柱高的 1/4 时，可采用墩接柱脚的方法处理。墩接时，根据腐朽程度、部位和墩接材料，可分为木料墩接、钢筋混凝土墩接和石料墩接三种类型。木料墩接常用榫卯样式有巴掌榫、抄手榫等。施工时，除应注意使墩接榫头严密对缝，还应加设铁箍，铁箍应嵌入柱内；钢筋混凝土墩接仅用于墙内的不露明的柱子，高度不得超过 1m，柱径应大于原柱径的 0.2m，并留出 0.4～0.5m 长的钢板或角钢，用螺栓将既有结构构件夹牢，混凝土强度不应低于 C25；石料墩接可用于柱脚腐朽部分高度小于 0.2m 的柱子。

（3）化学加固法 木材内部因虫蛀或腐朽形成中空时，若柱表层完好厚度不小于 50mm，可采用不饱和聚酯树脂进行灌注加固。首先应在柱中应力小的部位开孔，然后清除朽烂的木块、碎屑，最后灌入树脂至饱满，且每次灌注量不宜超过 3kg，每次间隔时间不宜少于 30min。如徐州戏马台古建筑群之一风云阁（图 6-13）的木柱加固维修。

图 6-13 风云阁

戏马台风云阁柱子的维修工序为：首先，清理表层，挖补，去掉腐朽部分，然后喷洒灭白蚁的药物，再采用上述嵌缝法方法进行修补。为了增加柱子的整体刚度和强度，每隔 50cm 设置一道铁箍。最后按照传统一布五灰的操作工艺使柱子再现了它原有的造型。目前，按照上述方法维修加固的柱子经过 10 年的风雨，没发现有问题，效果良好。

（4）FRP 加固法 FRP 复合材料是由纤维材料与基体材料（树脂）按照一定比例混合后形成的高性能材料。在加固工程中，通过黏结剂将其粘贴在被加固构件表面，从而提高结构构件的承载力。FRP 复合材料具有自重轻、受力性能好、便于施工等优点，木结构加固中主要应用与木梁、木柱、榫卯节点的加固。对碳纤维布加固木构架榫卯节点进行研究，结果表明，该加固方式对榫卯节点强度和刚度提高不是很大，但能恢复到未破损之前的状态，适用于破损程度较小的榫卯节点。

6.3.3 木梁的加固

木梁作为木结构的主要受力构件，其受力性能对整个结构安全至关重要。由于木材是一种各向异性的自然材料，其顺纹抗剪强度和横纹抗拉强度很低，且古建筑中的木梁由于处于长期荷载作用下，木梁中产生沿纵向的裂缝。

1. 木梁的主要破坏形式

古建筑中的木梁由于受到自然环境的长期作用及服役时间长，其物理力学性能会下降，因而产生不同的破坏类型，主要包括以下 3 种。

（1）腐朽破坏 对于长期处于潮湿环境中的古建筑木梁，会发生构件的腐朽破坏。如屋面的角梁，当屋面漏雨时，积水会对木梁产生腐朽破坏，腐朽会造成梁构件的抗拉、抗压、抗弯、抗剪等截面面积的减小，从而导致其承载力降低，对整个木结构非常不利。

（2）开裂破坏 木梁中主要会产生两种裂缝。一种是由于木材横纹抗拉强度和顺纹抗剪强度低导致的沿木梁纵向的受力裂缝，该裂缝一般尺寸较大；另一种是由于构件在制作时含水率较大，又由于环境中含水率的变化，木梁中的水分会和环境中的水分含量达到平衡，在这个过程中，木梁表面会产生干缩裂缝。裂缝会使木梁的材质下降导致其抗拉、抗压、抗弯、抗剪等性能降低，木梁在荷载作用下初始裂缝会进一步开展。

（3）拔榫破坏 古建筑中连接（梁与梁之间及梁与柱之间）主要采用榫卯连接的形式，

这些连接作为结构的重要组成部分，其力学性能对整个结构的性能至关重要。在长时间外力作用或木材本身收缩等因素影响下，这些连接处很容易发生拔榫破坏。拔榫使得梁、柱有效受力截面面积减小，容易产生受拉、受压、受弯、受剪破坏，对结构整体性造成一定影响。

2. 木梁加固方法

（1）古建筑木梁加固原则　我国的古建筑保护主要依据以下三部法规施行。

首先为保护文物建筑及历史地段的国际宪章中规定的古建筑保护原则，主要为 1964 年在意大利威尼斯通过的《威尼斯宪章》，宪章指出“修复过程是一个高度专业性的工作，其目的旨在保存和展示古迹的美学与历史价值，并以尊重原始材料和确凿文献为依据。”当加固对象为与社会公益相关的文物建筑时，宪章规定“决不可以变动它的平面布局或装饰”。

其次为 1982 年我国颁布的《中华人民共和国文物保护法》，它将文物保护的概念纳入法律范畴。

第三，1992 年 9 月发布了国家标准《古建筑木结构维护与加固技术规范》，其中规定“古建筑的维护与加固，必须遵守不改变文物原状的原则。原状系指古建筑个体或群体中一切有历史意义的遗存现状。若需恢复到创建时原状或恢复到一定历史时期特点的原状时，必须根据需要与可能，并具备可靠的历史考证和充分的技术论证。”

由以上综述可知，古建筑木梁加固主要遵循历史建筑保护的“原真性、必要性和可逆性”，最大限度地保持古建筑的原有风貌，满足“修旧如旧”的修缮原则。

（2）已有工程中的修复方法

1）剔补和嵌补。剔补法是直接将构件中的腐朽部分清除，经防腐处理后根据原尺寸形状补上干燥木材，并用以改性环氧结构胶粘贴严实，再用铁箍或螺栓紧固。嵌补法适用于梁的水平裂缝深度小于梁宽或直径的 1/4 时，用木条和耐水性胶黏剂粘贴牢固，并将缝隙粘贴严实。如需更换，宜选用与既有构件相同树种的干燥木材制作新构件，并预先进行防腐处理。剔补和嵌补法仅在外观上对构件有一定修复作用，但难以恢复木梁的整体工作性能，不是一种行之有效的修复方法（图 6-14）。

2）加铁箍或扁钢箍加固。木梁有纵向劈裂损坏时，可采用铁箍或扁钢箍加固（图 6-15）。扁钢箍制作要求外形规整，保证尺寸准确，与梁结合贴附。加工时要足尺放样，安装时应逐个拧紧固定螺栓，各扁钢箍不得松动。特别要注意连接螺栓卡口闭合后应有间隙，这样才能使螺栓紧固严密，并与梁表面贴附，梁的裂缝应填实。

图 6-14　剔补修复

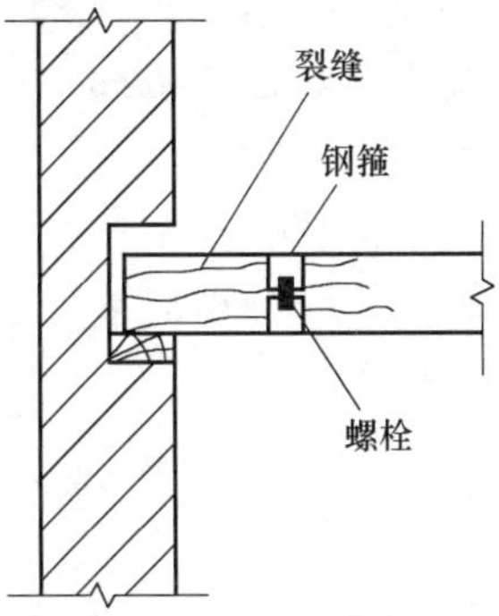

图 6-15　扁钢箍加固木梁

《古建筑木结构维护与加固技术标准》（GB/T 50165—2020）规定，对梁枋的干缩裂缝，应按下列要求处理：当构件的水平裂缝深度（当有对面裂缝时，用两者之和）小于梁宽或梁直径的 1/3 时，可采取嵌补的方法进行修整，即先用木条和耐水性胶黏剂将缝隙嵌补黏结严实，再用两道以上铁箍或玻璃钢箍、碳纤维箍紧；若构件的裂缝深度超过梁宽或梁直径的 1/3 的限值，则应进行承载能力验算，若验算结果能满足受力要求，仍可采用上述方法修整；当梁枋构件的挠度超过规定的限值或发现有断裂迹象时，应按下列方法进行处理：①在梁下面支顶立柱；②当条件允许时，采用在梁枋内埋设碳纤维板、型钢或其他补强方法处理；③更换构件。

3）下撑式钢拉杆加固。下撑式钢拉杆加固木梁的形式较多，图 6-16 所示为一种较简单的加固形式，该方法一般适用于加固截面小、承载力不足、出现颤动或挠度过大的梁，经加下撑式钢拉杆组成新的受力构件。在加固前，需检查木梁端头的材质是否腐朽或虫蛀，只有在材质较完好的条件下才能保证拉杆的固定牢靠。

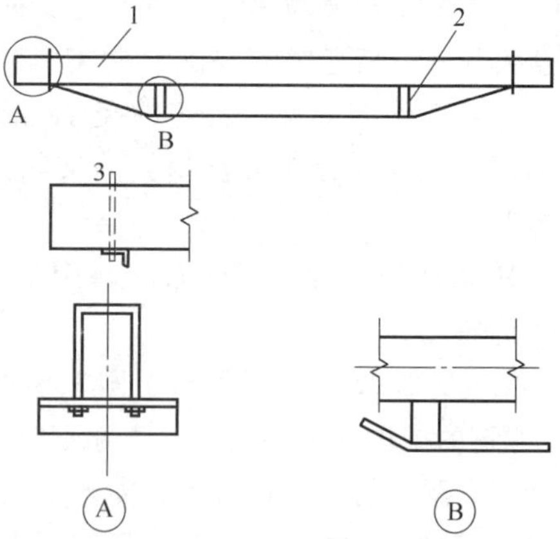

图 6-16　下撑式钢拉杆加固梁

1—木梁　2—撑杆　3—支撑钢拉杆

根据设计要求和加固构件的实际尺寸，做出钢件、拉杆、撑杆样板，经复核无误后方可下料制作。加固组装时应将各部件临时支撑固定，试装拉杆达到设计要求后固定撑杆，张紧拉杆。钢拉杆应张紧拉直，固定牢靠，撑杆和钢件与梁的接触面应吻合严密。对新加的拉杆下撑系统，应在梁轴线的同一垂直平面内。

4）夹接、托接方法加固。当梁端木材发生腐朽、虫蛀时，可采用夹接或者托接的方法来加固木梁。如果梁上下侧损坏深度大于梁高的 1/3，应经计算后夹接。如果损坏深度大于 3/5 以上，必须接换梁头。如梁头中间被蛀空，可经计算后采用夹接办法加固。加固施工前，应将梁临时支撑或卸除上面的荷载；当多个楼层梁加固时，各支撑点应上下对齐。将木梁临时支撑后，锯去梁的损坏部分，采用夹接、托接方法加固。

① 夹接。用两块木夹板夹接加固（图 6-17）时，木夹板的截面和材质不应低于原有木梁截面和材质的标准，并选用纹理平直、没有木节和髓心的气干材制作，任何情况下都不得采用湿材制作。施工时，应截平梁的损坏部位，修换木料的端头与梁截面接缝应严实、顺直，螺栓拧紧固定后夹板与梁接触平整、严密。加固圆截面梁时，夹板与梁新加工平面紧密结合。木夹板的长度、螺栓的规格和数量，应根据计算及现行规范来确定。木夹板螺栓所受的力可按下列公式计算

$$R_1=\frac{M_1}{S},\ R_2=\frac{M_2}{S} \tag{6.1}$$

式中　S——夹板螺栓所受力 R_1 和 R_2 之间的距离；

M_1——梁在 R_2 处的弯矩（木夹板中的弯矩）；

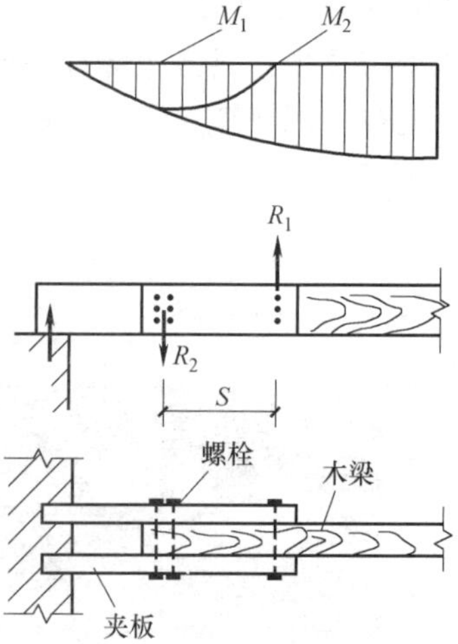

图 6-17　木梁夹接加固

M_2——梁在 R_1 处的弯矩（中相应的弯矩）。

② 托接。梁用槽钢或其他材料托在下面加固（图 6-18）。槽钢与木梁连接的受拉螺栓及其垫板均应进行验算，螺栓所受拉力可按下列方式计算

$$R_1=\frac{M_1}{S},\ R_2=\frac{M_2}{S} \tag{6.2}$$

式中　S——反力 R_1 和 R_2 之间的距离；

M_1——槽钢承受的弯矩（相应于在梁中截面①处的弯矩）；

M_2——木梁中截面②处的弯矩；

R_1——受拉螺栓所受的力；

R_2——安装螺栓处的槽钢与木梁端部横纹表面的挤压力。

用槽钢托接，受力较为可靠，构造处理方便，可用于木夹板加固构造处理或施工较困难之处。

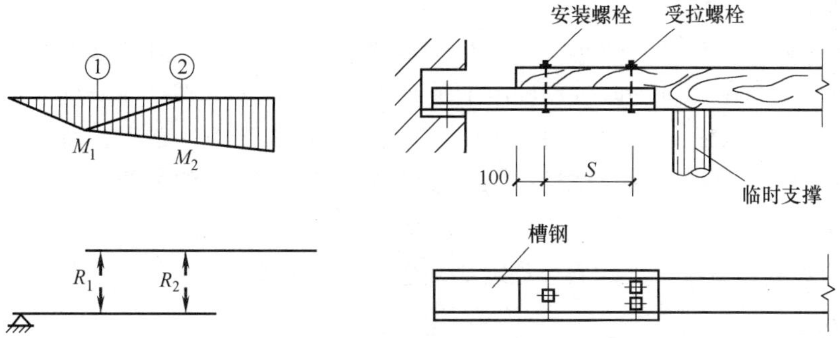

图 6-18　木梁端部托接的加固

5）用托木加固梁柱节点。用托木加固梁柱节点（图 6-19），节点铆榫应复位，打紧木楔固定牢靠，加固时应一次钻通托木与柱的孔眼，螺栓固定后托木应与梁柱接触严密。

（3）现代加固技术

1）纤维布加固木梁。纤维布由于其几何可塑性强及自重轻等特点而广泛应用于木结构的加固。纤维布沿其纹路方向的抗拉强度很高，而木材的顺纹抗压强度较高，在 FRP 加固的木梁（图 6-20）中，这两种材料的性能都能得到很好的利用，并且材料间具有良好的黏结性能，能够很好地协同工作。相关研究表明，FRP 在修复加固木梁方面有良好的效果，

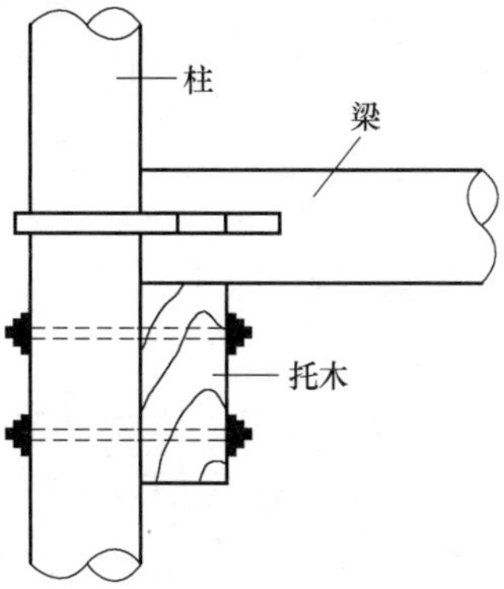

图 6-19　梁柱节点处用托木加固

图 6-20　FRP 加固木梁

对其承载力、刚度和延性均有一定提高，但其依赖黏结胶的黏结作用，存在耐久性问题，并且会影响构件外观。

2）自攻螺钉加固木梁。自攻螺钉是一种随着现代工艺发展而制造出的新型产品，由于其带有自攻钻头，能方便贯入木梁中而不影响木梁本身的性能，自攻螺钉的抗拉强度较高，当它沿着垂直木材横纹方向贯入木梁中时，能和木材间建立良好的黏结，提高木梁的横纹抗拉能力和顺纹抗剪能力，增强木梁整体工作性能，从而达到提高木梁承载力的作用。自攻螺钉加固作为一种新型修复加固木梁的方法，通过增强木梁的整体工作性能达到较好的修复效果，并且施工方便，施工完成后对外观完全没有影响，该方法将会广泛应用于古建筑木梁的修复加固，但在广泛应用于实际工程前还有待进一步研究。

6.3.4 木柱的加固

对木柱的干缩裂缝，当其深度不超过柱径（或该方向截面尺寸）1/3 时，可按下列嵌补方法进行修整：

1）当裂缝宽度不大于 3mm 时，可在柱的油饰或断白过程中，用泥子勾抹严实。

2）当裂缝宽度在 3~30mm 时，可用木条嵌补，并用耐水性胶黏剂粘牢。

3）当裂缝宽度大于 30mm 时，除用木条以耐水性胶黏剂补严粘牢，尚应在柱的开裂段内加铁箍 2~3 道。若柱的开裂段较长，则箍距不宜大于 0.5m。铁箍应嵌入柱内，使其外皮与柱外皮齐平。

柱的受力裂缝和继续开展的斜裂缝，必须进行强度验算，然后根据具体情况采取加固措施或更换新柱。

当木柱有不同程度的腐朽而需整修、加固时，可采用下列剔补或墩接的方法处理：

1）当柱心完好，仅有表层腐朽，且经验算剩余截面尚能满足受力要求时，可将腐朽部分剔除干净，经防腐处理后，用干燥木材依原样和原尺寸修补整齐，并用耐水性胶黏剂黏结。如为周围剔补，尚需加设铁箍 2~3 道。

2）当柱脚腐朽严重，但自柱底面向上未超过柱高的 1/4 时，可采用墩接柱脚的方法处理。墩接时，可根据腐朽的程度、部位和墩接材料，选用下列方法：

① 用木料墩接。先剔除腐朽部分，再根据剩余部分选择墩接的榫卯式样，如“巴掌榫”“抄手榫”等（图 6-21）。施工时，除应注意使墩接榫头严密对缝，还应加设铁箍，铁箍应嵌入柱内。当腐朽高度大于 300mm 时，可采用巴掌榫墩接（图 6-22）；墩接区段内可用两道 8 号钢丝捆扎，每道不应少于 4 匝；当为 8、9 度时，露明柱在墩接头处应采用铁件或扒钉连接。

② 加筋混凝土墩接。仅用于墙内的不露明柱子，高度不得超过 1m，柱径应大于既有柱柱径 200mm，并留出 0.4~0.5m 长的钢板或角钢，用螺栓将既有构件夹牢。混凝土强度等级不应低于 C25，在确定墩接柱的高度时，应考虑混凝土的收缩率。

③ 砖、石料墩接。当腐朽高度不大于 300mm 时，应采用整砖墩接；砖墩的砂浆强度等级不应低于 M2.5。石料墩接可用于柱脚腐朽部分高度小于 200mm 的柱。露明柱可将石料加工为小于既有柱柱径 100mm 的矮柱，周围用厚木板包镶钉牢，并在与既有柱接缝处加设铁箍一道。

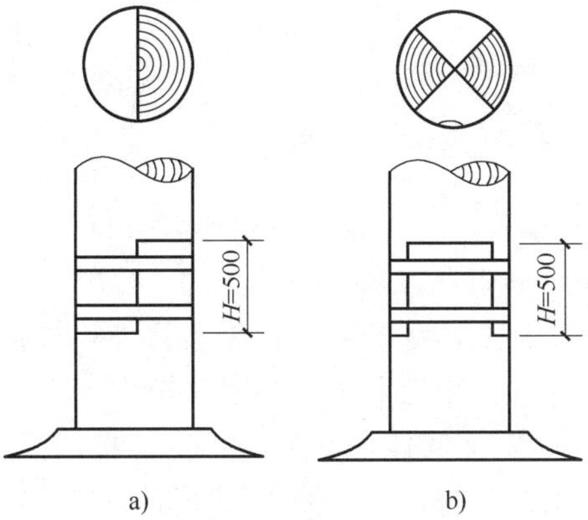

图 6-21　木柱墩接构造

a）巴掌榫　b）抄手榫

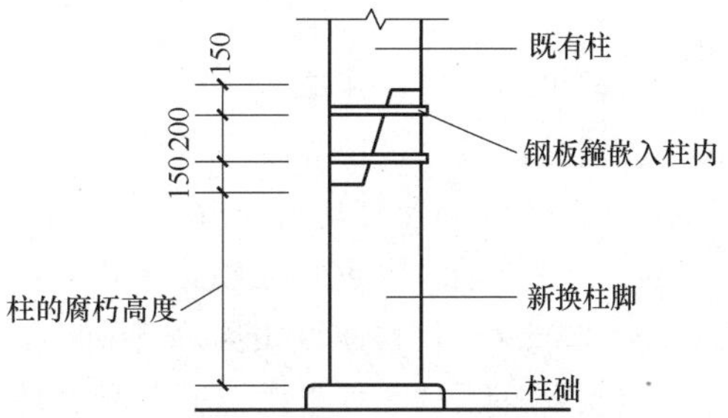

图 6-22　木柱巴掌榫墩接构造

当木柱内部腐朽、蛀空，但表层的完好厚度不小于 50mm 时，可采用同种或材性相近的木材嵌补柱心并用结构胶黏结密实，当无法采用木材嵌补时，可采用高分子材料灌浆加固，其做法应符合下列规定：

1）应在柱中应力小的部位开孔。当通长中空时，可先在柱脚凿方洞，洞宽不得大于 120mm，应每隔 500mm 凿一洞眼，直至中空的顶端。

2）在灌注前应将中空部位柱内的朽烂木渣、碎屑清除干净。

3）当柱中空直径超过 150mm 时，宜在中空部位采用同种木材填充柱心。

4）改性环氧树脂灌浆材料的性能要求，应符合相应规范的规定。

5）灌注树脂应饱满，每次灌注量不宜超过 3000g，两次间隔时间不宜少于 30min。

当木柱严重腐朽、虫蛀或开裂，而不能采用修补、加固方法处理时，可考虑更换新柱，但更换前应做好下列工作：

1）确定既有柱高。若木柱已残损，应从同类木柱中，考证既有柱高。必要时，还应按照该建筑物创建时代的特征，推定该类木柱的初始高度。

2）复制要求。对需要更换的木柱，应确定是否为原建时的旧物。若已为后代所更换，且与原形制不同时，应按原形制复制。若确为原件，应按其式样和尺寸复制。

3）材料选择。应符合相应规范要求。

接木构件的胶黏剂，宜采用改性环氧结构胶，并应符合下列规定：

① 改性环氧结构胶的性能，除应符合现行《工程结构加固材料安全性鉴定技术规范》的规定外，尚应符合现行《木结构试验方法标准》（GB/T 50329—2012）对木材胶粘能力的规定。

② 木构件黏结后，当需用锯割或凿刨加工时，夏季应经过 48h，冬季应经过 7d 养护后，方可进行。

③ 木构件黏结时的木材含水率不得大于 15%。

④ 当在承重构件或连接中采用胶粘补强时，不得利用胶缝直接承受拉力。

延伸阅读

某砖木结构房屋的修缮加固

某砖木结构房屋建造于1919年，原为2层立帖式砖木结构，一层局部搭建夹层，二层上方搭建阁楼层，现为三层建筑。建筑平面近似呈矩形，东西向总长约13.70m，南北向总宽约11.30m，总高约9.00m，南北方向存在错层。墙体采用青砖、石灰砂浆砌筑，±0.000m以上墙体厚度：立帖式木构架半砖墙、内墙一般为110mm，南北外墙、2层东西山墙为220mm，底层东西山墙为340mm，±0.000m以下墙体厚度为340mm。楼屋面主要采用木楼盖，晒台区域采用钢筋混凝土现浇板，屋顶为坡屋顶，自上而下依次为：青瓦、油毡、砖望板、木椽子、木檩条。

房屋竖向由砖墙、立帖式木构架共同承重，外围由砖墙承重；内部主要由木柱及木梁构成的四柱立帖式木构架承重，木柱间镶嵌半砖墙；一层南北两侧边跨（原天井及灶间）与二层北侧边跨（原亭子间）主要为砖墙承重。楼面荷载通过木楼板传至木搁栅，木搁栅将荷载传递至砖墙和木构架，并最终传至墙下基础及柱下基础；屋面荷载通过木椽子传至木檩条，木檩条将荷载传递至砖墙和木构架，并最终传至基础。立帖式木构架的梁、柱均采用榫卯连接。木柱下基础为砖砌独立基础：100mm厚桑皮石垫块+300mm高砖基础，下有碎石垫层；外墙下基础为砖砌条形基础：墙下无筋扩展基础，下有碎石垫层，基础墙厚度350mm，埋深470mm。

采用结构计算软件对砌体构件进行验算，并采用手算方法对木构件承载力和变形进行验算。其中，风荷载作用取基本风压为$0.55kN/m^2$，地面粗糙度为C类。根据房屋勘察报告，实测承重墙砌筑砖抗压强度评定为MU5.0，砌筑砂浆抗压强度评定为M1.0，混凝土梁强度评定值为C10。房屋原为住宅，此次改造为展览馆，楼面使用荷载取值$3.5kN/m^2$，由于展览需要，此次改造需对立帖式半砖墙、搭建的夹层及阁楼层一并拆除。木构架的梁柱节点均按铰接考虑。

采用如下方法对基础进行加固处理，增强房屋基础的整体性和抵抗不均匀沉降能力：对木柱基础及墙下基础采用增设钢筋混凝土扁担梁条形基础进行加固处理。基础加固做法如图6-23所示。

立帖式木构架半砖墙拆除后，木构架承载力不满足要求，主要表现为：除部分木柱由于腐烂引起截面中空而导致承载力丧失，底层木柱承载力按强度验算均满足要求，但木柱稳定验算普遍不满足要求；由于二层楼面使用荷载增加，二层楼面木梁的承载力及变形验算均不满足要求。

考虑到木构架本身加固难度大及所采取加固措施的可逆性，对二层楼面采用钢结构进行加固托换，二层展览区域荷载全部由加固后的钢结构承担，而木构架只承受原屋面荷载，具体做法如下：对木柱全高采用型钢格构柱进行加固；对二层楼面木梁采用型钢格构梁进行加固；对屋面木梁间增设水平支撑。

修缮前全面检查所有墙体，对墙体所有开裂及外墙窗角斜裂缝部位均做标记并记录，对于非贯穿结构裂缝采用填缝法修补。外墙由于增加设备管线、排水管留下来的孔洞全部

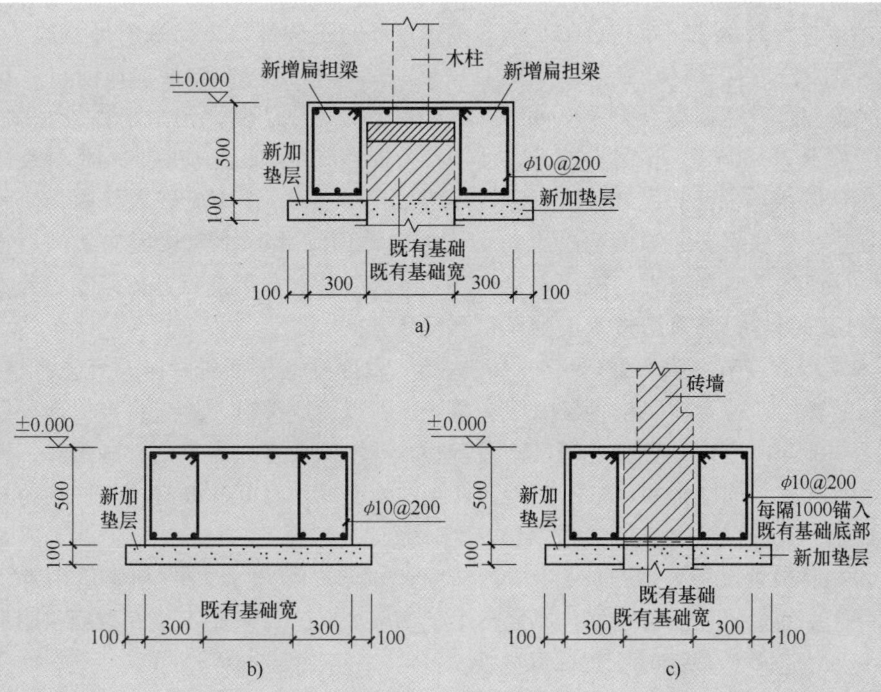

图 6-23　**基础加固**

a）有柱位置　b）无柱位置　c）砖墙位置

采用镶砌予以封堵，并按原样修复外墙饰面。所有承重外墙内侧均采用单面钢丝网片加泥砂浆面层进行加固，提高墙体整体性。当墙体裂缝宽度≤5mm 时，可采用压力灌浆进行修复。墙体裂缝宽度介于 5~20mm 时，应设置混凝土键及拉结钢筋，再采用压力灌浆进行修复。

（1）木柱腐朽处理　当木柱有不同程度腐朽而需整修、加固时，可采用下列剔补或墩接的方法处理：当柱心完好，仅有表层腐朽且经验算剩余截面尚能满足受力要求时，可将腐朽部分剔除干净，经防腐处理后用干燥木材按原样和原尺寸修补整齐，并用耐水性胶黏剂黏结。如为周围剔补，尚需加设 2~3 道铁箍；当柱脚腐朽严重，但自柱底面向上未超过柱高的 1/4 时，可采用墩接柱脚的方法处理，用木料墩接，先将腐朽部分剔除，再根据剩余部分选择墩接的榫卯样式，如“巴掌榫”“抄手榫”等，施工时除应注意使墩接榫头严密对缝外，还应加设铁箍且铁箍应嵌入柱内；若木柱内部腐朽、蛀空，但表层完好且厚度不小于 50mm 时，可采用高分子材料灌浆加固；当木柱严重腐朽、虫蛀或开裂而不能采用修补、加固方法处理时，可考虑更换新柱，更换前应确定原柱高、复制要求及材料选择。在不拆除木构架的情况下墩接木柱时，必须用架子或其他支撑物将柱和柱连接的梁枋等承重构件支顶牢固，以保证木柱悬空施工时的安全。

（2）木构件局部截面缺失处理　采用干燥木材依原样和原尺寸修补整齐，以耐水性胶黏剂贴补严实，再用铁箍紧固。

（3）楼面木搁栅、木地板置换　由于二层使用荷载有所增加，二层楼面木搁栅的承载力及变形均不满足要求，需对二层楼面木搁栅进行整体置换，并按规范要求增设剪刀撑。鉴于楼面木地板年久老化，对所有楼面木地板按历史装修风格进行更换。

（4）木构件干裂修缮 木构件的干缩裂缝深度不超过构件该方向截面尺寸的 1/3 时，可按下列嵌补方法进行修复：当裂缝宽度≤3mm 时，可在木构件的油饰或断白过程中用泥子勾抹严实；当裂缝宽度在 3～30mm 时，可用木条嵌补严实，用耐水性胶黏剂粘牢；当裂缝宽度大于 30mm 时，除用木条以耐水性胶黏剂补严粘牢，尚应在木构件开裂段内加 2～3 道铁箍。若木构件开裂段较长，则箍距不宜大于 0.5m，铁箍应嵌入柱内，使其外皮与柱外皮齐平。当干缩裂缝深度超过木构件该方向截面尺寸的 1/3 或因构架倾斜、扭转而造成木构件产生纵向裂缝时，需待构架整修复位后方可对开裂部位进行修复；若木构件裂缝贯通且内部腐朽，则采用杉木依原样和原尺寸更换。

（5）木结构连接节点脱榫处理 若榫头完整，仅因柱倾斜而脱榫时，可先将柱拨正，再用铁件拉结榫卯；若梁柱完整，仅因榫头腐朽、断裂而脱榫时，应先将破损部分剔除干净，并在梁端部开卯口，经防腐处理后，用新制的硬木榫头嵌入卯口内，嵌接时，榫头与原构件用耐水性胶黏剂粘牢并用螺栓固紧，榫头的截面尺寸及其与既有构件嵌接的长度应按计算确定，并在嵌接长度内用 2 道铁箍箍紧。

（6）木构件蚁蚀腐朽处理 应自腐朽处向上锯成斜口，更换构件粘牢后用螺栓或铁箍加固；构件虫蛀中空且表层完好且厚度不小于 50mm 时，可采用不饱和聚酯树脂灌浆进行修补；中空超过 1/3 截面时，宜截取更换。

（7）木构架、木屋面节点修缮 木柱与木梁、木柱与木檩条的节点部位采取夹板、铁件、扒钉等加强连接，增强木构架与木屋面的整体性，使既有建筑保持牢固和可靠。

6.3.5 木结构房屋的抗震加固

1. 抗震加固的基本原则

木结构房屋经抗震鉴定不满足要求时，应进行抗震加固。震害表明，木结构是种抗震能力较好的结构，只要木构件不腐朽、不严重开裂、不拔榫、不歪斜，且与围护墙有拉结，即使在高烈度区也只有轻微破坏的实例。因此，木结构房屋抗震加固的重点是木结构的承重体系，应提高木构架的抗震能力，抗震加固时可采取减轻屋盖重力、加固木构架、加强和增设支撑、加强构件连接和围护墙与木构件的连接、增砌砖抗震墙、消除原来不合理的构造等措施。

木结构房屋抗震加固时，可不进行抗震验算。木构架房屋抗震加固中新增构件的截面尺寸，可按静载作用下选择的截面尺寸采用，但新老构件之间要加强连接。

木结构房屋抗震加固时，应根据实际情况，采取切实可行的抗震加固方法和抗震措施。

木结构房屋，特别是老旧的木骨架房屋，梁、柱、屋架、檩条等局部范围或个别部位有腐朽、腐蚀、蛀蚀与变形开裂时，应及时采取加固措施。

2. 加固范围及方法

（1）屋架、梁、柱、檩条等木构件的加固

1）为防止屋面斜梁或人字屋架在地震时产生水平变位，可采用钢拉杆加固（图 6-24）。

2）开裂、腐朽、腐蚀或蛀蚀的屋架、梁、柱等木构件可采用非抗震要求的加固方法。

3）木梁端部严重腐朽时，可将腐朽的部分切除，改用槽钢接长，代替原来的入墙部分。

4）屋架端部严重腐朽时，可将腐材切除后更换新材。如无法根除腐朽的木材，可切除腐材后，用型钢焊成件或钢筋混凝土节点代替原有的木质节点构造。

(2) 加强和增设支撑或斜撑

1）木屋架之间，特别是房屋端部木屋架之间，增设垂直的剪刀支撑，并用螺栓锚固。在剪刀支撑交汇处，宜加设垫木，使剪刀支撑连接牢靠，如图 6-25 所示。

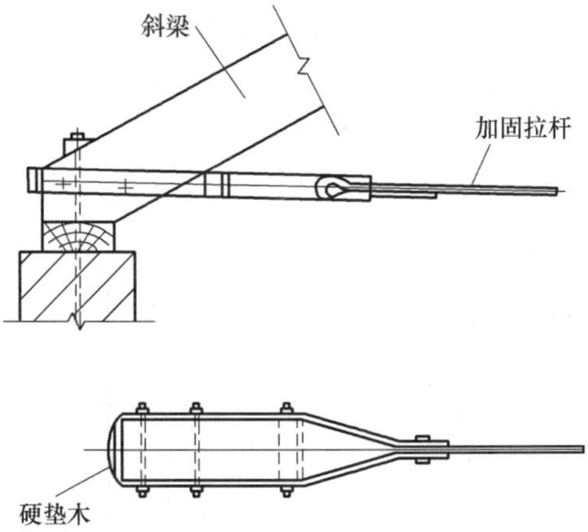

图 6-24　斜梁采用钢拉杆加固

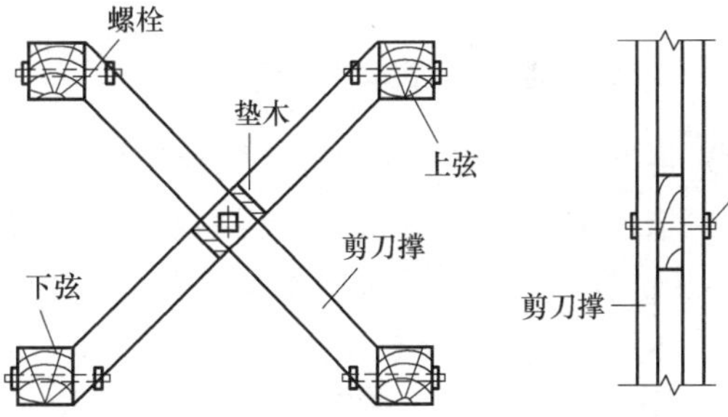

a)　　b)

图 6-25　剪刀支撑连接

a）剪刀支撑用螺栓连接　b）加设垫木

2）为增加屋盖的空间抗震能力，可增设上弦横向支撑进行抗震加固，如图 6-26 所示。

3）屋架木柱连接处增设斜撑，斜撑节点如图 6-27 所示。斜撑宜用螺栓连接，如图 6-28 所示。用木夹板做斜支撑，并用螺栓固定，或用三角木坐垫木也可起到斜撑作用，如图 6-29 所示。

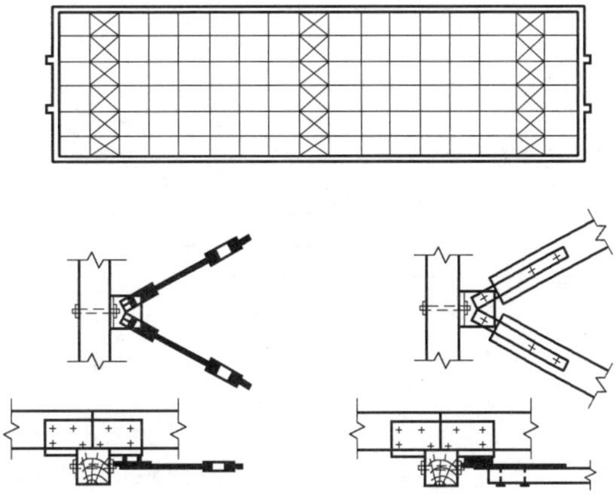

图 6-26　屋面增设上弦横向支撑

(3) 加强木构架构件间的连接

1）在梁、柱接头处增设托木，并用螺栓锚固以加强整体性。可采用非抗震要求的加固方法，如图 6-29 所示。

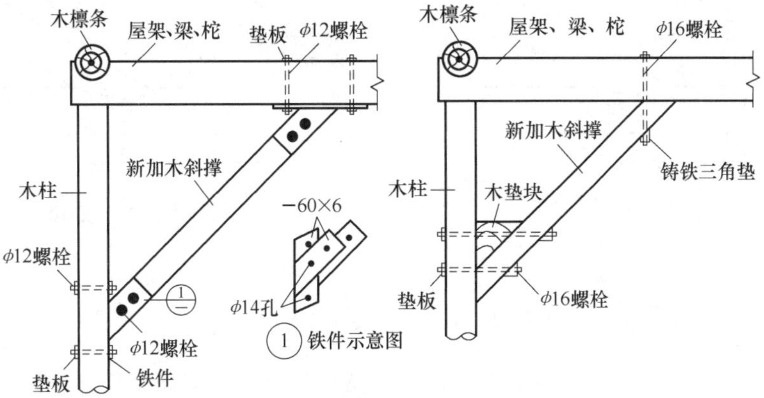

图 6-27　木骨架用斜撑加固

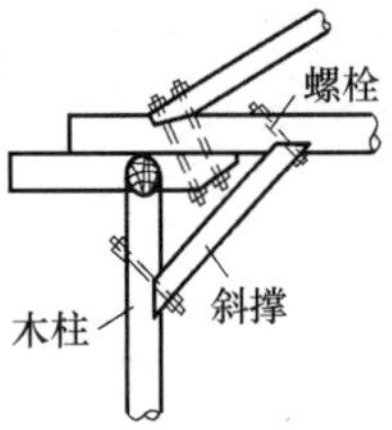

图 6-28　斜撑用螺栓连接

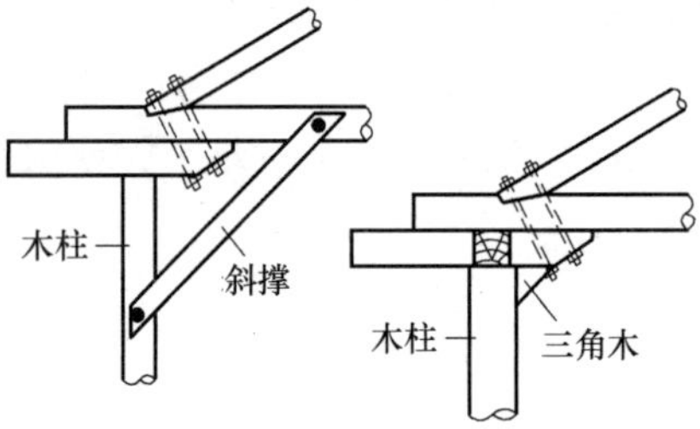

图 6-29　用木夹板或三角木做斜撑

2）屋架与柱之间采用铁件和螺栓连接，如图 6-30 所示。

3）当木屋架采用开榫方法与柱连接时，因屋架断面削弱过大，容易拉裂和断开，可采用图 6-31 所示的构造措施加固。

4）木屋架端部与砖柱节点加固如图 6-32 所示。

5）檩条在屋架上的搭接要牢靠，可把檩条做成燕尾槽并用钉子同屋架连接，也可用扁铁或短木条将檩条与屋架连接。

（4）木屋架或木梁支撑长度　支承长度不足 250mm，又无锚固措施时，可采用下列方法加固：

1）采用附木柱或顶砌砖柱方法。

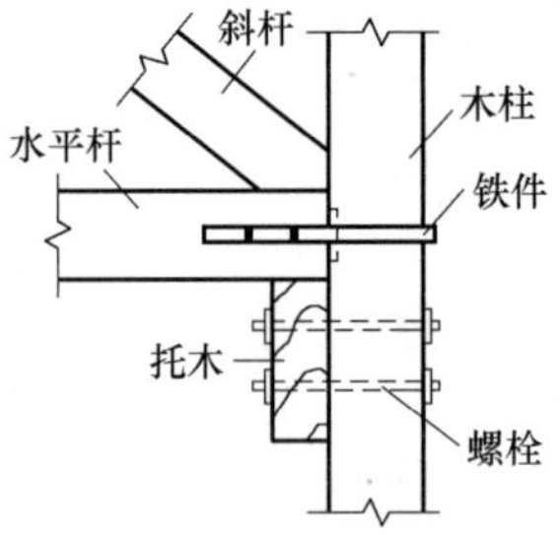

图 6-30　屋架与柱节点用铁件和螺栓加固

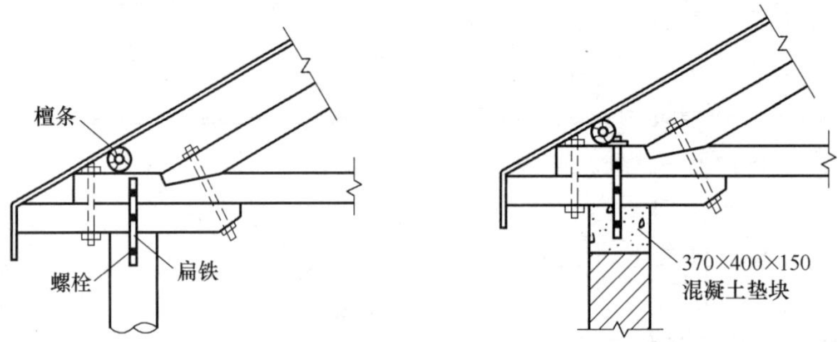

a)　　b)

图 6-31　柱与木屋架挑檐加固

a）用扁铁和螺栓加固　b）用混凝土垫块和螺栓加固

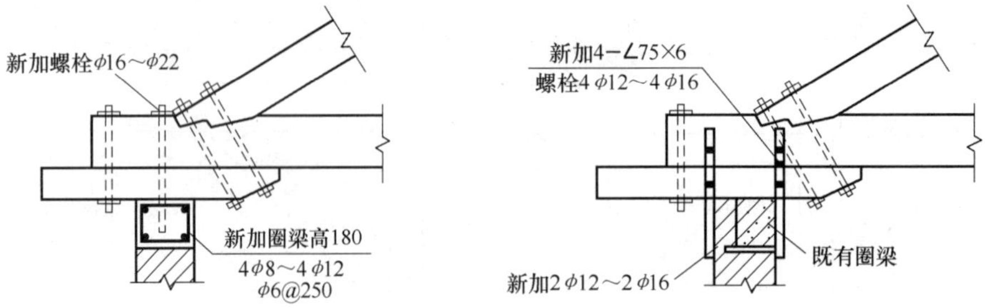

a)　　b)

图 6-32　木屋架支座加固

2）采用沿砖墙内侧加托木和加夹木板接长支座的方法，如图 6-33 和图 6-34 所示。

3）在屋架支座处增设锚固加固，其方法如图 6-35 所示。

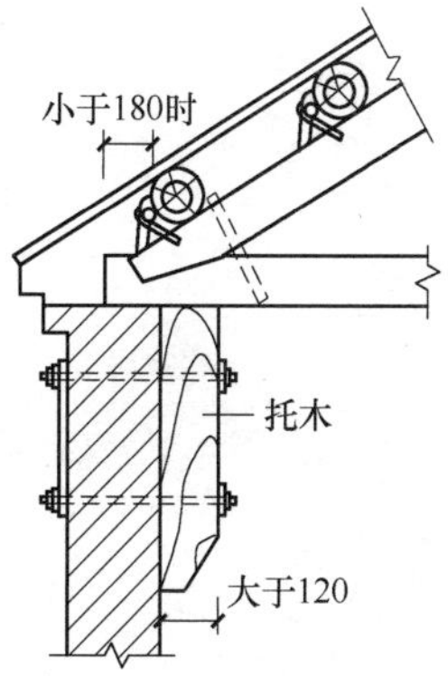

图6-33　木屋架用托木加固

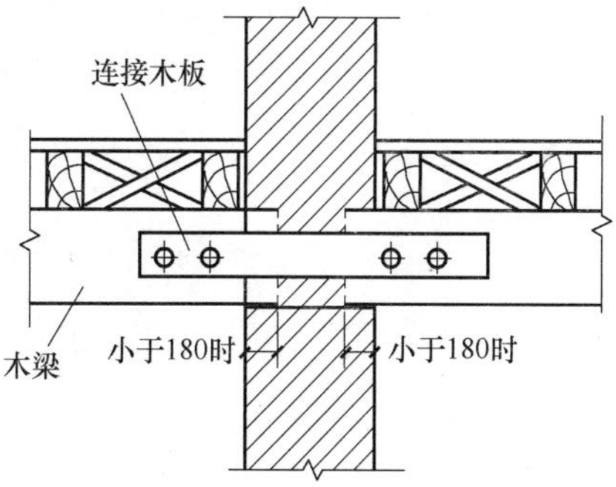

图6-34　木梁用木夹板接长支座加固

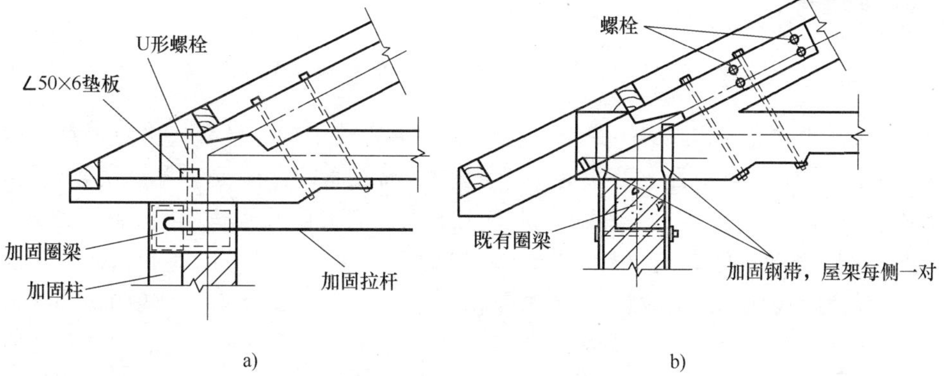

图6-35　增设支座锚固做法

（5）木构架与墙体之间的连接

1）墙与木梁、木龙骨的加固。墙与木梁拉结如图6-36a所示，墙与木龙骨用墙缆拉结加固如图6-36b所示。

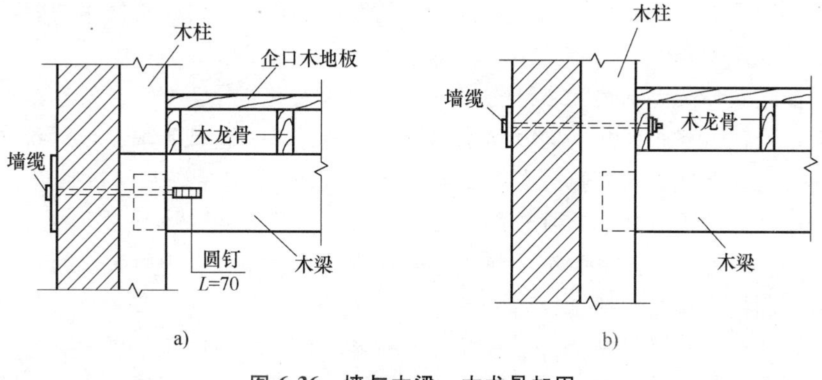

图6-36　墙与木梁、木龙骨加固

a）墙与木梁拉结加固　b）墙与木龙骨拉结加固

2）后砌砖隔墙与木柱及柁、梁的加固。厚度为120mm、高度大于2.5m和厚度为240mm、高度大于3.0m的后砌砖隔墙，应沿墙高每隔1.0m与木骨架有一道2ϕ6、长度为

700mm 的钢筋拉结。

3）墙与角柱拉结加固如图 6-37 所示。

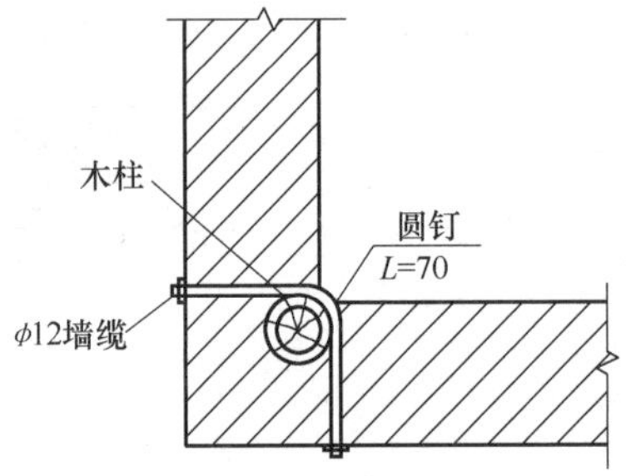

图 6-37　墙与角柱拉结加固

延伸阅读

某异地迁建木结构古建筑的抗震加固

某 26 栋新建古宅主体为穿斗式木结构，山墙为砖混结构，设有一层地下室。地上一层，建筑高度 6.1m，单个古宅面积约 26.4m×19.4m。通过异地重建为相互独立的院落，并根据功能使用需求，增设了一些辅助功能用房。古宅采用原修建于明—清代的砖、木、瓦结构民宅拆除下来的古建筑材料，为原貌移建并改良设计建造于该地块内的古建筑。但并非所有材料都是原生的古建材料，主要是部分木框架和墙体砌筑所用的砌块，以及一些古建筑标志性的构件，如大门上的各种艺术雕刻，木结构主要依靠后期的加工和还原。

古建筑木结构的迁建改造重难点在于原貌移建还原施工全过程管理，以及利用现代建造方法、新材料技术进行加固改造，以满足建筑的安全性、适用性和耐久性功能要求。古建筑木结构的迁建改造施工过程主要有：拆除工程、构件运输、构件修整、预拼装、拼装施工、加固及改造工程、装饰工程、屋面工程施工。该项目整个施工过程的关键技术控制尤为重要，将新型建材应用到徽派建筑中以及运用现代科学的施工技术，基于徽派建筑的发展及其当代价值体系，使得徽派建筑适应时代发展、契合现代建筑使用功能，将古建筑美学与当代的建筑实用性完美结合。

传统徽派建筑以砖混结构和木结构为主，该项目采用部分新型钢框架外挂石材或木材的复合墙体，在保持建筑风格的同时满足现代化功能需求。新型防水涂料、卷材等以其优异的施工便捷性、节能环保、力学性能、耐老化及抗渗透性能在该项目中得到了广泛应用，给古宅屋面、地面等防水工程提供了解决方案。新建客房墙体基层为钢架，在室内外温差作用下，易使室内结露、受潮，导致室内木饰面受潮发黑，为解决此问题，采取了增加泡沫玻璃材料的保温技术措施。

采用现代化建造技术措施，科学布置自动喷淋系统，管路隐藏于屋面隔层中，通过梁底开设小孔留出喷淋头；屋顶采用避雷短针加暗敷避雷带的防雷系统，避雷带设置在屋顶构造里，通过计算露出少量的避雷短针，不改变古建筑的原貌；采用钢木组合结构，通过设计不同的组合形式，可以满足各种功能布局的需求，解决了木结构在使用空间上的局限问题。

加固钢骨架设置在木结构的山墙位置，采用钢框架结构形式，框架柱底部与基础可靠刚接，通过短柱与木结构连接成整体受力，形成加固体系。该方法提高了木结构的整体刚度和稳定性，同时钢骨架隐藏在山墙之中，不会改变古建筑原有的风貌。钢骨架与一榀木框架平行布置，钢骨架为由钢材组合而成的框架结构形式，包括框架柱、低横梁、边横梁、中间横梁及与木结构连接的短柱。每榀钢骨架组成相同，但是柱距和梁长根据木结构的形式可能有所不同。框架柱、低横梁、边横梁、中间横梁通过可靠连接组成钢骨架后，柱下端均与基础连接牢固，通过钢短柱与木结构可靠连接形成整体。钢骨架中柱和梁为焊接或者螺栓连接，钢骨架与木结构可采用螺栓连接或使用其他连接件的可靠形式，钢骨架与基础可采用螺栓连接等方式，所有连接节点在结构受力时视为刚接点。

钢骨架的施工方法：

① 进行钢骨架的拼装施工。根据上述步骤设计的钢骨架，建立实际模型进行抗震验算通过后，按照设计的钢骨架，准备好需要的钢柱、横梁及短柱，然后进行节点的连接施工，全部连接拼装完成后，一榀钢骨架完成。

② 完成钢骨架加固处的木结构拼装施工。在木结构主体框架拼装施工过程中，施工到设置钢骨架的一榀木结构处，保留一定的施工空间，准备进行钢骨架的吊装。

③ 钢骨架整体吊装到相应位置后，设置临时固定措施，然后进行端梁与木结构节点的连接施工。所有节点连接完毕后，一榀钢骨架加固施工完成。

第7章 基础工程的加固

7.1 概述

《既有建筑地基基础加固技术规范》（JGJ 123—2012）规定，既有建筑地基基础加固前，应对既有建筑地基基础及上部结构进行鉴定。《既有建筑鉴定与加固通用规范》（GB 55021—2021）规定，既有建筑地基基础的加固设计应符合下列规定：

1）应进行地基承载力、地基变形、基础承载力验算。

2）既有建筑地基基础加固后或增加荷载后，建筑物相邻基础的沉降量、沉降差、局部倾斜和整体倾斜的允许值应严格控制，保证建筑结构安全和正常使用。

3）受较大水平荷载或位于斜坡上的既有建筑地基基础加固，以及邻近新建建筑、深基坑开挖、新建地下工程基础埋深大于既有建筑基础埋深并对既有建筑产生影响时，尚应进行地基稳定性验算。

4）对液化地基、软土地基或明显不均匀地基上的建筑，应采取相应的针对性措施。

建筑物的基础加固方法有基础的托换加固、纠倾加固、移位加固等。建筑物基础的托换加固、纠倾加固、移位加固应设置现场监测系统，实时控制纠倾变位、移位变位和结构的变形。既有建筑地基基础加固工程，应对其在施工和使用期间进行沉降观测直至沉降达到稳定为止。

7.2 既有建筑物地基基础的托换加固

当出现了既有建筑地基基础遭到破坏而影响了建筑的使用功能或寿命，或设计和施工中的缺陷引起了地基基础事故，或者是因上部结构荷载增加导致既有建筑地基与基础满足不了新的要求等情况时，需要对既有地基基础进行托换加固。建筑物的基础托换加固指通过在结构与基础间设置构件或在地基中设置构件，改变既有地基和基础的受力状态，而采取托换技术进行地基基础加固的技术措施。

托换加固是解决既有建筑的地基处理、基础加固或改建问题，解决在既有建筑基础下修建地下工程，以及在既有建筑物邻近建造新工程而影响到其安全等问题的技术方法。

发生下列情况时，可采用托换技术进行既有建筑地基基础加固（图 7-1）：地基不均匀变形引起建筑物倾斜、裂缝；地震、地下洞穴及采空区土体移动，软土地基沉陷等引起建筑物损害；建筑功能改变，结构承重体系改变，基础形式改变；新建地下工程，邻近新建建筑，深基坑开挖，降水等引起建筑物损害；地铁及地下工程穿越既有建筑，对既有建筑地基影响较大时；古建筑保护；其他需采用基础托换的工程。

图 7-1 基础托换加固

托换加固设计，应根据工程的结构类型、基础形式、荷载情况及场地地基情况进行方案比选，分别采用整体托换、局部托换或托换与加强建筑物整体刚度相结合的设计方案。

托换加固设计应满足下列规定：按上部结构、基础、地基变形协调原则进行承载力、变形验算；当既有建筑基础沉降、倾斜、变形、开裂超过国家有关标准规定的控制指标时，应在原因分析的基础上，进行地基基础加固设计。

托换加固施工前，应制定施工方案；施工过程中，应对既有建筑结构变形、裂缝、基础沉降进行监测；工程需要时，应进行应力（或应变）监测。

基础托换加固前，应掌握托换加固工程场地详尽的工程地质和水文地质资料，被加固托换建筑物的结构设计、施工、竣工、沉降观测和损坏原因分析等资料，掌握场地内地下管线资料，应调研邻近建筑物周围环境对此托换加固施工或竣工可能产生的影响。最后根据被托换加固工程的要求与托换加固类型，制定托换具体方案。

既有地基基础托换加固的方法很多，有基础补强注浆法、扩大基础法、锚杆静压桩法、树根桩法、坑式静压桩法、石灰桩法、注浆加固地基法、高压喷射注浆法、深层搅拌法、硅化法、碱液法、灰土挤密桩法等。

7.2.1 基础补强注浆法

当既有建筑物的基础由于不均匀沉降或施工质量、材料不合格，或因使用中地下水及生产用水的腐蚀等原因，产生裂缝、空洞等破损时，可用注浆法加固。基础补强注浆加固适用于因不均匀沉降、冻胀或其他原因引起的基础裂损的加固。

注浆加固施工场地应预先平整清理，并沿钻孔位置开挖沟槽和集水坑。基础补强注浆加固施工，在既有建筑基础裂损处钻孔，注浆管直径可为25mm，钻孔与水平面的倾角不应小于30°，钻孔孔径不应小于注浆管的直径，钻孔孔距可为0.5~1.0m。浆液材料可采用水泥浆或改性环氧树脂等，注浆压力可取0.1~0.3MPa。如果浆液不下沉，可逐渐加大压力至0.6MPa，浆液在10~15min内不再下沉，可停止注浆。对单独基础每边钻孔不应少于2个；对条形基础应沿基础纵向分段施工，每段长度可取1.5~2.0m。条形基础注浆补强如图7-2所示。

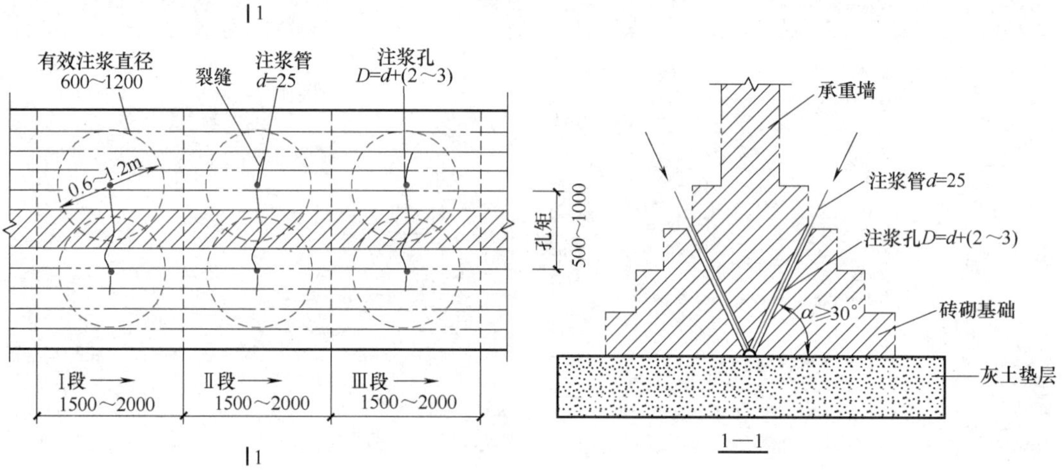

图7-2　条形基础注浆补强加固

7.2.2　扩大基础法

扩大基础法包括加大基础底面积法、加深基础法和抬墙梁法等。

抬墙梁法可采用预制的钢筋混凝土梁或钢梁，穿过既有房屋基础梁下，置于基础两侧预先做好的钢筋混凝土桩或墩上。抬墙梁的平面位置应避开一层门窗洞口。

加大基础底面积法适用于当既有建筑物荷载增加、地基承载力或基础底面积尺寸不满足设计要求，且基础埋置较浅，基础具有扩大条件时的加固，可采用混凝土套或钢筋混凝土套扩大基础底面积。设计时，应采取有效措施，保证新、旧基础的连接牢固和变形协调。

加大基础底面积法的设计和施工，应符合下列规定：当基础承受偏心受压荷载时，可采用不对称加宽基础；当承受中心受压荷载时，可采用对称加宽基础。在灌注混凝土前，应将既有建筑基础凿毛和刷洗干净，刷一层高强度等级水泥浆或涂混凝土界面剂，增加新、老混凝土基础的黏结力。对基础加宽部分，地基上应铺设厚度和材料与既有基础垫层相同的夯实垫层。当采用混凝土套加固时，基础每边加宽后的外形尺寸应符合无筋扩展基础或刚性基础台阶宽高比允许值的规定，沿基础高度隔一定距离应设置锚固钢筋。当采用钢筋混凝土套加固时，基础加宽部分的主筋应与既有基础内主筋焊接连接。对条形基础加宽时，应按长度1.5~2.0m划分单独区段，并采用分批、分段、间隔施工的方法。图7-3所示为砖砌条形基础混凝土套加宽底面积，图7-4所示为钢筋混凝土条形基础钢筋混凝土套加宽底面积。

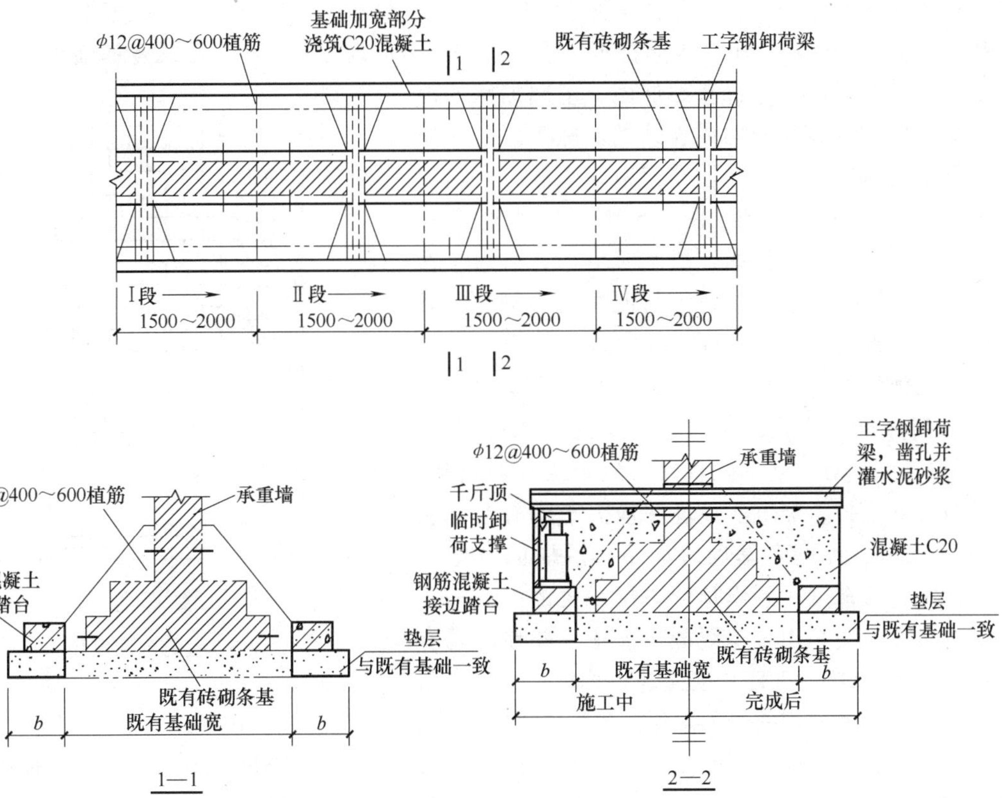

图 7-3　砖砌条形基础混凝土套加宽底面积

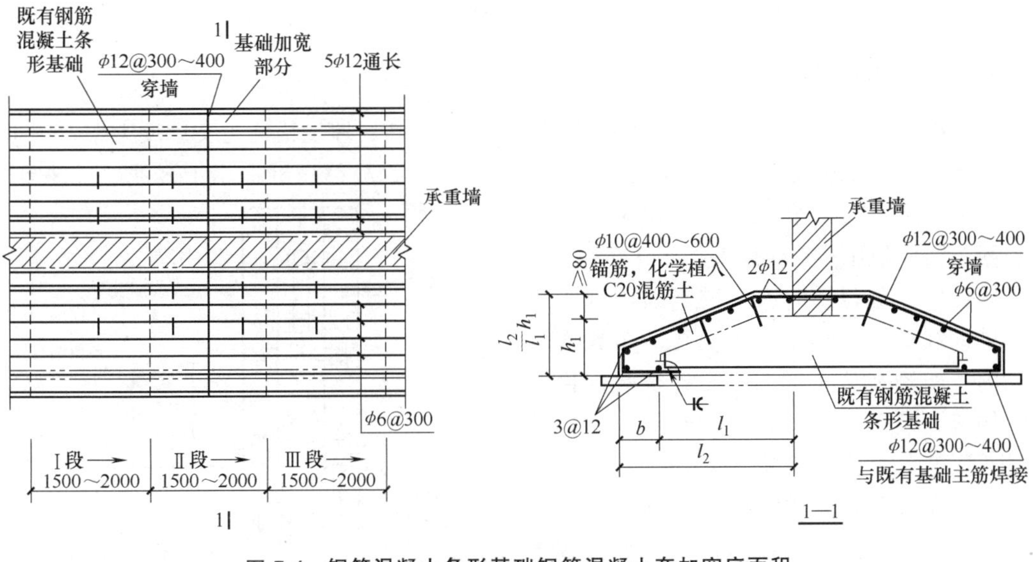

图 7-4　钢筋混凝土条形基础钢筋混凝土套加宽底面积

当不宜采用混凝土套或钢筋混凝土套加大基础底面积时，可将既有独立基础改成条形基础；将既有条形基础改成十字交叉条形基础或筏形基础；将既有筏形基础改成箱形基础。

加深基础法适用于浅层地基土层可作为持力层，且地下水位较低的基础加固。可将既有基础埋置深度加深，使基础支承在较好的持力层上。当地下水位较高时，应采取相应的降水或排水措施，同时应分析评价降排水对建筑物的影响。设计时，应考虑既有基础能否满足施工要求，必要时，应进行基础加固。基础加深的混凝土墩可以设计成间断的或连续的。施工时，应先设置间断的混凝土墩，并在挖掉墩间土后，灌注混凝土形成连续墩式基础。图 7-5 所示为英国 Winchester 大教堂基础加固图，加固时由一名潜水工在水下挖坑，穿过墙基下的粉土与泥炭到达坚实的砾石层，并用混凝土填实进行托换加固。

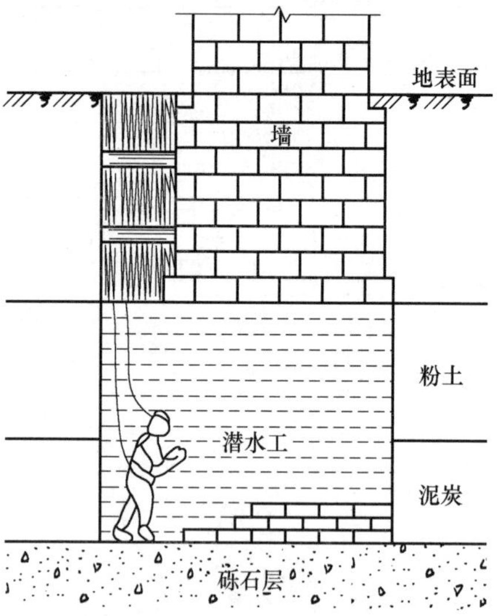

图 7-5 基础加深案例

基础加深的施工步骤为：先在贴近既有建筑基础的一侧分批、分段、间隔开挖长约 1.2m、宽约 0.9m 的竖坑，对坑壁不能直立的砂土或软弱地基，应进行坑壁支护，竖坑底面埋深应大于既有基础底面埋深 1.5m；在既有基础底面下，沿横向开挖与基础同宽，且深度达到设计持力层深度的基坑；基础下的坑体，应采用现浇混凝土灌注，并在距既有基础底面下 200mm 处停止灌注，待养护一天后，用掺入膨胀剂和速凝剂的干稠水泥砂浆填入基底空隙，并挤实填筑的砂浆。

当基础为承重的砖石砌体、钢筋混凝土基础梁时，墙基应跨越两墩之间，如既有基础强度不能满足两墩间的跨越，应在坑间设置过梁。对较大的柱基用基础加深法加固时，应将柱基面积划分为几个单元进行加固，一次加固不宜超过基础总面积的 20%，施工顺序应先从角端处开始。

7.2.3 锚杆静压桩法

锚杆静压桩法一般是在既有基础上凿出桩孔和锚杆孔，埋设锚杆与安装反力架，用千斤顶将预制好的桩段逐段通过桩孔压入基础下的地基中。锚杆静压桩适用于淤泥、淤泥质土、黏性土、粉土、人工填土、湿陷性黄土等地基加固。锚杆静压桩工作原理如图 7-6 所示。

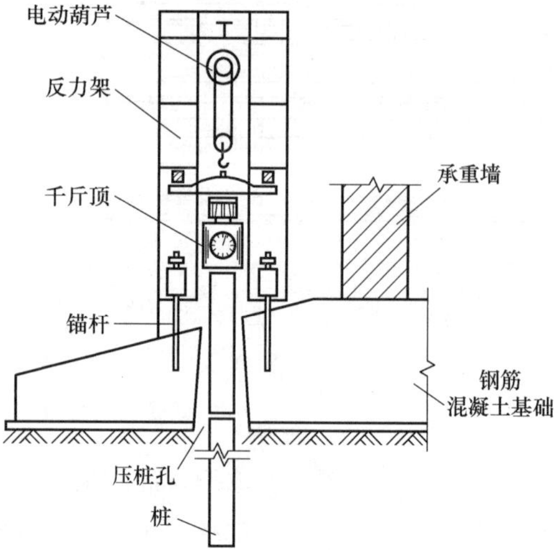

图 7-6 锚杆静压桩工作原理

锚杆静压桩设计时，单桩竖向承载力可通过单桩载荷试验确定。压桩孔应布置在墙体的内外两侧或柱子四周。设计桩数应由上部结构荷载及单桩竖向承载力计算确定；施工时，压桩力不得大于所加固部分的结构自重。压桩孔可预留，或在扩大基础上由人工或机械开凿，压桩孔的截面形状，可做成上小下大的截头锥形，压桩孔洞口的底板、板面应设保护附加钢筋，其孔口每边不宜小于桩截面边长的 50~100mm。

当既有建筑基础承载力和刚度不满足压

桩要求时，应对基础进行加固补强，或采用新浇筑钢筋混凝土挑梁或抬梁作为压桩承台。桩身制作时，桩身可采用钢筋混凝土桩、钢管桩、预制管桩、型钢等。钢筋混凝土桩宜采用方形，其边长宜为200~350mm；钢管桩直径宜为100~600mm，壁厚宜为5~10mm；预制管桩直径宜为400~600mm，壁厚不宜小于10mm；每段桩节长度，应根据施工净空高度及机具条件确定，每段桩节长度宜为1.0~3.0m；钢筋混凝土桩的主筋配置应按计算确定，且应满足最小配筋率要求。钢筋宜选用HRB335级以上，桩身混凝土强度等级不应小于C30级；当单桩承载力设计值大于1500kN时，宜选用直径不小于400mm的钢管桩；当桩身承受拉应力时，桩节的连接应采用焊接接头；其他情况下，桩节的连接可采用硫黄胶泥或其他方式连接。当采用硫黄胶泥接头连接时，桩节两端连接处，应设置焊接钢筋网片，一端应预埋插筋，另一端应预留插筋孔和吊装孔；当采用焊接接头时，桩节的两端均应设置预埋连接件。

锚杆静压桩施工前，应清理压桩孔和锚杆孔施工工作面，制作锚杆螺栓和桩节。开凿压桩孔，孔壁凿毛，将原承台钢筋割断后弯起，待压桩后再焊接。开凿锚杆孔，应确保锚杆孔内清洁干燥后再埋设锚杆，并以胶黏剂加以封固。

7.2.4 树根桩法

树根桩是一种小直径灌注桩，长度不宜超过30m，可以是竖直桩，也可以是网状结构或斜桩。树根桩适用于淤泥、淤泥质土、黏性土、粉土、砂土、碎石土及人工填土等地基加固。由于其适用性广，结构形式灵活，造价不高，因而常被采用。树根桩的施工程序如图7-7所示。

树根桩设计时，直径宜为150~400mm，桩长不宜超过30m，桩的布置可采用直桩或网状结构斜桩。树根桩的单桩竖向承载力可通过单桩载荷试验确定。桩身混凝土强度等级不应小于C20，混凝土细石骨料粒径宜为10~25mm，钢筋笼外径宜小于设计桩径的40~60mm，主筋直径宜为12~18mm，箍筋直径宜为6~8mm，间距宜为150~250mm，主筋不得少于3根，桩承受压力作用时，主筋长度不得小于桩长的2/3，桩承受拉力作用时，桩身应通长配筋，对直径小于200mm树根桩，宜注水泥砂浆，砂粒粒径不宜大于0.5mm。

树根桩设计时，应对既有建筑的基础进行承载力的验算。当基础不满足承载力要求时，应对基础进行加固或增设新的桩承台。网状结构树根桩设计时，可将桩及周围土体视作整体结构进行整体验算，并对网状结构中的单根树根桩进行内力分析和计算。网状结构树根桩的整体稳定性计算，可采用假定滑动面不通过网状结构树根桩的加固体进行计算，有地区经验

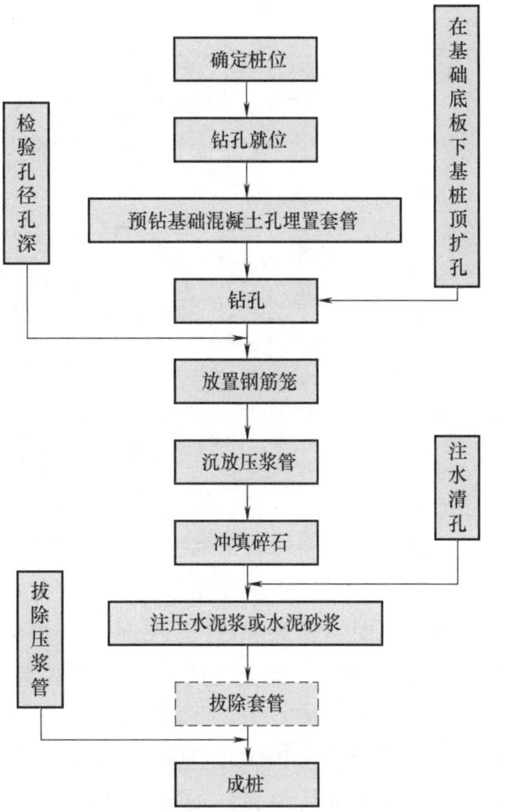

图7-7 树根桩的施工程序

时，可按圆弧滑动法考虑树根桩的抗滑力进行计算。

树根桩加固地基成桩形式如图 7-8 所示。树根桩施工时，桩位允许偏差应为±20mm，直桩垂直度和斜桩倾斜度允许偏差不应大于 1%。可采用钻机成孔，穿过既有基础的混凝土。在土层中钻孔时，应采用清水或天然地基泥浆护壁；可在孔口附近下一段套管；作为端承桩使用时，钻孔应全桩长下套管。钻孔到设计标高后，清孔至孔口泛清水为止；当土层中有地下水，且成孔困难时，可采用套管跟进成孔或利用套管替代钢筋笼一次成桩。钢筋笼宜整根吊放。当分节吊放时，节间钢筋搭接焊缝采用双面焊时，搭接长度不得小于 5 倍钢筋直径；采用单面焊时，搭接长度不得小于 10 倍钢筋直径。注浆管应直插到孔底，需二次注浆的树根桩应插两根注浆管，施工时，应缩短吊放和焊接时间。

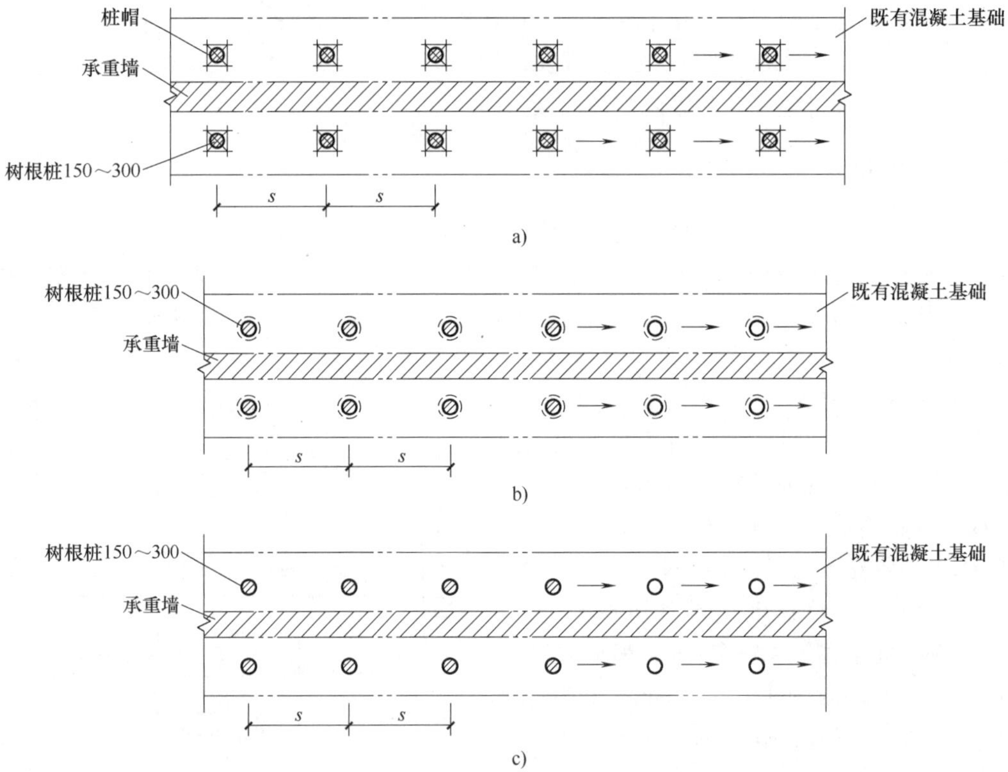

图 7-8　树根桩加固地基成桩形式

a）帽连接　b）局部扩颈　c）锥形孔

当采用碎石和细石填料时，填料应经清洗，投入量不应小于计算桩孔体积的 90%。填灌时，应同时采用注浆管注水清孔。注浆材料可采用水泥浆、水泥砂浆或细石混凝土，当采用碎石填灌时，注浆应采用水泥浆。当采用一次注浆时，泵的最大工作压力不应低于 1.5MPa。注浆时，起始注浆压力不应小于 1.0MPa，待浆液经注浆管从孔底压出后，注浆压力可调整为 0.1~0.3MPa，浆液泛出孔口时，应停止注浆。当采用二次注浆时，泵的最大工作压力不宜低于 4.0MPa，且待第一次注浆的浆液初凝时，方可进行第二次注浆。浆液的初凝时间根据水泥品种和外加剂掺量确定，且宜为 45~100min。第二次注浆压力宜为 1.0~3.0MPa，二次注浆不宜采用水泥砂浆和细石混凝土。注浆施工时，应采用间隔施工、间歇施工或增加速凝剂掺量等技术措施，防止出现相邻桩冒浆和窜孔现象。树根桩施工，桩身不得出现缩颈和塌孔。拔管后，应立即在桩顶填充碎石，并在桩顶1~2m范围内补充注浆。

树根桩质量检验时，应每3~6根桩留一组试块，并测定试块抗压强度；应采用载荷试验检验树根桩的竖向承载力，有经验时，可采用动测法检验桩身质量。

7.2.5　坑式静压桩法

坑式静压桩适用于淤泥、淤泥质土、黏性土、粉土、湿陷性黄土和人工填土且地下水位较低的地基加固。坑式静压桩加固如图7-9所示。

坑式静压桩设计时，桩身可采用直径为100~600mm的开口钢管，或边长为150~350mm的预制钢筋混凝土方桩，每节桩长可按既有建筑基础下坑的净空高度和千斤顶的行程确定。钢管桩管内应满灌混凝土，桩管外宜做防腐处理，桩段之间的连接宜用焊接连接；钢筋混凝土预制桩，上、下桩节之间宜用预埋插筋并采用硫黄胶泥接桩，或采用上、下桩节预埋铁件焊接成桩。桩的平面布置，应根据既有建筑的墙体和基础形式及荷载大小确定，可采用一字形、三角形、正方形或梅花形等布置方式，应避开门窗等墙体薄弱部位，且应设置在结构受力节点位置。当既有建筑基础承载力不能满足压桩反力时，应对基础进行加固，增设钢筋混凝土地梁、型钢梁或钢筋混凝土垫块，加强基础结构的承载力和刚度。

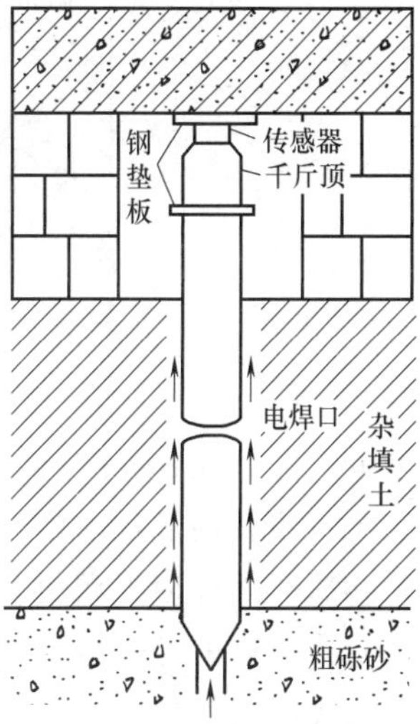

图7-9　坑式静压桩加固

坑式静压桩施工时，先在贴近被加固建筑物的一侧开挖竖向工作坑，对砂土或软弱土等地基应进行坑壁支护，并在基础梁、承台梁或直接在基础底面下开挖竖向工作坑。压桩施工时，应在第一节桩桩顶上安置千斤顶及测力传感器，再驱动千斤顶压桩，每压入下一节桩后，再接上一节桩。钢管桩各节的连接处可采用套管接头；当钢管桩较长或土中有障碍物时，需采用焊接接头，整个焊口（包括套管接头）应为满焊；预制钢筋混凝土方桩，桩尖可将主筋合拢焊在桩尖辅助钢筋上，在密实砂和碎石类土中可在桩尖处包以钢板桩靴，桩与桩间接头可采用焊接或硫黄胶泥接头。桩位允许偏差应为±20mm；桩节垂直度允许偏差不应大于桩节长度的1%。桩尖到达设计深度后，压桩力不得小于单桩竖向承载力特征值的2倍，且持续时间不应少于5min。封桩可采用预应力法或非预应力法施工。

7.2.6　注浆法

注浆法适用于砂土、粉土、黏性土和人工填土等地基加固，主要用于防渗堵漏、提高地基土强度和变形模量及控制建筑物倾斜等。注浆加固如图7-10所示。

注浆加固设计前，宜进行室内浆液配比试验和现场注浆试验，确定设计参数和检验施工方法及设备。注浆加固设计时，劈裂注浆加固地基的浆液材料可选用以水泥为主剂的悬浊液或选用水泥和水玻璃的双液型混合液。防渗堵漏注浆的浆液可选用水玻璃、水玻璃与水泥的混合液或化学浆液，不宜采用对环境有污染的化学浆液。对有地下水流动的地基土层加固，不宜采用单液水泥浆，宜采用双液注浆或其他初凝时间短的速凝配方。压密注浆可选用低坍

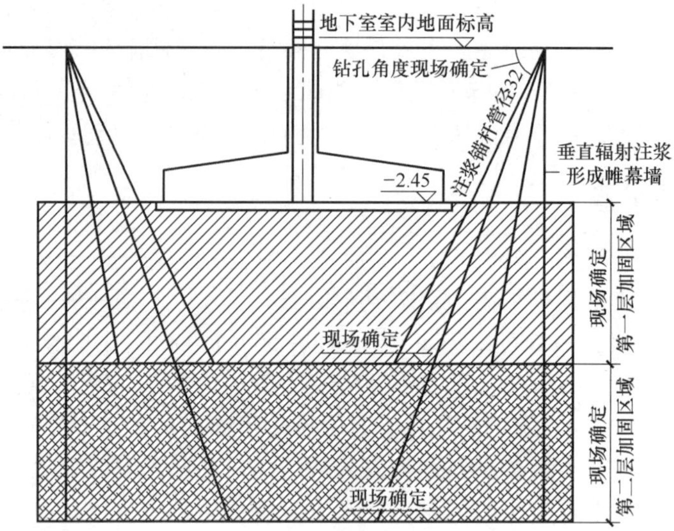

图 7-10 注浆加固

落度的水泥砂浆，并应设置排水通道。注浆孔间距应根据现场试验确定，宜为 1.2~2.0m；注浆孔可布置在基础内侧、外侧或基础内，基础内注浆后，应采取措施对基础进行封孔。浆液的初凝时间，应根据地基土质条件和注浆目的确定，砂土地基中宜为 5~20min，黏性土地基中宜为 1~2h。注浆量和注浆有效范围的初步设计，可按经验公式确定。

施工图设计前，应通过现场注浆试验确定注浆参数。在黏性土地基中，浆液注入率宜为 15%~20%。注浆点上的覆盖土厚度不应小于 2.0m。劈裂注浆的注浆压力，在砂土中宜为 0.2~0.5MPa，在黏性土中宜为 0.2~0.3MPa。对压密注浆，水泥砂浆浆液坍落度宜为 25~75mm，注浆压力宜为 1.0~7.0MPa。当采用水泥—水玻璃双液快凝浆液时，注浆压力不应大于 1MPa。

注浆加固施工时，施工场地应预先平整，并沿钻孔位置开挖沟槽和集水坑。注浆施工时，宜采用自动流量和压力记录仪，并应及时对资料进行整理分析。注浆孔的孔径宜为 70~110mm，垂直度偏差不应大于 1%。

花管注浆施工步骤为：

1） 钻机与注浆设备就位。

2） 钻孔或采用振动法将花管置入土层。

3） 当采用钻孔法时，应从钻杆内注入封闭泥浆，插入孔径为 50mm 的金属花管。

4） 待封闭泥浆凝固后，移动花管自下向上或自上向下进行注浆。

塑料阀管注浆施工步骤为：

1） 钻机与灌浆设备就位。

2） 钻孔。

3） 当钻孔钻到设计深度后，从钻杆内灌入封闭泥浆，或直接采用封闭泥浆钻孔。

4） 插入塑料单向阀管到设计深度。当注浆孔较深时，阀管中应加入水，以减小阀管插入土层时的弯曲。

5） 待封闭泥浆凝固后，在塑料阀管中插入双向密封注浆芯管，再进行注浆。注浆时，应在设计注浆深度范围内自下而上（或自上而下）移动注浆芯管。

6）当使用同一塑料阀管进行反复注浆时，每次注浆完毕后，应用清水冲洗塑料阀管中的残留浆液。对不宜采用清水冲洗的场地，宜用陶土浆灌满阀管内。

注浆管注浆施工步骤为：

1）钻机与灌浆设备就位。

2）钻孔或采用振动法将金属注浆管压入土层。

3）当采用钻孔法时，应从钻杆内灌入封闭泥浆，然后插入金属注浆管。

4）待封闭泥浆凝固后（采用钻托法时），捅去金属管的活络堵头进行注浆，注浆时，应在设计注浆深度范围内，自下而上移动注浆管。

低坍落度砂浆压密注浆施工步骤为：

1）钻机与灌浆设备就位。

2）钻孔或采用振动法将金属注浆管置入土层。

3）向底层注入低坍落度水泥砂浆，应在设计注浆深度范围内，自下而上移动注浆管。

7.2.7　石灰桩法

石灰桩适用于地下水位以下的黏性土、粉土、松散粉细砂、淤泥、淤泥质土、杂填土或饱和黄土等地基加固，对重要工程或地质条件复杂而又缺乏经验的地区，施工前应通过现场试验确定其适用性。

石灰桩加固设计时，应符合下列规定：石灰桩桩身材料宜采用生石灰和粉煤灰（火山灰或其他掺合料）；生石灰氧化钙的质量分数不得低于 70%，粉煤灰的质量分数不得超过 10%，最大块径不得大于 50mm；石灰桩的配合比（体积比）宜为生石灰：粉煤灰 = 1：1、1：1.5 或 1：2；为提高桩身强度，可掺入适量水泥、砂或石屑；石灰桩桩径应由成孔机具确定；桩距宜为 2.5~3.5 倍桩径，桩可按三角形或正方形布置；石灰桩地基处理的范围应比基础的宽度加宽 1~2 排桩，且不小于加固深度的一半；石灰桩桩长应由加固目的和地基土质等决定；在石灰桩顶部宜铺设 200~300mm 厚的石屑或碎石垫层。

图 7-11 所示是几种加固既有建筑地基的布桩方案。一般尽可能不穿透原基础，以降低施工难度和保持原基础强度。

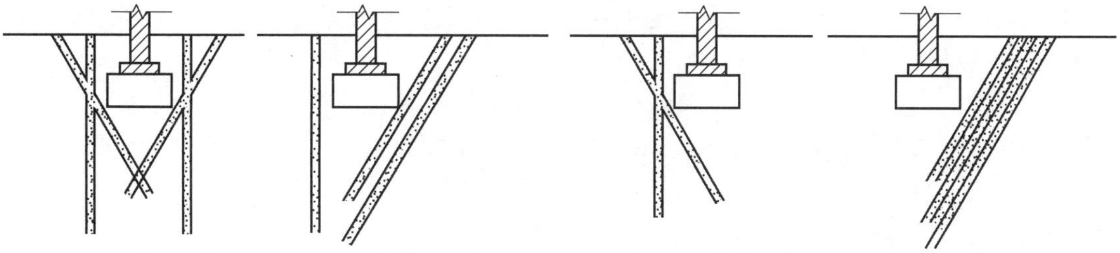

a)　　b)　　c)　　d)

图 7-11　静压生石灰桩加固危险房屋地基的几种布桩方案

石灰桩的成孔方法：

1）振动沉管法。为防止生石灰膨胀堵塞，在采用管内填料成桩法时，要加压缩空气；在采用管外填料成桩时，要控制每次填料数量及沉管深度。注意振动不宜大，以免影响既有建筑基础。

2）锤击成桩法。注意锤击次数要少，振动要小。应根据锤击的能量，控制分段的填料量和成桩长度；桩顶上部空孔部分，应采用 3∶7 灰土或素土填孔封顶。

3）螺旋钻成桩法。根据成孔时电流大小和土质情况，检验场地情况与原勘察报告和设计要求是否相符；钻杆达设计要求深度后，提钻检查成孔质量，清除钻杆上泥土；施工过程中，将钻杆沉入孔底，钻杆反转，叶片将填料边搅拌边压入孔底，钻杆被压密的填料逐渐顶起，钻尖升至离地面 1.0~1.5m 或预定标高后停止填料，用 3∶7 灰土或素土封顶。

4）洛阳铲成桩法。用于不产生塌孔的土中，成桩直径可为 200~300mm，孔成后分层加填料，每次厚度不大于 300mm，用杆状重锤分层夯实。

5）静压成孔法。先成孔后灌料。

7.3 建筑物的纠倾加固技术

建筑物的纠倾加固是指为纠正建筑物倾斜，使之满足使用要求而采取的地基基础加固技术的措施。建筑物的纠倾加固分为迫降纠倾和顶升纠倾两种。迫降纠偏是将下沉小的建筑物一侧产生缓慢的下沉（迫降），直到倾斜得到纠正。顶升纠偏则相反，是用抬升的方法使下沉多的一侧比下沉小的一侧升得多些，最后达到扶正的目的。在实际工程中，应根据工程实际情况选择这两种方法，复杂建筑物纠倾可采用多种纠倾方法联合进行。

既有建筑纠倾加固设计前，应进行倾斜原因分析，对纠倾施工方案进行可行性论证，并对上部结构进行安全性评估。当上部结构不能满足纠倾施工安全性要求时，应对上部结构进行加固。当可能发生再度倾斜时，应确定地基加固的必要性，并提出加固方案。

建筑物倾斜的原因有：土层厚薄不匀，软硬不均；地基稳定性差，受环境影响大；勘察不准，设计有误，基地压力大；建筑物重心与基底的形心偏离过大；地基土软弱；其他原因。

建筑物纠倾加固设计应具备以下资料：纠倾建筑物有关设计和施工资料；建筑场地岩土工程勘察资料；建筑物沉降观测资料；建筑物倾斜现状及结构安全性评价；纠倾施工过程结构安全性评价分析。

既有建筑纠倾加固后，建筑物的整体倾斜值及各角点纠倾位移值应满足设计要求。纠倾加固完成后，应立即对工作槽（孔）进行回填，对施工破损面进行修复；当上部结构因纠倾施工产生裂损时，应进行修复或加固处理。

既有建筑产生了倾斜要进行纠偏时，纠偏工作的程序为：

1）观测倾斜是否仍在发展，记录每日倾斜的发展情况。

2）根据地质条件、相邻建筑、地下管线、洞穴分布、建筑本身的上部结构现状与荷载分布等资料，分析倾斜原因。

3）提出纠偏方案并论证其可行性。在选择方案时宜优先选择迫降纠偏，当不可行时，再选用顶升纠偏，因为迫降纠偏比较容易实施。

4）对上部结构的已有破损进行调查与评价，提出加固方案。当对纠偏结构有不利影响时，应在纠偏之前先对结构进行加固。

5）纠偏工程设计包括选择该方法的依据，纠偏施工的结构内力分析，纠偏方法与步骤，监测手段与安全措施等。

纠偏工作是一项特别需要谨慎细致的工作，有时还要在不停产或上部结构已有破损的情况下进行，工作条件比新建工程艰难复杂。纠偏中的监测工作是说明结构当时状态的最主要的资料来源，由监测结果可以分析纠偏中结构是否产生不容许的变形、裂缝或不均匀沉降，地基是否受力过大、变形过大或快要失稳，从而可以及时地采取有效措施，或变更纠偏方法、步骤或速率。当然，如果监测结果说明上部结构与地基基础正常，也可考虑适当加快纠偏步伐。如果出现了某些现象一时还解释不清楚，就应考虑暂停，静观与分析原因。纠偏工作中“耐心”是必要的，绝不能有赶任务的思想，应以施工安全与保护建筑为先。

纠偏的具体方法有很多种，常用的方法见表7-1。

表7-1 既有建筑常用纠偏加固方法

类别	方法名称	基本原理	适用范围
迫降纠偏	人工降水纠偏法	利用地下水位降低出现水力坡降产生附加应力	不均匀沉降量较小，地基土具有较好渗透性，而降水不影响邻近建筑物
	堆载纠侧法	增加沉降小的一侧的地基附加应力，加剧变形	适用于基底附加应力较小，即小型建筑物的迫降纠偏
	地基部分加固纠偏法	通过沉降大的一侧地基的加固，减少该侧沉降，另一侧则继续下沉	适用于沉降尚未稳定，且倾斜度不大的建筑纠偏
	浸水纠偏法	通过土体内成孔或成槽，在孔或槽内浸水，使地基土湿陷，迫使建筑物下沉	适用于湿陷性黄土地基
	钻孔取土纠偏法	采用钻机钻取基础底面下或侧面的地基土，使地基土产生侧向挤压变形	适用于软黏土地基
	水冲掏土纠偏法	利用压力水冲，使地基土局部掏空，增加地基土的附加应力，加剧变形	适用于砂性土地基或具有砂垫层的基础
顶升纠偏	砌体结构顶升纠偏法	通过结构墙体的托换梁进行抬升	适用于各种地基土、标高过低而需要整体抬升的砌体建筑物
	框架结构顶升纠偏法	在框架结构中设托换牛腿进行抬升	适用于各种地基土、标高过低而需要整体抬升的框架建筑物
	其他结构顶升纠偏法	利用结构的地基反力对上部结构进行托换抬升	适用于各种地基土、标高过低而需要整体抬升的建筑物
	压桩反力顶升纠偏法	先在基础中压足够的桩，利用桩竖向力作为反力，将建筑物抬升	适用于较小型的建筑物
	高压注浆顶升纠偏法	利用压力注浆在地基土中产生的顶托力将建筑物顶托升高	适用于较小型的建筑物和筏型基础

7.3.1 迫降纠倾

迫降纠倾应根据地质条件、工程对象及当地经验，采用掏土纠倾法（基底掏土纠倾法、井式纠倾法、钻孔取土纠倾法）、堆载纠倾法、降水纠倾法、地基加固纠倾法和浸水纠倾法等方法。

迫降纠偏的设计包括以下内容：迫降点位置及各点的迫降量；迫降的顺序及实施计划；迫降的操作规定及安全措施；迫降的监控系统；迫降的沉降速率。

迫降纠倾的设计，应符合以下规定：

1）对建筑物倾斜原因，结构和基础形式、整体刚度，工程地质条件，环境条件等进行综合分析，遵循确保安全、经济合理、技术可靠、施工方便的原则，确定迫降纠倾方法。

2）迫降纠倾不应对上部结构产生结构损伤和破坏。当施工对周边建筑物、场地和管线等产生不良影响时，应采取有效技术措施。

3）纠倾后的地基承载力、地基变形和稳定性应进行验算，防止纠倾后的再度倾斜。当既有建筑的地基承载力和变形不能满足要求时，可进行加固。

4）确定各控制点的迫降纠倾量。

5）确定纠倾施工工艺和操作要点。

6）设置迫降的监控系统。沉降观测点纵向布置每边不应少于4点，横向每边不应少于2点，相邻测点间距不应大于6m，且建筑物角点部位应设置倾斜值观测点。沉降观测应每天进行，对既有结构上的裂缝也应进行监控。

7）应根据建筑物的结构类型和刚度确定纠倾速率。迫降速率不宜大于5mm/d，迫降接近终止时，应预留一定的沉降量，以防发生过纠现象。

8）应制定出现异常情况的应急预案，以及防止过量纠倾的技术处理措施。

迫降纠倾施工，应符合下列规定：

1）施工前，应对建筑物及现场进行详细查勘，检查纠倾施工可能影响的周边建筑物和场地设施，并应采取措施消除迫降纠倾施工的影响，或降低影响程度及影响范围，并做好查勘记录。

2）编制详细的施工技术方案和施工组织设计。

3）在施工过程中，应做到设计、施工紧密配合，严格按设计要求进行监测，及时调整迫降量及施工顺序。

基底掏土纠倾法可分为人工掏土法或水冲掏土法，适用于匀质黏性土、粉土、填土、淤泥质土和砂土上的浅埋基础建筑物的纠倾。当缺少地方经验时，应通过现场试验确定具体施工方法和施工参数，且应符合下列规定：人工掏土法可选择分层掏土、室外开槽掏土、穿孔掏土等方法，掏土范围、沟槽位置、宽度、深度应根据建筑物迫降量、地基土性质、基础类型、上部结构荷载中心位置等，结合当地经验和现场试验综合确定。掏挖时，应先从沉降量小的部位开始，逐渐过渡，依次掏挖。当采用高压水冲掏土时，水冲压力、流量应根据土质条件通过现场试验确定，水冲压力宜为1.0~3.0MPa，流量宜为40L/min。水冲过程中，掏土槽应逐渐加深，不得超宽。当出现掏土过量，或纠倾速率超出控制值，应立即停止掏土施工。当纠倾至设计控制值可能出现过纠现象时，应立即采用砾砂、细石或卵石进行回填，确保安全。

井式纠倾法适用于黏性土、粉土、砂土、淤泥、淤泥质土或填土等地基上建筑物的纠倾。井式纠倾施工，应符合下列规定：取土工作井，可采用沉井或挖孔护壁等方式形成，具体应根据土质情况及当地经验确定，井壁宜采用钢筋混凝土，井的内径不宜小于800mm，井壁混凝土强度等级不得低于C15；井孔施工时，应观察土层的变化，防止流砂、涌土、塌孔、突陷等意外情况出现，施工前应制定相应的防护措施；井位应设置在建筑物沉降量较小的一侧，井位可布置在室内，井位数量、深度和间距应根据建筑物的倾斜情况、基础类型、场地环境和土层性质等综合确定；当采用射水施工时，应在井壁上设置射水孔与回水孔，射水孔孔径宜为 150~200mm，回水孔孔径宜为 60mm，射水孔位置应根据地基土质情况及纠倾量进行布置，回水孔宜在射水孔下方交错布置；高压射水泵工作压力、流量，宜根据土层性质，通过现场试验确定；纠倾达到设计要求后，工作井及射水孔均应回填，射水孔可采用生石灰和粉煤灰拌合料回填。

钻孔取土纠倾法适用于淤泥、淤泥质土等软弱地基上建筑物的纠倾。钻孔取土纠倾施工，应符合下列规定：应根据建筑物不均匀沉降情况和土层性质，确定钻孔位置和取土顺序；应根据建筑物的底面尺寸和附加应力的影响范围，确定钻孔的直径及深度，取土深度不应小于 3m，钻孔直径不应小于 300mm；钻孔顶部 3m 深度范围内，应设置套管或套筒，保护浅层土体不受扰动，防止地基出现局部变形过大。

堆载纠倾法适用于淤泥、淤泥质土和松散填土等软弱地基上体量较小且纠倾量不大的浅埋基础建筑物的纠倾。堆载纠倾施工，应符合下列规定：应根据工程规模、基底附加应力的大小及土质条件，确定堆载纠倾施加的荷载量、荷载分布位置和分级加载速率；应评价地基土的整体稳定，控制加载速率；施工过程中，应进行沉降观测。

降水纠倾法适用于渗透系数大于 10^{-4}cm/s 的地基土层的浅埋基础建筑物的纠倾。设计施工前，应论证施工对周边建筑物及环境的影响，并采取必要的隔水措施。降水施工，应符合下列规定：人工降水的井点布置、井深设计及施工方法，应按抽水试验或地区经验确定；纠倾时，应根据建筑物的纠倾量来确定抽水量大小及水位下降深度，并设置水位观测孔，随时记录产生的水力坡降，与沉降实测值比较，调整纠倾水位降深；人工降水时，应采取措施防止对邻近建筑地基造成影响，且在邻近建筑附近设置水位观测井和回灌井，降水对邻近建筑产生的附加沉降超过允许值时，可采取设置地下隔水墙等保护措施；建筑物纠倾接近设计值时，应预留纠倾值的 1/12~1/10 作为滞后回倾值，并停止降水，防止建筑物过纠。

地基加固纠倾法适用于淤泥、淤泥质土等软弱地基上沉降尚未稳定、整体刚度较好且倾斜量不大的既有建筑物的纠倾。应根据结构现况和地区经验确定适用性。地基加固纠倾施工，应符合下列规定：优先选择托换加固地基的方法；先对建筑物沉降较大一侧的地基进行加固，使该侧的建筑物沉降减少，再根据监测结果，对建筑物沉降较小一侧的地基进行加固，迫使建筑物倾斜纠正，沉降稳定。对注浆等可能产生增大地基变形的加固方法，应通过现场试验确定其适用性。

浸水纠倾法适用于湿陷性黄土地基上整体刚度较大的建筑物的纠倾。当缺少当地经验时，应通过现场试验，确定其适用性。浸水纠倾施工，应根据建筑结构类型和场地条件，可选用注水孔、坑或槽等方式注水。注水孔、注水坑（槽）应布置在建筑物沉降量较小的一侧。浸水纠倾前，一方面应通过现场注水试验，确定渗透半径、浸水量与渗透速度的关系。当采用注水孔（坑）浸水时，应确定注水孔（坑）布置、孔径或坑的平面尺寸、孔（坑）深度、孔（坑）间距及注水量；当采用注水槽浸水时，应确定槽宽、槽深及分隔段的注水量；设计纠倾方案时，应明确水量控制和计量系统。另一方面，应设置严密的监测系统及防护措施。应根据基础类型、地基土层参数、现场试验数据等估算注水后的后期纠倾值，防止过纠的发生；设置限位桩；对注水流入沉降较大一侧地基采取防护措施。当浸水纠倾的速率过快时，应立即停止注水，并回填生石灰料或采取其他有效的措施；当浸水纠倾速率较慢时，可与其他纠倾方法联合使用。

7.3.2 顶升纠倾

顶升纠倾适用于建筑物的整体沉降及不均匀沉降较大，以及倾斜建筑物基础为桩基础等不适用采用迫降纠倾的建筑纠倾。根据建筑物基础类型和纠倾要求，顶升纠倾可选用整体顶升、局部顶升两种纠倾方法。顶升纠倾的最大顶升高度不宜超过 800mm；采用局部顶升纠倾，应进行顶升过程结构的内力分析，对结构产生裂缝等损伤，应采取结构加固措施。

顶升纠倾的设计，应符合以下规定：通过上部钢筋混凝土顶升梁与下部基础梁组成上、下受力梁系，中间采用千斤顶顶升，受力梁系平面上应连续闭合，且应进行承载力及变形等验算；顶升梁应通过托换加固形成，顶升托换梁宜设置在地面以上 500mm 位置，当基础梁埋深较大时，可在基础梁上增设钢筋混凝土千斤顶底座，并与基础连成整体；对砌体结构建筑，可根据墙体线荷载分布布置顶升点，顶升点间距不宜大于 1.5m，且应避开门窗洞及薄弱承重构件位置；对框架结构建筑，应根据柱荷载大小布置；顶升量可根据建筑物的倾斜值、使用要求以及设计过纠量确定。

砌体结构建筑的顶升梁系，可按倒置在弹性地基上的墙梁设计，并符合以下规定：顶升梁设计时，计算跨度应取相邻三个支承点中两边缘支点间的距离，并进行顶升梁的截面承载力及配筋设计；当既有建筑的墙体承载力验算不能满足墙梁的要求时，可调整支承点的间距或对墙体进行加固补强。

框架结构建筑的顶升梁系的设置，应为有效支承结构荷载和约束框架柱的体系。顶升梁系包含顶升牛腿及连系梁两个部分，牛腿应按后设置牛腿设计，并验算牛腿的正截面受弯承载力，局部受压承载力及斜截面的受剪承载力。

顶升纠倾的施工步骤：①顶升梁系的托换施工；②设置千斤顶底座及顶升标尺，确定各点顶升值；③对每个千斤顶进行检验，安放千斤顶；④顶升前两天内，应设置完成监测测试系统，对尚存在连接的墙、柱等结构，以及水、电、暖气和燃气等进行截断处理；⑤实施顶升施工；⑥顶升到位后，应及时进行结构连接和回填。

顶升纠倾的施工应符合下列规定：

1）砌体结构建筑的顶升梁应分段施工，梁分段长度不应大于 1.5m，且不应大于开间墙段的 1/3，并间隔施工。主筋应预留搭接或焊接长度，相邻分段混凝土接头处，应按混凝土施工缝做法处理。当上部砌体无法满足托换施工要求，可在各段设置支承芯垫，其间距应视实际情况确定。

2）框架结构建筑的顶升梁、牛腿施工，宜按柱间隔进行，并设置必要的辅助措施（如支撑等）。当在柱中钻孔植筋时，应分批（次）进行，每批（次）钻孔削弱后的柱净截面，应满足柱承载力计算要求。

3）顶升的千斤顶上、下应设置应力扩散的钢垫块，顶升过程应均匀分布，且应有不少于 30%的千斤顶保持与顶升梁、垫块、基础梁连成一体。

4）顶升前，应对顶升点进行承载力试验。试验荷载应为设计荷载的 1.5 倍，试验数量不应少于总数的 20%，试验合格后，方可正式顶升。

5）顶升时，应设置水准仪和经纬仪观测站。顶升标尺应设置在每个支承点上，每次顶升量不宜超过 10mm。各点顶升量的偏差，应小于结构的允许变形。

6）顶升应设统一的监测系统，并保证千斤顶按设计要求同步顶升和稳固。

7）千斤顶回程时，相邻千斤顶不得同时进行；回程前，应先用楔形垫块进行保护，或采用备用千斤顶进行保护，并保证千斤顶底座平稳。楔形垫块及千斤顶底座垫块，应采用外包钢板的混凝土垫块或钢垫块。垫块使用前，应进行强度检验。

8）顶升达到设计高度后，应立即在墙体交叉点或主要受力部位增设垫块支承，并迅速进行结构连接。顶升高度较大时，应设置安全保护措施。千斤顶应待结构连接达到设计强度后，方可分批分期拆除。

9）结构的连接处应不低于既有结构的强度，纠倾施工受到削弱时，应进行结构加固补强。

7.4　建筑物的移位加固技术

建筑物的移位加固是指为满足建筑物移位要求而采取的地基基础加固技术的措施。建筑物的移位加固适用于需保留既有建筑物而改变其平面位置的整体移位。建筑物移位按移动方法可分为滚动和滑动两种，应优先采用滚动移位方法；滑动移位方法适用于小型建筑物。

建筑物的迁移对于城市改造和城镇规划具有重大意义，根据对已经完成迁移的工程调查，综合考虑经济、安全和工期的要求后，选用合适的迁移方案，可以恢复甚至提高建筑物的使用功能，比拆除重建，具有明显的社会效益和经济效益，主要表现在：

1）节省造价。统计表明，平移费用仅为拆除重建费用的 1/4～1/3，甚至可低至 1/6。

2）节省工期，对楼房使用人员的生活影响小。与拆除重建相比，托换处理方法通常可以节省 1～2 年的工期。

3）减少建筑垃圾的处理，有利于保护环境。

4）减少了用户的搬迁费用和商业建筑停业期间的间接损失。

对于重点文物的修复和保护，建筑物的迁移工程更有着不可替代的重要作用。由于文物的特殊地位，在古老城市的发展过程中，文物往往成为其现代化发展的瓶颈，拆除或者重建都会破坏文物的特殊价值。对此，将其平移往往是解决问题的有效办法。图 7-12 所示为天津西站主站楼平移工程。

天津西站主站楼建于 1909 年 8 月，为天津市重点保护文物，由德国人设计建造，具有鲜明德国古典时期风格，已有百年历史。西站主站楼为砖木混合结构三层建筑，建筑面积 $2058m^2$，占地面积 $845m^2$。主站楼坐北朝南，正立面中部前凸，呈凸字形。该楼东西长 37.24m，南北宽 31.42m，高约 18m。根据城市规划要求，决定将该房屋整体向南平移 135m，然后向东平移 40m，到达新址后，再整体顶升 3.6m。平移总重量约 7000t。该建筑于 2010 年 6 月平移、顶升到位。

图 7-12　天津西站主站楼平移工程

整体平移的基本原理是将房屋整体托换到移动装置上，用千斤顶施加推力或拉力，使建筑物和滚动装置在轨道上行走，移至房屋新位置后进行就位连接。托换有两种思路：一种是将房屋连同基础整体托换；另一种是将基础以上部位切断，将上部结构移到新基础。

建筑物迁移中的关键是托换技术（将建筑物荷载转换到滚动、滑动装置上），同步移动施力系统，柱切割技术和就位连接技术。

平移技术包括结构托换、切割、地基处理、移动系统和同步移动、就位连接等关键环节。平移托换体系包括上部结构加固托架和墙柱的托换构造。平移工程采用的托换体系属于临时性托换，目前砖墙的托换方法有两种：一种是双夹梁式墙体托换（图 7-13）；另一种方法是单梁托换（图 7-14），施工时分段制作图中滚轴上方的托梁，最后完成整个结构的托换。两种托换方法在施工过程中都利用了砌体的“内拱卸荷作用”，前者施工简单，工期短，可应用于大多数平移工程中；后者节省材料，但施工时间长。

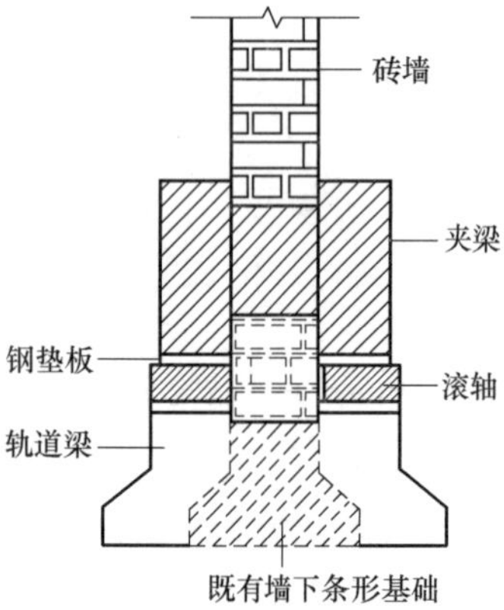

图 7-13 双夹梁式墙体托换

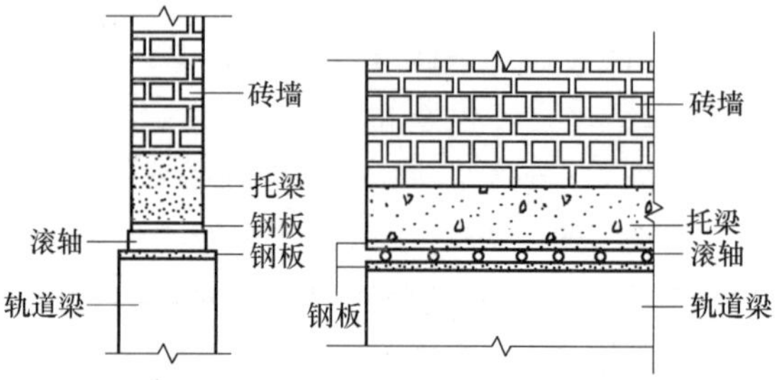

图 7-14 单梁托换

平移工程中，上部结构和基础的分离技术一般采用风镐和人工凿断，工作条件较差。采用金刚石线切割设备，切割时无振动，速度快，但成本较高。在施工空间允许的情况下，也可以采用混凝土取芯机和轮片切割机械等。

平移中连接新旧基础的用于支撑滚轴的结构称为下轨道。下轨道一般由下轨道梁和铺设的钢板组成。轨道梁主要起安全支撑作用，钢板则起减小摩擦和防止滚轴受力不均匀引起的下轨道梁局压破坏的作用。当前工程中的下轨道梁大多采用钢筋混凝土条形式，个别工程应用了其他形式。

建筑物平移就位连接技术目前仍不成熟，常用做法是将新基础中的预埋钢筋和柱纵筋焊接，然后浇筑混凝土。这种方法有四个难点：一是所有柱纵筋在同一截面切断，对抗震不利；二是焊接操作空间小，钢筋焊接困难；三是混凝土密实度难控制；四是柱中纵筋和预埋钢筋的对中困难。

7.5 建筑物增层改造加固技术

建筑物的增层改造是指通过增加建筑物层数，提高既有建筑使用功能的方法。当采用新、旧结构通过构造措施相连接的增层方案时，除应满足地基承载力条件，尚应分别对新、旧结构进行地基变形验算，并满足新、旧结构变形协调的设计要求；当既有建筑局部增层时，应进行结构分析，并进行地基基础验算。

建筑物的增层改造分为直接增层和外套结构增层两种。对沉降稳定的建筑物直接增层时，其地基承载力特征值，可根据增层工程的要求，按基底土的载荷试验及室内土工试验结果确定或地区经验确定。当采用基底土的载荷试验及室内土工试验结果确定地基承载力特征值时，在既有建筑基础下 1.5 倍基础宽度的深度范围内，取原状土进行室内土工试验，确定地基土的抗剪强度指标及压缩模量等参数，并结合地区经验确定地基承载力特征值。当按地区经验确定建筑物增层的地基承载力特征值时，可根据既有建筑基底压力值、建筑使用年限、地基土的类别，并结合当地建筑物增层改造的工程经验确定，但其值不宜超过原地基承载力特征值的 1.2 倍。当直接增层需新设承重墙时，应采用调整新、旧基础底面积，增加桩基础或地基处理等方法，减少基础的沉降差。

直接增层时，地基基础的加固设计应注意以下几点：

1）加大基础底面积时，加大的基础底面积宜比计算值增加 10%。

2）采用桩基础承受增层荷载时，应验算基础沉降。

3）采用锚杆静压桩加固时，当既有建筑钢筋混凝土条形基础的宽度或厚度不能满足压桩要求时，压桩前应先加宽或加厚基础。

4）采用抬梁或挑梁承受新增层结构荷载时，梁的截面尺寸及配筋应通过计算确定。

5）上部结构和基础刚度较好，持力层埋置较浅，地下水位较低，施工开挖对既有结构不会产生附加下沉和开裂时，可采用加深基础或在基础下做坑式静压桩加固。

6）施工条件允许时，可采用树根桩、旋喷桩等方法加固。

7）采用注浆法加固既有建筑地基时，对注浆加固易引起附加变形的地基，应进行现场试验，确定其适用性。

8）既有建筑为桩基础时，应检查原桩体质量及状况，实测土的物理力学性质指标，确定桩间土的压密状况，按桩土共同工作条件，提高原桩基础的承载能力；对于承台与土层脱空情况，不得考虑桩土共同工作；当桩数不足时，应补桩；对已腐烂的木桩或破损的混凝土桩，应经加固处理后，方可进行增层施工。

9）对于既有建筑无地质勘察资料或原地质勘察资料过于简单不能满足设计需要，而建筑物下有人防工程或场地条件复杂，以及地基情况与原设计发生了较大变化时，应补充进行岩土工程勘察。

10）采用扶壁柱式结构直接增层时，柱体应落在新设置的基础上，新、旧基础宜连成整体，且应满足新、旧基础变形协调条件，不满足时应进行地基加固处理。

采用外套结构增层，可根据土质、地下水位、新增结构类型及荷载大小选用合理的基础形式。位于微风化、中风化硬质岩地基上的外套增层工程，其基础类型与埋深可与既有建筑基础不同，新、旧基础可相连在一起，也可分开设置。采用外套结构增层，应评价新设基础对既有建筑基础的影响，对既有建筑基础产生超过允许值的附加沉降和倾斜时，应对新设基础地基进行处理或采用桩基础。外套结构的桩基施工，不得扰动既有建筑基础地基。外套结构增层采用天然地基或采用由旋喷桩、搅拌桩等构成的复合地基，应考虑地基受荷后的变形，避免增层后，新、旧结构产生标高差异。既有建筑有地下室，外套增层结构宜采用桩基础，桩位布置应避开原地下室挑出的底板；如需凿除部分底板时，应通过验算确定；新、旧基础不得相连。

参考文献

[1] 吕西林. 建筑结构加固设计 [M]. 北京：科学出版社，2019.

[2] 刘洪滨、幸坤涛. 建筑结构检测、鉴定与加固 [M]. 北京：冶金工业出版社，2019.

[3] 周晓英，蜜水蜂. 某砖混结构阳台挑梁加固方法及案例分析 [J]. 河南科学，2011，29 (6)：714-716.

[4] 吴清，刘湘，许锦燕，等. 砌体结构抗震加固设计案例分析 [J]. 建筑结构，2020，50 (12)：121-124.

[5] 乔惠芳. 略谈古建筑木结构加固及其性能研究 [J]. 居业，2022 (8)：97-99.

[6] 石若利，熊建漓，等. 基于 ABAQUS 的木结构房屋榫卯节点加固：以云南昭通光明村为例 [J]. 湖南科技大学学报 (自然科学版)，2022，37 (2)：33-42.

[7] 常骆新，霍喆赟，等. 复杂砖混结构鉴定及抗震加固案例分析 [J]. 建筑结构，2022，52 (S1)：2039-2043.

[8] 王锡武. 混凝土结构耐久性检测与加固技术 [J]. 四川建材，2022，48 (1)：4-5.

[9] 陆才东. 混凝土结构检测及加固技术的研究与应用 [J]. 中外建筑，2018 (6)：191-193.

[10] 侯晋杰. 钢筋混凝土框架结构安全性鉴定及加固案例分析 [J]. 山西建筑，2016，42 (30)：53-54.

[11] 赵海东，杨金贤. FRP 复合材料在砌体结构加固中的实践应用 [J]. 四川建筑科学研究，2011，37 (2)：107-110.

[12] 张福昌，徐文杰，等. 某超高层中外包混凝土的钢管混凝土组合柱加固案例分析 [J]. 工程抗震与加固改造，2021，43 (6)：103-107.

[13] 徐兴国. 某多层砌体结构加固改造设计研究 [J]. 散装水泥，2022 (4)：176-178.

[14] 赵琥. 某受撞击砖混结构房屋结构检测及加固维修方案设计 [J]. 安徽建筑，2022，29 (8)：162-164.

[15] 赵聪，陶忠，戴必辉，等. 黏弹性阻尼器加固穿斗式木结构振动台试验研究 [J]. 施工技术 (中英文)，2022，51 (9)：20-26.

[16] 王卓，徐大为，邬荒耘. 异地迁建木结构古建筑抗震加固技术研究 [J]. 建筑施工，2022，44 (4)：718-721.

[17] 张瑾琳. 某砖混结构加层及抗震加固设计研究 [D]. 邯郸：河北工程大学，2021.

[18] 丁阳. 某砖木结构房屋修缮加固案例分析 [J]. 城市住宅，2021，28 (5)：187-190.

[19] 高旭，张宜健，李智超. 某多层砌体结构加固改造设计研究 [J]. 建筑与预算，2021 (1)：41-43.

[20] 秦娟，喻晓来，郑俊，等. 某中学砖混结构房屋改造加固设计 [J]. 砖瓦，2021 (1)：80-81.

[21] 中华人民共和国住房和城乡建设部. 建筑结构可靠性设计统一标准：GB 50068—2018 [S]. 北京：中国建筑工业出版社，2019.

[22] 国家市场监督管理总局，国家标准化管理委员会. 古建筑砖石结构维修与加固技术规范：GB/T 39056—2020 [S]. 北京：中国质量标准出版传媒有限公司，2020.

[23] 中华人民共和国住房和城乡建设部. 工业建筑可靠性鉴定标准：GB 50144—2019 [S]. 北京：中国建筑工业出版社，2019.

[24] 中华人民共和国住房和城乡建设部. 民用建筑可靠性鉴定标准：GB 50292—2015 [S]. 北京：中国建筑工业出版社，2016.

[25] 中华人民共和国住房和城乡建设部. 建筑结构检测技术标准：GB/T 50344—2019 [S]. 北京：中国建筑工业出版社，2020.

[26] 中华人民共和国住房和城乡建设部. 建筑结构荷载规范：GB 50009—2012 [S]. 北京：中国建筑工业出版社，2012.

[27] 中华人民共和国住房和城乡建设部. 混凝土结构现场检测技术标准：GB/T 50784—2013 [S]. 北京：中国建筑工业出版社，2013.

[28] 中华人民共和国住房和城乡建设部. 回弹法检测混凝土抗压强度技术规程：JGJ/T 23—2011 [S]. 北京：中国建筑工业出版社，2013.

[29] 中华人民共和国住房和城乡建设部. 混凝土结构设计标准：GB 50010—2010 [S]. 北京：中国建筑工业出版社，2015.

[30] 中华人民共和国住房和城乡建设部. 砌体结构现场检测技术标准：GB/T 50315—2011 [S]. 北京：中国建筑工业出版社，2012.

[31] 中华人民共和国住房和城乡建设部. 砌体结构施工质量验收规范：GB 50203—2011 [S]. 北京：中国建筑工业出版社，2012.

[32] 中华人民共和国住房和城乡建设部. 砌体结构加固设计规范：GB 50702—2011 [S]. 北京：中国建筑工业出版社，2012.

[33] 中华人民共和国住房和城乡建设部. 木结构设计标准：GB 50005—2017 [S]. 北京：中国建筑工业出版社，2018.

[34] 中华人民共和国住房和城乡建设部. 木结构现场检测技术标准：JGJ/T 488—2020 [S]. 北京：中国建筑工业出版社，2020.

[35] 中华人民共和国住房和城乡建设部. 建筑抗震加固技术规程：JGJ 116—2009 [S]. 北京：中国建筑工业出版社，2009.

[36] 中华人民共和国住房和城乡建设部. 钢结构加固设计标准：GB 51367—2019 [S]. 北京：中国建筑工业出版社，2020.

[37] 中华人民共和国住房和城乡建设部. 建筑钢结构焊接技术规范：GB 50661—2011 [S]. 北京：中国建筑工业出版社，2012.

[38] 中华人民共和国住房和城乡建设部. 钢结构工程施工质量验收规范：GB 50205—2001 [S]. 北京：中国建筑工业出版社，2002.

[39] 张立人，卫海. 建筑结构检测、鉴定与加固 [M]. 武汉：武汉理工大学出版社，2012.